教科書ガイド

ガイド

啓林館 版

数学Ⅰ

JN059095

TEXT

BOOK

GUIDE

文研出版

目 次

第1章　式と証明・方程式

第1節 多項式の乗法・除法と分数式

1 3次の乗法公式と因数分解

問1 $(a-b)^3$ を展開せよ。

教科書 **p.6**

ガイド $(a-b)^3=(a-b)(a-b)^2$ として計算する。

解答 $(a-b)^3=(a-b)(a-b)^2$

$\qquad =(a-b)(a^2-2ab+b^2)$

$\qquad =a(a^2-2ab+b^2)-b(a^2-2ab+b^2)$

$\qquad =a^3-2a^2b+ab^2-a^2b+2ab^2-b^3$

$\qquad =\boldsymbol{a^3-3a^2b+3ab^2-b^3}$

別解 $(a+b)^3=a^3+3a^2b+3ab^2+b^3$ において，b を $-b$ におき換えると，

$\qquad (a-b)^3=a^3+3a^2(-b)+3a(-b)^2+(-b)^3$

$\qquad\qquad =\boldsymbol{a^3-3a^2b+3ab^2-b^3}$

問2 次の式を展開せよ。

教科書 **p.6**

(1) $(x+3)^3$　　　　(2) $(x-4)^3$　　　　(3) $(3x-2y)^3$

ガイド

> **ここがポイント** ☞ ［3次の乗法公式（Ⅰ）］
> $$(a+b)^3=a^3+3a^2b+3ab^2+b^3$$
> $$(a-b)^3=a^3-3a^2b+3ab^2-b^3$$

解答 (1) $(x+3)^3=x^3+3\cdot x^2\cdot 3+3\cdot x\cdot 3^2+3^3$

$\qquad\qquad\quad =\boldsymbol{x^3+9x^2+27x+27}$

(2) $(x-4)^3=x^3-3\cdot x^2\cdot 4+3\cdot x\cdot 4^2-4^3$

$\qquad\qquad\quad =\boldsymbol{x^3-12x^2+48x-64}$

(3) $(3x-2y)^3=(3x)^3-3\cdot(3x)^2\cdot 2y+3\cdot 3x\cdot(2y)^2-(2y)^3$

$\qquad\qquad\quad\ =\boldsymbol{27x^3-54x^2y+36xy^2-8y^3}$

☑ **問 3** 下の3次の乗法公式（Ⅱ）が成り立つことを確かめよ。

教科書 **p.7**

ガイド

ここがポイント ☞ **［3次の乗法公式（Ⅱ）］**

$$(a+b)(a^2-ab+b^2)=a^3+b^3$$
$$(a-b)(a^2+ab+b^2)=a^3-b^3$$

解答 $(a+b)(a^2-ab+b^2)$

$=a(a^2-ab+b^2)+b(a^2-ab+b^2)$

$=a^3-a^2b+ab^2+a^2b-ab^2+b^3$

$=a^3+b^3$

$(a-b)(a^2+ab+b^2)$

$=a(a^2+ab+b^2)-b(a^2+ab+b^2)$

$=a^3+a^2b+ab^2-a^2b-ab^2-b^3$

$=a^3-b^3$

参考 3次の乗法公式（Ⅱ）は右のような構造になっている。知っていると覚えやすい。

逆符号　　　　同符号

$(a\pm b)\ (a^2\mp\ ab\ +b^2)=a^3\pm b^3$

左 右　　左² 左×右 右²　左³ 右³

☑ **問 4** 次の式を展開せよ。

教科書 **p.7**

(1) $(a+2)(a^2-2a+4)$ (2) $(x-1)(x^2+x+1)$

ガイド 3次の乗法公式（Ⅱ）を使って展開する。

解答 (1) $(a+2)(a^2-2a+4)=(a+2)(a^2-a\cdot2+2^2)$

$=a^3+2^3$

$=\boldsymbol{a^3+8}$

(2) $(x-1)(x^2+x+1)=(x-1)(x^2+x\cdot1+1^2)$

$=x^3-1^3$

$=\boldsymbol{x^3-1}$

☐ 問 5 次の式を因数分解せよ。

教科書
p. 7

(1) x^3+1 (2) x^3-1

(3) x^3+64y^3 (4) $27a^3-b^3$

- -

ガイド

ここがポイント ☞ [3次式の因数分解の公式]
$$a^3+b^3=(a+b)(a^2-ab+b^2)$$
$$a^3-b^3=(a-b)(a^2+ab+b^2)$$

解答

(1) $x^3+1=x^3+1^3$
$$=(x+1)(x^2-x\cdot1+1^2)$$
$$=(x+1)(x^2-x+1)$$

(2) $x^3-1=x^3-1^3$
$$=(x-1)(x^2+x\cdot1+1^2)$$
$$=(x-1)(x^2+x+1)$$

(3) $x^3+64y^3=x^3+(4y)^3$
$$=(x+4y)\{x^2-x\cdot4y+(4y)^2\}$$
$$=(x+4y)(x^2-4xy+16y^2)$$

(4) $27a^3-b^3=(3a)^3-b^3$
$$=(3a-b)\{(3a)^2+3a\cdot b+b^2\}$$
$$=(3a-b)(9a^2+3ab+b^2)$$

参考 3次の乗法公式(Ⅰ)に対応する因数分解の公式
$$a^3+3a^2b+3ab^2+b^3=(a+b)^3$$
は，覚えてもよいが，次のように因数分解して導くこともできる。

$$a^3+3a^2b+3ab^2+b^3$$
$$=a^3+b^3+3ab(a+b)$$
$$=(a+b)(a^2-ab+b^2)+3ab(a+b)$$
$$=(a+b)\{(a^2-ab+b^2)+3ab\}$$
$$=(a+b)(a^2+2ab+b^2)$$
$$=(a+b)(a+b)^2$$
$$=(a+b)^3$$

$a^3-3a^2b+3ab^2-b^3=(a-b)^3$ の場合も同様に因数分解できる。

☑ **問6**　次の式を因数分解せよ。

教科書
p.8　　(1)　x^6-y^6　　　　　　　　(2)　x^6-7x^3-8

ガイド　(1)は $x^6-y^6=(x^3)^2-(y^3)^2$, (2)は $x^6-7x^3-8=(x^3)^2-7x^3-8$ と考えて因数分解した後に，3次式の因数分解の公式を用いる。

解答　(1)　$x^6-y^6=(x^3)^2-(y^3)^2$
$$=(x^3+y^3)(x^3-y^3)$$
$$=(x+y)(x^2-xy+y^2)(x-y)(x^2+xy+y^2)$$
$$=\boldsymbol{(x+y)(x-y)(x^2+xy+y^2)(x^2-xy+y^2)}$$

(2)　$x^6-7x^3-8=(x^3)^2-7x^3-8$
$$=(x^3+1)(x^3-8)$$
$$=(x+1)(x^2-x+1)(x-2)(x^2+2x+4)$$
$$=\boldsymbol{(x+1)(x-2)(x^2-x+1)(x^2+2x+4)}$$

別解　(1)　$x^6-y^6=(x^2)^3-(y^2)^3$
$$=(x^2-y^2)(x^4+x^2y^2+y^4)$$
$$=(x+y)(x-y)\{(x^2+y^2)^2-(xy)^2\}$$
$$=\boldsymbol{(x+y)(x-y)(x^2+xy+y^2)(x^2-xy+y^2)}$$

参考　**別解** の途中に現れた $x^4+x^2y^2+y^4$ のように，$x^2=X\,(y^2=Y)$ とおき換えると $X(Y)$ の2次式になるような式を**複2次式**という。

2　二項定理

☑ **問7**　下のパスカルの三角形で，$n=5$ の段の空欄をうめて，$(a+b)^5$ の展開

教科書
p.9　　式に現れる係数の配列と一致することを確かめよ。

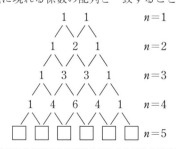

$$1\quad 1\qquad n=1$$
$$1\quad 2\quad 1\qquad n=2$$
$$1\quad 3\quad 3\quad 1\qquad n=3$$
$$1\quad 4\quad 6\quad 4\quad 1\qquad n=4$$
$$\square\ \square\ \square\ \square\ \square\ \square\qquad n=5$$

ガイド　$(a+b)^n$ の展開式に現れる係数を上の図のように順に並べたものを，**パスカルの三角形**という。

パスカルの三角形には，次のような特徴がある。

① 各段の両端の数はすべて1である。

② 左右対称である。

③ 両端以外の数は，すぐ左上と右上の2つの数の和になる。

解答▶ **ガイド** の①〜③に従って，$n=5$ の段の空欄をうめると，

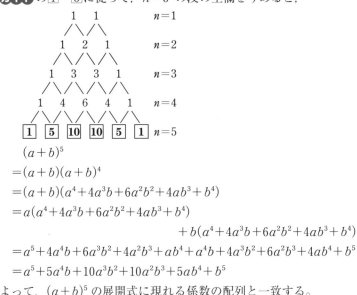

$(a+b)^5$

$=(a+b)(a+b)^4$

$=(a+b)(a^4+4a^3b+6a^2b^2+4ab^3+b^4)$

$=a(a^4+4a^3b+6a^2b^2+4ab^3+b^4)$

$\qquad\qquad\qquad +b(a^4+4a^3b+6a^2b^2+4ab^3+b^4)$

$=a^5+4a^4b+6a^3b^2+4a^2b^3+ab^4+a^4b+4a^3b^2+6a^2b^3+4ab^4+b^5$

$=a^5+5a^4b+10a^3b^2+10a^2b^3+5ab^4+b^5$

よって，$(a+b)^5$ の展開式に現れる係数の配列と一致する。

☐ **問 8** 次の式を展開せよ。

教科書 p.11

(1) $(x+2)^5$　　　　　　　　　　　　(2) $(x-2y)^4$

ガイド

ここがポイント☞ **[二項定理]**

$$(a+b)^n={}_nC_0a^n+{}_nC_1a^{n-1}b+{}_nC_2a^{n-2}b^2+\cdots\cdots$$
$$+{}_nC_ra^{n-r}b^r+\cdots\cdots+{}_nC_{n-1}ab^{n-1}+{}_nC_nb^n$$

解答▶ (1) $(x+2)^5={}_5C_0x^5+{}_5C_1x^4\cdot2+{}_5C_2x^3\cdot2^2$

$\qquad\qquad\qquad\qquad +{}_5C_3x^2\cdot2^3+{}_5C_4x\cdot2^4+{}_5C_5\cdot2^5$

$\qquad\quad =x^5+10x^4+40x^3+80x^2+80x+32$

(2) $(x-2y)^4={}_4C_0x^4+{}_4C_1x^3(-2y)+{}_4C_2x^2(-2y)^2$

$\qquad\qquad\qquad\qquad +{}_4C_3x(-2y)^3+{}_4C_4(-2y)^4$

$\qquad\quad =x^4-8x^3y+24x^2y^2-32xy^3+16y^4$

☑ **問9** 　次の式の展開式において，[ ]内に示した項の係数を求めよ。

教科書 **p.11**

(1) $(2x+3)^6$ 　$[x^5]$

(2) $(3x-2y)^5$ 　$[x^2y^3]$

ガイド 　二項定理から，$(a+b)^n$ の展開式における各項は，$a^0=1$，$b^0=1$ と定めると，

$$_nC_r a^{n-r} b^r \qquad ただし，r=0,\ 1,\ 2,\ \cdots\cdots,\ n$$

と表される。これを $(a+b)^n$ の展開式における**一般項**という。

また，その係数 $_nC_r$ を**二項係数**という。

この問題では，まず与式の展開式の一般項を求める。

解答 　(1) 　$(2x+3)^6$ の展開式における一般項は，

$$_6C_r(2x)^{6-r}\cdot 3^r = {}_6C_r 2^{6-r}\cdot 3^r x^{6-r}$$

x^5 の項は，$6-r=5$ のとき，すなわち，　$r=1$

よって，求める係数は，

$$_6C_1 2^5\cdot 3 = 6\times 32\times 3 = \mathbf{576}$$

(2) 　$(3x-2y)^5$ の展開式における一般項は，

$$_5C_r(3x)^{5-r}(-2y)^r = {}_5C_r 3^{5-r}(-2)^r x^{5-r}y^r$$

x^2y^3 の項は，$5-r=2$ かつ $r=3$ のとき，すなわち，　$r=3$

よって，求める係数は，

$$_5C_3 3^2(-2)^3 = 10\times 9\times(-8) = \mathbf{-720}$$

☑ **問10** 　$(a+b+c)^7$ の展開式における次の項の係数を求めよ。

教科書 **p.12**

(1) 　a^4b^2c

(2) 　$a^2b^2c^3$

ガイド 　$\{(a+b)+c\}^7$ と考え，c の次数に着目し，次に a と b の次数に着目する。

解答 　(1) 　$(a+b+c)^7 = \{(a+b)+c\}^7$ と考えると，c を含む項は，

$$_7C_1(a+b)^6 c$$

さらに，$(a+b)^6$ の展開式における a^4b^2 の項は，

$$_6C_2 a^4b^2$$

である。

よって，$_7C_1\times {}_6C_2 a^4b^2c$ より，求める係数は，

$$_7C_1\times {}_6C_2 = 7\times 15 = \mathbf{105}$$

(2) (1)と同様に考えると，c^3 を含む項は，

$$_7C_3(a+b)^4c^3$$

さらに，$(a+b)^4$ の展開式における a^2b^2 の項は，

$$_4C_2a^2b^2$$

である。

よって，$_7C_3 \times {_4C_2}a^2b^2c^3$ より，求める係数は，

$$_7C_3 \times {_4C_2} = 35 \times 6 = \mathbf{210}$$

問11

教科書 **p.12**

等式 $(1+x)^n = {_nC_0} + {_nC_1}x + {_nC_2}x^2 + \cdots\cdots + {_nC_{n-1}}x^{n-1} + {_nC_n}x^n$ ……①

を利用して，次の等式を導け。

$$_nC_0 - {_nC_1} + {_nC_2} - \cdots\cdots + (-1)^n{_nC_n} = 0$$

- -

ガイド 等式①の左辺に $x=-1$ を代入すると，$(1-1)^n=0$ である。

解答 等式①の両辺に $x=-1$ を代入すると，

$$(1-1)^n = {_nC_0} + {_nC_1}(-1) + {_nC_2}(-1)^2 + \cdots\cdots + {_nC_n}(-1)^n$$

したがって，

$$0 = {_nC_0} - {_nC_1} + {_nC_2} - \cdots\cdots + (-1)^n{_nC_n}$$

すなわち，

$$_nC_0 - {_nC_1} + {_nC_2} - \cdots\cdots + (-1)^n{_nC_n} = 0$$

⚠注意 $(-1)^n = \begin{cases} -1 & (n \text{ が奇数のとき}) \\ 1 & (n \text{ が偶数のとき}) \end{cases}$

研究 $(a+b+c)^n$ の展開式の係数

問題 $(a-b+c)^9$ の展開式における a^5b^3c の係数を求めよ。

教科書 **p.13**

- -

ガイド

ここがポイント 👉

$(a+b+c)^n$ を展開したときの $a^pb^qc^r$ の項は，

$$\frac{n!}{p!\,q!\,r!}a^pb^qc^r \qquad \text{ただし，} p+q+r=n$$

解答　$(a-b+c)^9$ の展開式における a^5b^3c の項は，

$$\frac{9!}{5!\,3!\,1!}a^5(-b)^3c=-\frac{9!}{5!\,3!\,1!}a^5b^3c=-504a^5b^3c$$

よって，係数は -504 である。

3 多項式の除法

問12　次の多項式 A を多項式 B で割ったときの商と余りを求めよ。

教科書
p.15(1)　$A=x^3-x^2+x-1,$　　$B=x+1$

(2)　$A=x^3-2x-4,$　　$B=x-2$

(3)　$A=2x^3-x^2-1,$　　$B=x^2+1$

- -

ガイド　x についての多項式 A と 0 でない多項式 B において，次の関係を満たす多項式 Q，R は，ただ1通りに定まる。

> **ここがポイント** ☞ ［多項式の割り算］
>
> $A=BQ+R$
>
> （Rの次数）＜（Bの次数）　または，$R=0$

このとき，多項式 Q を，A を B で割ったときの**商**といい，R を**余り**という。

$R=0$ すなわち，$A=BQ$ となるとき，A は B で**割り切れる**といい，B は A の**因数**であるという。

多項式の割り算を行うときは，各式を降べきの順に整理する。

解答　(1)

$$
\begin{array}{r}
x^2-2x\ +3 \\
x+1\,\overline{)\,x^3-\ x^2+\ x-1} \\
\underline{x^3+\ x^2} \\
-2x^2+\ x \\
\underline{-2x^2-2x} \\
3x-1 \\
\underline{3x+3} \\
-4
\end{array}
$$

よって，　**商は x^2-2x+3，余りは -4**

(2)
$$
\begin{array}{r}
x^2+2x\ +2 \\
x-2\,\overline{)\,x^3\qquad\ -2x-4\,} \\
\underline{x^3-2x^2\qquad\quad} \\
2x^2-2x\quad \\
\underline{2x^2-4x\quad} \\
2x-4 \\
\underline{2x-4} \\
0
\end{array}
$$

よって，　**商は x^2+2x+2，余りは 0**

(3)
$$
\begin{array}{r}
2x\ -1 \\
x^2\ +1\,\overline{)\,2x^3-x^2\qquad -1\,} \\
\underline{2x^3\qquad +2x\quad} \\
-x^2-2x-1 \\
\underline{-x^2\qquad -1} \\
-2x
\end{array}
$$

よって，　**商は $2x-1$，余りは $-2x$**

(2)や(3)のように，
ある次数の項がないときは，
その場所をあけておくといいよ。

□ **問13** $x+1$ で割ると，商が $x+2$，余りが -1 となる多項式 A を求めよ。

教科書
p.15

ガイド 本書 p.11 の **問12** の **ここがポイント** の等式 $A=BQ+R$ に
$B=x+1$，$Q=x+2$，$R=-1$ を代入する。

解答 条件より，
$$
\begin{aligned}
A &=(x+1)(x+2)-1 \\
&=x^2+3x+2-1 \\
&=x^2+3x+1
\end{aligned}
$$

☑ **問14**　$2x^3+3x^2+2$ を x についての多項式 B で割ると，商が $x+1$，余りが

教科書
p.16　　3 であるという。このとき，B を求めよ。

ガイド　与えられた条件を $A=BQ+R$ の形に表してみる。

解答　　　　$2x^3+3x^2+2=B(x+1)+3$

であるから，

　　　　$2x^3+3x^2-1=B(x+1)$

よって，　　$B=(2x^3+3x^2-1)\div(x+1)$

右の計算より，　$\boldsymbol{B=2x^2+x-1}$

$$
\begin{array}{r}
2x^2+\ x\ -1 \\
x+1\,\overline{)\,2x^3+3x^2\qquad-1} \\
\underline{2x^3+2x^2}\ \ \ \ \ \ \ \ \\
x^2\ \ \ \ \ \ \ \ \\
\underline{x^2+x}\ \ \ \ \\
-x-1 \\
\underline{-x-1} \\
0
\end{array}
$$

⚠️**注意**　条件を変形した式 $2x^3+3x^2-1=B(x+1)$ の形から，左辺は $x+1$ で割り切れることがわかる。右上の計算をしていて，もし余りが出てくるならば，どこかに計算間違いがあると考えられる。

☑ **問15**　$A=x^3+2x^2y-xy^2-y^3$，$B=x+y$ のとき，A，B を x についての多

教科書
p.16　　項式とみて，A を B で割ったときの商と余りを求めよ。

ガイド　x について降べきの順に整理し，y は定数として扱う。

解答　右の計算より，

　　　商は $x^2+xy-2y^2$

　　　余りは y^3

$$
\begin{array}{r}
x^2+\ yx-2y^2 \\
x+y\,\overline{)\,x^3+2yx^2-\ y^2x-\ y^3} \\
\underline{x^3+\ yx^2}\ \ \ \ \ \ \ \ \ \ \ \ \\
yx^2-\ y^2x\ \ \ \ \\
\underline{yx^2+\ y^2x}\ \ \ \ \\
-2y^2x-\ y^3 \\
\underline{-2y^2x-2y^3} \\
y^3
\end{array}
$$

参考　A，B を y についての多項式とみて，A を B で割ると，下の計算より，商は $-y^2+2x^2$，余りは $-x^3$ となる。

$$
\begin{array}{r}
-y^2\qquad\ \ +2x^2 \\
y+x\,\overline{)\,-y^3-xy^2+2x^2y+\ x^3} \\
\underline{-y^3-xy^2}\ \ \ \ \ \ \ \ \ \ \ \ \\
2x^2y+\ x^3 \\
\underline{2x^2y+2x^3} \\
-\ x^3
\end{array}
$$

4 分数式の計算

□ **問16** 次の分数式を約分せよ。

教科書
p.17

(1) $\dfrac{8xy^2}{12x^2y}$ 　　　　　(2) $\dfrac{4x^3-2x^2}{2x^2}$

(3) $\dfrac{2x^2-5x+2}{x^2+x-6}$ 　　　(4) $\dfrac{a^3-b^3}{a^2-2ab+b^2}$

- -

ガイド $\dfrac{3}{x}$, $\dfrac{2x-1}{x+2}$ などのように，A が多項式で，B が1次以上の多項式の

とき，$\dfrac{A}{B}$ の形で表される式を**分数式**という。

　多項式と分数式を合わせて**有理式**という。

　分数式では，分数と同じように，分母，分子に0以外の同じ多項式
を掛けても，分母，分子を共通な因数で割ってもよい。

$$\frac{A}{B}=\frac{AC}{BC}\quad(C\neq0),\qquad\frac{AD}{BD}=\frac{A}{B}$$

分数式の分母と分子をその共通な因数で割ることを**約分する**という。

$\dfrac{x+1}{x-4}$ のように，分母，分子に共通な因数がないときは，これ以上

約分できない。このような分数式を**既約分数式**という。

解答 (1) $\dfrac{8xy^2}{12x^2y}=\dfrac{2y}{3x}$

(2) $\dfrac{4x^3-2x^2}{2x^2}=\dfrac{2x^2(2x-1)}{2x^2}=2x-1$

(3) $\dfrac{2x^2-5x+2}{x^2+x-6}=\dfrac{(2x-1)(x-2)}{(x-2)(x+3)}=\dfrac{2x-1}{x+3}$

(4) $\dfrac{a^3-b^3}{a^2-2ab+b^2}=\dfrac{(a-b)(a^2+ab+b^2)}{(a-b)^2}=\dfrac{a^2+ab+b^2}{a-b}$

多項式を文字のように
約分すればいいんだね。

☑ **問17** 次の計算をせよ。

教科書
p.18

(1) $\dfrac{x+3}{x^2+x} \times \dfrac{x+1}{x^2-9}$

(2) $\dfrac{x^2+2x+1}{x^3-8} \div \dfrac{x+1}{x-2}$

ガイド 分数式の乗法・除法は，分数と同じように，

$$\frac{A}{B} \times \frac{C}{D} = \frac{AC}{BD}, \qquad \frac{A}{B} \div \frac{C}{D} = \frac{A}{B} \times \frac{D}{C} = \frac{AD}{BC}$$

に従って計算する。

解答
(1) $\dfrac{x+3}{x^2+x} \times \dfrac{x+1}{x^2-9} = \dfrac{\cancel{x+3}}{x(\cancel{x+1})} \times \dfrac{\cancel{x+1}}{(\cancel{x+3})(x-3)}$

$$= \frac{1}{\boldsymbol{x(x-3)}}$$

(2) $\dfrac{x^2+2x+1}{x^3-8} \div \dfrac{x+1}{x-2} = \dfrac{x^2+2x+1}{x^3-8} \times \dfrac{x-2}{x+1}$

$$= \frac{(x+1)^2}{(\cancel{x-2})(x^2+2x+4)} \times \frac{\cancel{x-2}}{x+1}$$

$$= \frac{\boldsymbol{x+1}}{\boldsymbol{x^2+2x+4}}$$

⚠**注意** 分数式の計算では，結果は既約分数式または多項式にしておく。

☑ **問18** 次の計算をせよ。

教科書
p.18

(1) $\dfrac{2x}{x+5} + \dfrac{4-x}{x+5}$

(2) $\dfrac{5x+2}{x^2-1} - \dfrac{2x-1}{x^2-1}$

ガイド 分母が同じである分数式の加法・減法は，次のように計算する。

$$\frac{A}{C} + \frac{B}{C} = \frac{A+B}{C}, \qquad \frac{A}{C} - \frac{B}{C} = \frac{A-B}{C}$$

加法・減法を計算した後に，約分ができるかチェックする。

解答
(1) $\dfrac{2x}{x+5} + \dfrac{4-x}{x+5} = \dfrac{2x+(4-x)}{x+5} = \dfrac{\boldsymbol{x+4}}{\boldsymbol{x+5}}$

(2) $\dfrac{5x+2}{x^2-1} - \dfrac{2x-1}{x^2-1} = \dfrac{(5x+2)-(2x-1)}{x^2-1} = \dfrac{3x+3}{x^2-1}$

$$= \frac{3(x+1)}{(\cancel{x+1})(x-1)} = \frac{\boldsymbol{3}}{\boldsymbol{x-1}}$$

▱ **問19** 次の計算をせよ。

(1) $\dfrac{2}{x-3}-\dfrac{1}{x+1}$　　　　(2) $\dfrac{2x-1}{x^2-x-2}+\dfrac{2x+1}{x^2+3x+2}$

ガイド　分母が異なる分数式の加法・減法では，各分数式の分母と分子に適当な多項式を掛けて，分母をそろえて計算する。2つ以上の分数式の分母を同じ多項式にすることを**通分する**という。

解答　(1) $\dfrac{2}{x-3}-\dfrac{1}{x+1}=\dfrac{2(x+1)}{(x-3)(x+1)}-\dfrac{x-3}{(x+1)(x-3)}$

$\qquad=\dfrac{(2x+2)-(x-3)}{(x-3)(x+1)}=\dfrac{\boldsymbol{x+5}}{\boldsymbol{(x-3)(x+1)}}$

(2) $\dfrac{2x-1}{x^2-x-2}+\dfrac{2x+1}{x^2+3x+2}$

$=\dfrac{2x-1}{(x+1)(x-2)}+\dfrac{2x+1}{(x+1)(x+2)}$

$=\dfrac{(2x-1)(x+2)}{(x+1)(x-2)(x+2)}+\dfrac{(2x+1)(x-2)}{(x+1)(x+2)(x-2)}$

$=\dfrac{(2x^2+3x-2)+(2x^2-3x-2)}{(x+1)(x+2)(x-2)}$

$=\dfrac{4x^2-4}{(x+1)(x+2)(x-2)}$

$=\dfrac{4(x^2-1)}{(x+1)(x+2)(x-2)}$

$=\dfrac{4(x+1)(x-1)}{(x+1)(x+2)(x-2)}=\dfrac{\boldsymbol{4(x-1)}}{\boldsymbol{(x+2)(x-2)}}$

▱ **問20** 次の計算をせよ。

(1) $\dfrac{4}{3+\dfrac{1}{x}}$　　　　(2) $\dfrac{1-\dfrac{x-1}{x-3}}{2-\dfrac{x-1}{x-3}}$

ガイド　分母や分子に分数式を含む式を**繁分数式**という。
この問題では，繁分数式を (分子)÷(分母) の形にする。

解答▶ (1) $\dfrac{4}{3+\dfrac{1}{x}}=4\div\left(3+\dfrac{1}{x}\right)=4\div\dfrac{3x+1}{x}=4\times\dfrac{x}{3x+1}=\dfrac{4x}{3x+1}$

(2) $\dfrac{1-\dfrac{x-1}{x-3}}{2-\dfrac{x-1}{x-3}}=\left(1-\dfrac{x-1}{x-3}\right)\div\left(2-\dfrac{x-1}{x-3}\right)$

$$=\dfrac{(x-3)-(x-1)}{x-3}\div\dfrac{2(x-3)-(x-1)}{x-3}$$

$$=\dfrac{-2}{x-3}\div\dfrac{x-5}{x-3}$$

$$=-\dfrac{2}{x-3}\times\dfrac{x-3}{x-5}=-\dfrac{2}{x-5}$$

参考▶ 分母と分子に，(1)では x を，(2)では $x-3$ を掛けて，次のように計算してもよい。

別解▶ (1) $\dfrac{4}{3+\dfrac{1}{x}}=\dfrac{4\times x}{\left(3+\dfrac{1}{x}\right)\times x}$

$$=\dfrac{4x}{3x+1}$$

(2) $\dfrac{1-\dfrac{x-1}{x-3}}{2-\dfrac{x-1}{x-3}}=\dfrac{\left(1-\dfrac{x-1}{x-3}\right)\times(x-3)}{\left(2-\dfrac{x-1}{x-3}\right)\times(x-3)}$

$$=\dfrac{(x-3)-(x-1)}{2(x-3)-(x-1)}$$

$$=-\dfrac{2}{x-5}$$

繁分数式の分母と分子の分数式の
分母が2次の多項式の場合は，
別解 と同様に，2次の多項式を
繁分数式の分母と分子に掛けよう。

第1章

式と証明・方程式

節 末 問 題

☑ 1 次の式を因数分解せよ。

教科書 **p.20**

(1) $8x^3-27y^3$ (2) $81a^3+3$

ガイド 3次式の因数分解の公式を使う。

(2) まず，共通因数をくくり出す。

解答
(1) $8x^3-27y^3=(2x)^3-(3y)^3$
$=(2x-3y)\{(2x)^2+2x\cdot3y+(3y)^2\}$
$=\boldsymbol{(2x-3y)(4x^2+6xy+9y^2)}$

(2) $81a^3+3=3(27a^3+1)=3\{(3a)^3+1^3\}$
$=3(3a+1)\{(3a)^2-3a\cdot1+1^2\}$
$=\boldsymbol{3(3a+1)(9a^2-3a+1)}$

☑ 2 次の式を展開せよ。

教科書 **p.20**

(1) $(2a-3b)^4$ (2) $\left(p+\dfrac{2}{p}\right)^5$

ガイド 二項定理を用いて式を展開する。

解答
(1) $(2a-3b)^4={}_4\mathrm{C}_0(2a)^4+{}_4\mathrm{C}_1(2a)^3(-3b)+{}_4\mathrm{C}_2(2a)^2(-3b)^2$
$\qquad+{}_4\mathrm{C}_3(2a)(-3b)^3+{}_4\mathrm{C}_4(-3b)^4$
$=\boldsymbol{16a^4-96a^3b+216a^2b^2-216ab^3+81b^4}$

(2) $\left(p+\dfrac{2}{p}\right)^5={}_5\mathrm{C}_0p^5+{}_5\mathrm{C}_1p^4\left(\dfrac{2}{p}\right)+{}_5\mathrm{C}_2p^3\left(\dfrac{2}{p}\right)^2$
$\qquad+{}_5\mathrm{C}_3p^2\left(\dfrac{2}{p}\right)^3+{}_5\mathrm{C}_4p\left(\dfrac{2}{p}\right)^4+{}_5\mathrm{C}_5\left(\dfrac{2}{p}\right)^5$
$=\boldsymbol{p^5+10p^3+40p+\dfrac{80}{p}+\dfrac{80}{p^3}+\dfrac{32}{p^5}}$

参考 **解答** では二項定理を用いているが，右のようなパスカルの三角形を利用して，式を展開してもよい。

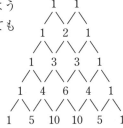

3
教科書
p.20

次の式の展開式において，[　]内に示した項の係数を求めよ。

(1)　$(2x^2+y)^7$　$[x^6y^4]$　　　　(2)　$(a-2b+3)^4$　$[ab^2]$

ガイド　展開式の一般項を求め，それぞれの項を考える。

解答　(1)　$(2x^2+y)^7$ の展開式における一般項は，

$$_7C_r(2x^2)^{7-r}y^r={}_7C_r2^{7-r}x^{14-2r}y^r$$

x^6y^4 の項は，$14-2r=6$ かつ $r=4$ のとき，すなわち，$r=4$

よって，求める係数は，

$$_7C_42^3=35\times8=\mathbf{280}$$

(2)　$(a-2b+3)^4=\{(a+3)-2b\}^4$

と考えると，b^2 を含む項は，

$$_4C_2(a+3)^2(-2b)^2={}_4C_2(-2)^2(a+3)^2b^2$$

さらに，$(a+3)^2$ の展開式における a の項は，

$$_2C_1a\cdot3={}_2C_13a$$

よって，$_4C_2(-2)^2\times{}_2C_13ab^2$ より，求める係数は，

$$_4C_2(-2)^2\times{}_2C_13=6\times4\times2\times3=\mathbf{144}$$

4
教科書
p.20

二項定理を利用して，次の等式を導け。

$$_nC_0+2{}_nC_1+2^2{}_nC_2+\cdots\cdots+2^n{}_nC_n=3^n$$

ガイド　二項定理の式において a，b に代入する数を考える。

解答　二項定理の式

$$(a+b)^n={}_nC_0a^n+{}_nC_1a^{n-1}b+{}_nC_2a^{n-2}b^2+\cdots\cdots+{}_nC_nb^n$$

において，$a=1$，$b=2$ を代入すると，

$$(1+2)^n={}_nC_01^n+{}_nC_11^{n-1}\cdot2+{}_nC_21^{n-2}\cdot2^2+\cdots\cdots+{}_nC_n2^n$$

したがって，

$$3^n={}_nC_0+2{}_nC_1+2^2{}_nC_2+\cdots\cdots+2^n{}_nC_n$$

すなわち，

$$_nC_0+2{}_nC_1+2^2{}_nC_2+\cdots\cdots+2^n{}_nC_n=3^n$$

注意　$1^n=1$ である。

☑5
教科書
p.20

次の A, B を x についての多項式とみて，A を B で割ったときの商と余りを求めよ。

(1) $A = x^3 - 3a^2x + a^3 + 1$, $\quad B = x + a$

(2) $A = 2x^3 + 5y^3 - 3x^2y$, $\quad B = x^2 - xy + 3y^2$

ガイド x についての多項式であるから，a や y は定数と考える。

(2) x について降べきの順に整理してから計算する。

解答 (1) 右の計算より，

$\qquad$ 商は $x^2 - ax - 2a^2$

$\qquad$ 余りは $3a^3 + 1$

$$
\begin{array}{r}
x^2 - ax\ -2a^2 \\
x+a \overline{)\,x^3\qquad\ -3a^2x +\ a^3+1} \\
\underline{x^3 + ax^2\qquad\qquad} \\
-ax^2 - 3a^2x \\
\underline{-ax^2 -\ a^2x\qquad} \\
-2a^2x +\ a^3 + 1 \\
\underline{-2a^2x - 2a^3\qquad} \\
3a^3 + 1
\end{array}
$$

(2) 右の計算より，

$\qquad$ 商は $2x - y$

$\qquad$ 余りは $-7xy^2 + 8y^3$

$$
\begin{array}{r}
2x\ -\ y \\
x^2 - yx + 3y^2 \overline{)\,2x^3 - 3yx^2\qquad +5y^3} \\
\underline{2x^3 - 2yx^2 + 6y^2x\qquad} \\
-yx^2 - 6y^2x + 5y^3 \\
\underline{-yx^2 +\ y^2x - 3y^3\qquad} \\
-7y^2x + 8y^3
\end{array}
$$

☑6
教科書
p.20

$2x^3 - 3x^2 + x - 3$ を x についての多項式 B で割ると，商が $x - 2$，余りが $-x + 5$ であるという。このとき，B を求めよ。

ガイド x についての多項式 A を 0 でない多項式 B で割ったときの商を Q，余りを R とすると，$A = BQ + R$ である。

解答 $\quad 2x^3 - 3x^2 + x - 3 = B(x-2) - x + 5$

であるから，

$\qquad 2x^3 - 3x^2 + 2x - 8 = B(x-2)$

よって，$\quad B = (2x^3 - 3x^2 + 2x - 8) \div (x-2)$

右の計算より，$\quad B = 2x^2 + x + 4$

$$
\begin{array}{r}
2x^2 +\ x\ +4 \\
x-2 \overline{)\,2x^3 - 3x^2 + 2x - 8} \\
\underline{2x^3 - 4x^2\qquad\qquad} \\
x^2 + 2x \\
\underline{x^2 - 2x\qquad} \\
4x - 8 \\
\underline{4x - 8} \\
0
\end{array}
$$

□ **7**

教科書
p.20

次の計算をせよ。

(1) $\dfrac{x-3}{x+1} \times \dfrac{x^2-x-2}{x^2-9} \div \dfrac{x^2-4x+4}{x^2+5x+6}$

(2) $\dfrac{4}{x^2-4} - \dfrac{3}{2x^2-5x+2}$

(3) $1 - \dfrac{1}{1-\dfrac{1}{x}}$

ガイド (3) $\dfrac{1}{1-\dfrac{1}{x}} = 1 \div \left(1-\dfrac{1}{x}\right)$ と考える。

解答 (1) $\dfrac{x-3}{x+1} \times \dfrac{x^2-x-2}{x^2-9} \div \dfrac{x^2-4x+4}{x^2+5x+6}$

$= \dfrac{x-3}{x+1} \times \dfrac{x^2-x-2}{x^2-9} \times \dfrac{x^2+5x+6}{x^2-4x+4}$

$= \dfrac{\cancel{x-3}}{\cancel{x+1}} \times \dfrac{\cancel{(x+1)}(x-2)}{\cancel{(x+3)}\cancel{(x-3)}} \times \dfrac{(x+2)\cancel{(x+3)}}{(x-2)^2}$

$= \dfrac{\boldsymbol{x+2}}{\boldsymbol{x-2}}$

(2) $\dfrac{4}{x^2-4} - \dfrac{3}{2x^2-5x+2}$

$= \dfrac{4}{(x+2)(x-2)} - \dfrac{3}{(2x-1)(x-2)}$

$= \dfrac{4(2x-1)}{(x+2)(x-2)(2x-1)} - \dfrac{3(x+2)}{(2x-1)(x-2)(x+2)}$

$= \dfrac{(8x-4)-(3x+6)}{(x+2)(x-2)(2x-1)}$

$= \dfrac{5x-10}{(x+2)(x-2)(2x-1)}$

$= \dfrac{5\cancel{(x-2)}}{(x+2)\cancel{(x-2)}(2x-1)}$

$= \dfrac{\boldsymbol{5}}{\boldsymbol{(x+2)(2x-1)}}$

分数式の乗法・除法の計算には
因数分解が不可欠だね。
苦手な人は練習しておこう。

(3) $\quad 1-\dfrac{1}{1-\dfrac{1}{x}}=1-1\div\left(1-\dfrac{1}{x}\right)$

$\qquad =1-1\div\dfrac{x-1}{x}$

$\qquad =1-1\times\dfrac{x}{x-1}$

$\qquad =1-\dfrac{x}{x-1}$

$\qquad =\dfrac{x-1}{x-1}-\dfrac{x}{x-1}$

$\qquad =\dfrac{(x-1)-x}{x-1}$

$\qquad =-\dfrac{1}{x-1}$

┃参考┃ (3)では，$\dfrac{1}{1-\dfrac{1}{x}}$ の分母と分子に x を掛けて，次のように計算しても

よい。

別解▷ (3) $\quad 1-\dfrac{1}{1-\dfrac{1}{x}}=1-\dfrac{1\times x}{\left(1-\dfrac{1}{x}\right)\times x}$

$\qquad =1-\dfrac{x}{x-1}$

$\qquad =\dfrac{x-1}{x-1}-\dfrac{x}{x-1}$

$\qquad =\dfrac{(x-1)-x}{x-1}$

$\qquad =-\dfrac{1}{x-1}$

自分の解きやすい方法で解けばいいね。

第2節 式と証明

1 恒等式

☐ **問21** 次の等式が x についての恒等式となるように，定数 a, b, c の値を定

教科書 **p.22** めよ。

(1) $a(x-2)^2+b(x-2)+c=-3x^2+14x-8$

(2) $(x-2)a+(2x+1)b+5=0$

- -

ガイド 両辺の式の値が存在する限り，含まれる文字にどのような値を代入しても成り立つ等式を，その文字についての**恒等式**という。

両辺が多項式である等式が x についての恒等式のとき，x について整理すれば，両辺の同じ次数の項の係数は一致する。

> **ここがポイント** 👉
> ① $ax^2+bx+c=a'x^2+b'x+c'$ が x についての恒等式
> $\iff a=a'$ かつ $b=b'$ かつ $c=c'$
> ② $ax^2+bx+c=0$ が x についての恒等式
> $\iff a=0$ かつ $b=0$ かつ $c=0$

一般に，多項式 P, Q について，次のことが成り立つ。

> **ここがポイント** 👉 **[多項式の恒等式]**
> $P=Q$ が x についての恒等式である。
> $\iff P$, Q の同じ次数の項の係数が一致する。

解答 (1) 左辺を x について整理すると，

$$ax^2+(-4a+b)x+4a-2b+c=-3x^2+14x-8$$

これが x についての恒等式となればよいから，係数を比較して，

$$a=-3, \quad -4a+b=14, \quad 4a-2b+c=-8$$

これを解いて，$\boldsymbol{a=-3,\ b=2,\ c=8}$

(2) 左辺を x について整理すると，

$$(a+2b)x-2a+b+5=0$$

これが x についての恒等式となればよいから，係数を比較して，

$$a+2b=0, \quad -2a+b+5=0$$

これを解いて，$\boldsymbol{a=2,\ b=-1}$

参考 　例えば(1)は，次のように解くこともできる。

等式の両辺に，例えば $x=0$, 1, 2 を代入すると，それぞれ，
$$4a-2b+c=-8, \quad a-b+c=3, \quad c=8$$

これを解いて，　$a=-3$, $b=2$, $c=8$

逆に，このとき，等式の左辺を計算すると，
$$左辺=-3(x-2)^2+2(x-2)+8=-3x^2+14x-8$$

となり，確かに恒等式になっている。

よって，　$a=-3$, $b=2$, $c=8$

⚠注意 ┃**参考**┃の方法では，後半の「逆の確認」，すなわち，確かに恒等式になっていることの確認が必要である。

問22 　次の等式が x についての恒等式となるように，定数 a, b の値を定めよ。

教科書 **p.23**
$$\frac{5x-6}{(x-1)(x-2)}=\frac{a}{x-1}+\frac{b}{x-2}$$

- -

ガイド 　右辺を通分すると両辺の分母が等しくなるから，分子が x についての恒等式となればよい。

解答 　等式の右辺を通分すると，
$$\frac{5x-6}{(x-1)(x-2)}=\frac{a(x-2)+b(x-1)}{(x-1)(x-2)}$$

分子が x についての恒等式となればよい。

右辺の分子を x について整理すると，　$5x-6=(a+b)x-2a-b$

両辺の係数を比較して，　$a+b=5$,　$-2a-b=-6$

これを解いて，　**$a=1$, $b=4$**

参考 　両辺に $(x-1)(x-2)$ を掛けて分母を払ってから解くこともできる。

別解 　等式の両辺に $(x-1)(x-2)$ を掛けると，
$$5x-6=a(x-2)+b(x-1)$$

この式が x についての恒等式となればよい。

右辺を x について整理すると，　$5x-6=(a+b)x-2a-b$

両辺の係数を比較して，　$a+b=5$,　$-2a-b=-6$

これを解いて，　**$a=1$, $b=4$**

┃**参考**┃　**問22** の結果から，$\dfrac{5x-6}{(x-1)(x-2)}$ は $\dfrac{1}{x-1}+\dfrac{4}{x-2}$ に変形できる

ことがわかる。このように変形することを**部分分数に分ける**という。

　　数学Bの数列で，分数式の和を求めるときに，分数式を部分分数に

分けることがある。例えば，

$$\sum_{k=1}^{n}\frac{1}{k(k+1)}=\sum_{k=1}^{n}\left(\frac{1}{k}-\frac{1}{k+1}\right)$$

$$=\left(1-\frac{1}{2}\right)+\left(\frac{1}{2}-\frac{1}{3}\right)+\left(\frac{1}{3}-\frac{1}{4}\right)$$

$$+\cdots\cdots+\left(\frac{1}{n-1}-\frac{1}{n}\right)+\left(\frac{1}{n}-\frac{1}{n+1}\right)$$

$$=1-\frac{1}{n+1}=\frac{n+1}{n+1}-\frac{1}{n+1}$$

$$=\frac{(n+1)-1}{n+1}=\frac{n}{n+1}$$

2 等式の証明

▱ **問23**　等式 $(x+y)^3+(x-y)^3=2x^3+6xy^2$ を証明せよ。

教科書
p.24

ガイド　等式 $A=B$ を証明するには，次のような方法がある。

　① A を変形して B を導く，または，B を変形して A を導く。

　② A，B をそれぞれ変形して同じ式になることを示す。

　③ $A-B=0$ であることを示す。

　　この問題では，等式の左辺を変形して，右辺と同じ式になることを

示す。

解答　与えられた等式の左辺を変形すると，

$$(x+y)^3+(x-y)^3=(x^3+3x^2y+3xy^2+y^3)$$
$$+(x^3-3x^2y+3xy^2-y^3)$$
$$=2x^3+6xy^2$$

となり，右辺が導かれる。

　　よって，　$(x+y)^3+(x-y)^3=2x^3+6xy^2$

☑ **問24** 次の等式を証明せよ。

教科書
p.24

(1) $(a^2-b^2)(c^2-d^2)=(ac+bd)^2-(ad+bc)^2$

(2) $(a^2-b^2)^2+(2ab)^2=(a^2+b^2)^2$

ガイド 等式の両辺をそれぞれ変形して，同じ式になることを示す。

解答 (1) 左辺$=(a^2-b^2)(c^2-d^2)=a^2c^2-a^2d^2-b^2c^2+b^2d^2$

右辺$=(ac+bd)^2-(ad+bc)^2$

$=(a^2c^2+2acbd+b^2d^2)-(a^2d^2+2adbc+b^2c^2)$

$=a^2c^2-a^2d^2-b^2c^2+b^2d^2$

よって，　$(a^2-b^2)(c^2-d^2)=(ac+bd)^2-(ad+bc)^2$

(2) 左辺$=(a^2-b^2)^2+(2ab)^2$

$=(a^4-2a^2b^2+b^4)+4a^2b^2$

$=a^4+2a^2b^2+b^4$

右辺$=(a^2+b^2)^2=a^4+2a^2b^2+b^4$

よって，　$(a^2-b^2)^2+(2ab)^2=(a^2+b^2)^2$

☑ **問25** $a+b+c=0$ のとき，次の等式が成り立つことを証明せよ。

教科書
p.25

$$a^2-bc=b^2-ca$$

ガイド $a+b+c=0$ から，$c=-(a+b)$ として，c を消去する。

解答 $a+b+c=0$ より，$c=-(a+b)$ であるから，

左辺$-$右辺$=a^2-bc-(b^2-ca)$

$=a^2-bc-b^2+ca$

$=a^2-b\{-(a+b)\}-b^2+\{-(a+b)\}a$

$=a^2+b(a+b)-b^2-(a+b)a$

$=a^2+ab+b^2-b^2-a^2-ab$

$=0$

よって，　$a^2-bc=b^2-ca$

参考 $a^2-bc-(b^2-ca)$ を，次のように因数分解して証明することもできる。

$a^2-bc-(b^2-ca)=a^2-bc-b^2+ca$

$=(a^2-b^2)+(a-b)c$

$=(a+b)(a-b)+(a-b)c$

$=(a-b)(a+b+c)$

この式において，$a+b+c=0$ とすると，

$$a^2-bc-(b^2-ca)=0$$

よって，$a+b+c=0$ のとき，　$a^2-bc=b^2-ca$

参考　c を消去するのではなく，$a+b+c=0$ から，$b=-(a+c)$ として b を消去しても等式は証明できる。また，a を消去して等式を証明することもできる。しかし，a や b を消去する場合，等式には a^2 や b^2 が含まれているので，計算が少し複雑になる。例えば，b を消去する場合，右辺は，

$$\begin{aligned}右辺&=b^2-ca\\&=\{-(a+c)\}^2-ca\\&=(a+c)^2-ca\\&=a^2+2ca+c^2-ca\\&=a^2+ca+c^2\end{aligned}$$

後の計算が楽になれば間違いもなくせるね。

となる。条件式から文字を消去する場合は，できるだけ計算が楽になるように消去する文字を選ぼう。 **問 25** のように，c のみが１次であるときは c を消去する。

☐ 問26　$\dfrac{a}{b}=\dfrac{c}{d}$ のとき，等式 $\dfrac{a+2b}{3a+4b}=\dfrac{c+2d}{3c+4d}$ が成り立つことを証明せよ。

教科書
p.26
- -

ガイド　比 $a:b$ に対して，$\dfrac{a}{b}$ をその**比の値**という。また，$\dfrac{a}{b}=\dfrac{c}{d}$ のように，いくつかの比の値が等しいことを示す式を**比例式**という。

　この問題では，条件として与えられた比の値を k とおく。

解答　$\dfrac{a}{b}=\dfrac{c}{d}=k$ とおくと，$a=bk$，$c=dk$ となるから，

$$左辺=\frac{a+2b}{3a+4b}=\frac{bk+2b}{3bk+4b}=\frac{b(k+2)}{b(3k+4)}=\frac{k+2}{3k+4}$$

$$右辺=\frac{c+2d}{3c+4d}=\frac{dk+2d}{3dk+4d}=\frac{d(k+2)}{d(3k+4)}=\frac{k+2}{3k+4}$$

　よって，　$\dfrac{a+2b}{3a+4b}=\dfrac{c+2d}{3c+4d}$

参考　$\dfrac{a}{b}=\dfrac{c}{d}$ は，$a:b=c:d$ とも表される。また，$\dfrac{a}{a'}=\dfrac{b}{b'}=\dfrac{c}{c'}$ は，$a:b:c=a':b':c'$ とも表される。

▱ **問27** $a:b:c=2:4:3$ のとき，次の等式が成り立つことを証明せよ。

教科書 **p.26**

$$(3a+2b):4b:(b+2c)=7:8:5$$

ガイド 条件から作られる比の値を k とし，a, b, c を k を用いて表す。

解答 $a:b:c=2:4:3$ より，$a=2k$, $b=4k$, $c=3k$ $(k \neq 0)$

とおくと，　$(3a+2b):4b:(b+2c)=14k:16k:10k$

$$=7:8:5$$

よって，　$(3a+2b):4b:(b+2c)=7:8:5$

3 不等式の証明

▱ **問28** $a>b>0$, $c>d>0$ のとき，$ac>bd$ が成り立つことを証明せよ。

教科書 **p.27**

ガイド 2つの実数 a, b の間には，$a>b$, $a=b$, $a<b$ のうち，どれか1つの関係だけが成り立ち，次のことが成り立つ。

> **ここがポイント** 👉
>
> ① $a>b$, $b>c \implies a>c$
>
> ② $a>b \implies a+c>b+c$,　$a-c>b-c$
>
> ③ $a>b$, $c>0 \implies ac>bc$,　$\dfrac{a}{c}>\dfrac{b}{c}$
>
> 　$a>b$, $c<0 \implies ac<bc$,　$\dfrac{a}{c}<\dfrac{b}{c}$

この性質から，実数 a, b について，一般に次のことが成り立つ。

　　a, b が同符号 $\iff ab>0$

　　a, b が異符号 $\iff ab<0$

解答 $a>b$ の両辺に正の数である c を掛けると，　$ac>bc$

また，$b>0$ で，$c>d$ であるから，　$bc>bd$

よって，　$ac>bd$

☑ **問29** $a>b$, $c>d$ のとき，不等式 $ac+bd>ad+bc$ が成り立つことを証明せよ。

教科書
p.28

ガイド a, b の大小と $a-b$ の符号について，次のことが成り立つ。

> **ここがポイント** 👉 ［大小の判定］
> $$a>b \iff a-b>0$$
> $$a<b \iff a-b<0$$

よって，不等式 $A>B$ を示すには，$A-B>0$ となることを示せばよい。

解答 $ac+bd-(ad+bc)=a(c-d)-b(c-d)=(a-b)(c-d)$

$a>b$, $c>d$ より，$a-b>0$, $c-d>0$ であるから，

$\quad(a-b)(c-d)>0$

したがって，　$ac+bd-(ad+bc)>0$

よって，　$ac+bd>ad+bc$

☑ **問30** 不等式 $(3a+b)^2 \geqq 12ab$ を証明せよ。また，等号が成り立つ場合を調べよ。

教科書
p.28

ガイド

> **ここがポイント** 👉
> **a が実数のとき，　$a^2 \geqq 0$**
> 等号が成り立つのは，**$a=0$** のときである。

解答 $\quad (3a+b)^2-12ab=9a^2+6ab+b^2-12ab$

$\qquad\qquad\qquad\quad =9a^2-6ab+b^2$

$\qquad\qquad\qquad\quad =(3a-b)^2$

$(3a-b)^2 \geqq 0$ であるから，　$(3a+b)^2-12ab \geqq 0$

よって，　$(3a+b)^2 \geqq 12ab$

等号が成り立つのは，$3a-b=0$，すなわち，$3a=b$ のときである。

☑ **問31** 次の不等式を証明せよ。また，等号が成り立つ場合を調べよ。

教科書
p.29　(1)　$a^2 + 3ab + 3b^2 \geqq 0$　　　　　(2)　$a^2 + b^2 \geqq a - b - \dfrac{1}{2}$

- -

ガイド　a，b が実数のとき，$a^2 \geqq 0$，$b^2 \geqq 0$ であるから，次のことが成り立つ。

> **ここがポイント** 👉
>
> a，b が実数のとき，　$a^2 + b^2 \geqq 0$
> 等号が成り立つのは，$a = 0$ **かつ** $b = 0$ のときである。

a または b についての2次式と考えて，平方完成する。

解答　(1)　$a^2 + 3ab + 3b^2 = \left(a + \dfrac{3}{2}b\right)^2 - \dfrac{9}{4}b^2 + 3b^2$

$$= \left(a + \dfrac{3}{2}b\right)^2 + \dfrac{3}{4}b^2 \geqq 0$$

よって，　$a^2 + 3ab + 3b^2 \geqq 0$

等号が成り立つのは，$a + \dfrac{3}{2}b = 0$ かつ $b = 0$，すなわち，

$a = b = 0$ **のとき**である。

(2)　$a^2 + b^2 - \left(a - b - \dfrac{1}{2}\right) = a^2 + b^2 - a + b + \dfrac{1}{2}$

$$= \left(a - \dfrac{1}{2}\right)^2 - \dfrac{1}{4} + \left(b + \dfrac{1}{2}\right)^2 - \dfrac{1}{4} + \dfrac{1}{2}$$

$$= \left(a - \dfrac{1}{2}\right)^2 + \left(b + \dfrac{1}{2}\right)^2 \geqq 0$$

したがって，　$a^2 + b^2 - \left(a - b - \dfrac{1}{2}\right) \geqq 0$

よって，　$a^2 + b^2 \geqq a - b - \dfrac{1}{2}$

等号が成り立つのは，$a - \dfrac{1}{2} = 0$ かつ $b + \dfrac{1}{2} = 0$，すなわち，

$a = \dfrac{1}{2}$ **かつ** $b = -\dfrac{1}{2}$ **のとき**である。

問32 不等式 $a^2+b^2+2\geqq(a+1)(b+1)$ を証明せよ。また，等号が成り立つ

教科書
p.29　　場合を調べよ。

ガイド 左辺－右辺 を計算し，平方完成する。

解答 $a^2+b^2+2-(a+1)(b+1)$

$=a^2+b^2-ab-a-b+1$

$=\dfrac{1}{2}(a^2-2ab+b^2+a^2-2a+1+b^2-2b+1)$

$=\dfrac{1}{2}\{(a-b)^2+(a-1)^2+(b-1)^2\}\geqq0$

したがって，　$a^2+b^2+2-(a+1)(b+1)\geqq0$

よって，　$a^2+b^2+2\geqq(a+1)(b+1)$

等号が成り立つのは，$a-b=0$ かつ $a-1=0$ かつ $b-1=0$，すなわち，**$a=b=1$ のとき**である。

問33 $a>0$，$b>0$ のとき，次の不等式が成り立つことを証明せよ。また，等

教科書
p.31　　号が成り立つ場合を調べよ。

(1) $a+\dfrac{9}{a}\geqq6$ 　　　　　　(2) $\dfrac{a}{b}+\dfrac{b}{a}\geqq2$

ガイド 2つの数 a，b に対して，$\dfrac{a+b}{2}$ を a と b の**相加平均**という。

また，$a>0$，$b>0$ のとき，$\sqrt{ab}$ を a と b の**相乗平均**という。

> **ここがポイント** ☞ [相加平均と相乗平均の関係]
>
> $a>0$，$b>0$ のとき，　$\dfrac{a+b}{2}\geqq\sqrt{ab}$
>
> 等号が成り立つのは，$a=b$ のときである。

相加平均と相乗平均の関係を用いて，不等式を証明するとき，**ここがポイント** ☞ で示した不等式は，$a+b\geqq2\sqrt{ab}$ の形で用いられることが多い。

解答▶ (1) $a>0$ であるから，　$\dfrac{9}{a}>0$

相加平均と相乗平均の関係より，　$a+\dfrac{9}{a}\geqq 2\sqrt{a\cdot\dfrac{9}{a}}=6$

したがって，　$a+\dfrac{9}{a}\geqq 6$

等号が成り立つのは，$a=\dfrac{9}{a}$，すなわち，$a^2=9$ のときである。

よって，$a>0$ より，**$a=3$ のときに等号が成り立つ。**

(2) $a>0$，$b>0$ であるから，　$\dfrac{a}{b}>0$，$\dfrac{b}{a}>0$

相加平均と相乗平均の関係より，　$\dfrac{a}{b}+\dfrac{b}{a}\geqq 2\sqrt{\dfrac{a}{b}\cdot\dfrac{b}{a}}=2$

したがって，　$\dfrac{a}{b}+\dfrac{b}{a}\geqq 2$

等号が成り立つのは，$\dfrac{a}{b}=\dfrac{b}{a}$，すなわち，$a^2=b^2$ のときである。

よって，$a>0$，$b>0$ より，**$a=b$ のときに等号が成り立つ。**

☐ **問34** $a>0$ のとき，不等式 $1+\dfrac{a}{2}>\sqrt{1+a}$ が成り立つことを証明せよ。

教科書
p.32
- -

ガイド

ここがポイント ☞ ［平方の大小］

$a>0$，$b>0$ のとき，
$$a>b \iff a^2>b^2$$
$$a\geqq b \iff a^2\geqq b^2$$

この問題では，$1+\dfrac{a}{2}>0$，$\sqrt{1+a}>0$ であるから，両辺の平方の差
を調べる。

解答▶ 両辺の平方の差を調べると，
$$\left(1+\dfrac{a}{2}\right)^2-(\sqrt{1+a})^2=1+a+\dfrac{a^2}{4}-(1+a)$$
$$=\dfrac{a^2}{4}>0$$

したがって，　$\left(1+\dfrac{a}{2}\right)^2>(\sqrt{1+a})^2$

よって，　$1+\dfrac{a}{2}>0,\ \sqrt{1+a}>0$ より，

$1+\dfrac{a}{2}>\sqrt{1+a}$

問35 不等式 $|a|+|b|\geqq|a-b|$ を証明せよ。また，等号が成り立つ場合を調べよ。

教科書
p.33

- -

ガイド 実数 a の絶対値 $|a|$ については，

$\qquad a\geqq 0$ のとき，$|a|=a$，　$a<0$ のとき，$|a|=-a$

であるから，次のことが成り立つ。

$\qquad |a|\geqq 0,\quad |a|\geqq a,\quad |a|\geqq -a,\quad |a|^2=a^2$

また，実数 ab の絶対値 $|ab|$ については，

$\qquad |ab|^2=(ab)^2=a^2b^2=|a|^2|b|^2=(|a\|b|)^2$

であり，$|ab|\geqq 0,\ |a\|b|\geqq 0$ であるから，次の式が成り立つ。

$\qquad |ab|=|a\|b|$

この問題では，$|a|+|b|\geqq 0,\ |a-b|\geqq 0$ であるから，両辺の平方の差を調べる。

解答 両辺の平方の差を調べると，

$$(|a|+|b|)^2-|a-b|^2=|a|^2+2|a\|b|+|b|^2-(a-b)^2$$
$$=a^2+2|ab|+b^2-(a^2-2ab+b^2)$$
$$=2(|ab|+ab)$$

$|ab|\geqq -ab$ であるから，

$\qquad (|a|+|b|)^2-|a-b|^2=2(|ab|+ab)\geqq 0$　……①

したがって，　$(|a|+|b|)^2\geqq|a-b|^2$

よって，$|a|+|b|\geqq 0,\ |a-b|\geqq 0$ より，

$\qquad |a|+|b|\geqq|a-b|$

等号が成り立つのは，①より，$|ab|=-ab$，**すなわち，$ab\leqq 0$ のと**きである。

参考 教科書 p.33 の応用例題 18 で証明されている式，

$\qquad |a|+|b|\geqq|a+b|$

も重要な不等式である。

節 末 問 題

☑ **1**

教科書
p.34

次の等式が x についての恒等式となるように，定数 a, b, c の値を定めよ。

(1) $a(x-1)(x-2)+b(x-2)(x-3)+c(x-3)(x-1)=x^2+x+2$

(2) $\dfrac{3}{x^3-1}=\dfrac{a}{x-1}-\dfrac{bx+c}{x^2+x+1}$

ガイド (1) 左辺を x について整理し，両辺の係数を比較する。

(2) 右辺を通分して，分子を x について整理する。

解答 (1) 左辺を x について整理すると，

$$(a+b+c)x^2+(-3a-5b-4c)x+2a+6b+3c$$
$$=x^2+x+2$$

これが x についての恒等式となればよいから，係数を比較して，

$$a+b+c=1, \quad -3a-5b-4c=1, \quad 2a+6b+3c=2$$

これを解いて， $\boldsymbol{a=7}$, $\boldsymbol{b=2}$, $\boldsymbol{c=-8}$

(2) 等式の右辺を通分すると，

$$\frac{3}{x^3-1}=\frac{a(x^2+x+1)-(bx+c)(x-1)}{x^3-1}$$

分子が x についての恒等式となればよい。

右辺の分子を x について整理すると，

$$3=(a-b)x^2+(a+b-c)x+a+c$$

両辺の係数を比較して， $a-b=0$, $a+b-c=0$, $a+c=3$

これを解いて， $\boldsymbol{a=1}$, $\boldsymbol{b=1}$, $\boldsymbol{c=2}$

参考 (1) 等式の両辺に，$x=1$, 2, 3 をそれぞれ代入してもよい。

別解 (1) 等式の両辺に，$x=1$, 2, 3 をそれぞれ代入すると，

$$2b=4, \quad -c=8, \quad 2a=14$$

これを解いて， $a=7$, $b=2$, $c=-8$

逆に，このとき，等式の左辺を計算すると，

$$左辺=7(x-1)(x-2)+2(x-2)(x-3)-8(x-3)(x-1)$$
$$=x^2+x+2$$

となり，確かに恒等式になっている。

よって， $\boldsymbol{a=7}$, $\boldsymbol{b=2}$, $\boldsymbol{c=-8}$

☑ **2**

教科書
p.34

$a+b+c=0$ のとき，等式
$a^2(b+c)+b^2(c+a)+c^2(a+b)+3abc=0$ が成り立つことを証明せよ。

ガイド $c=-(a+b)$ を与式の左辺に代入して示す。

解答 $a+b+c=0$ より，$c=-(a+b)$ であるから，

$$a^2(b+c)+b^2(c+a)+c^2(a+b)+3abc$$
$$=a^2[b+\{-(a+b)\}]+b^2\{-(a+b)+a\}+\{-(a+b)\}^2(a+b)$$
$$+3ab\{-(a+b)\}$$
$$=a^2(b-a-b)+b^2(-a-b+a)+(a+b)^3+3ab(-a-b)$$
$$=-a^3-b^3+a^3+3a^2b+3ab^2+b^3-3a^2b-3ab^2=0$$

よって，　$a^2(b+c)+b^2(c+a)+c^2(a+b)+3abc=0$

☑ **3**

教科書
p.34

a, b, x, y はすべて正の数で，$\dfrac{x}{a}<\dfrac{y}{b}$ とするとき，次の不等式が成り立つことを証明せよ。

(1)　$ay-bx>0$ 　　　　　(2)　$\dfrac{x}{a}<\dfrac{x+y}{a+b}<\dfrac{y}{b}$

ガイド (1)　$\dfrac{x}{a}<\dfrac{y}{b}$ の両辺に ab (>0) を掛ける。

(2)　2つの不等式に分けて示す。

解答 (1)　$\dfrac{x}{a}<\dfrac{y}{b}$ の両辺に ab を掛けると，$ab>0$ より，

$$bx<ay$$

よって，　$ay-bx>0$

(2)　まず，$\dfrac{x}{a}<\dfrac{x+y}{a+b}$ を示す。

$$\frac{x+y}{a+b}-\frac{x}{a}=\frac{(x+y)a-x(a+b)}{a(a+b)}=\frac{ay-bx}{a(a+b)}$$

(1)より，$ay-bx>0$，また，$a>0$，$a+b>0$ であるから，

$$\frac{ay-bx}{a(a+b)}>0$$

したがって，　$\dfrac{x+y}{a+b}-\dfrac{x}{a}>0$

よって，　$\dfrac{x}{a}<\dfrac{x+y}{a+b}$　……①

次に，$\dfrac{x+y}{a+b} < \dfrac{y}{b}$ を示す。

$$\dfrac{y}{b} - \dfrac{x+y}{a+b} = \dfrac{y(a+b)-(x+y)b}{b(a+b)} = \dfrac{ay-bx}{b(a+b)}$$

(1)より，$ay-bx > 0$，また，$b > 0$，$a+b > 0$ であるから，

$$\dfrac{ay-bx}{b(a+b)} > 0$$

したがって，$\dfrac{y}{b} - \dfrac{x+y}{a+b} > 0$

よって，$\dfrac{x+y}{a+b} < \dfrac{y}{b}$　……②

①，②より，$\dfrac{x}{a} < \dfrac{x+y}{a+b} < \dfrac{y}{b}$

☑4 教科書 **p.34**　不等式 $(ax+by)^2 \leqq (a^2+b^2)(x^2+y^2)$ を証明せよ。また，等号が成り立つ場合を調べよ。

ガイド　右辺－左辺＝$(\bigcirc - \triangle)^2 \geqq 0$ となることを示す。等号が成り立つのは $\bigcirc - \triangle = 0$ のときである。

解答　$(a^2+b^2)(x^2+y^2) - (ax+by)^2$

$= a^2x^2 + a^2y^2 + b^2x^2 + b^2y^2 - (a^2x^2 + 2abxy + b^2y^2)$

$= b^2x^2 - 2abxy + a^2y^2$

$= (bx-ay)^2$

$(bx-ay)^2 \geqq 0$ であるから，　$(a^2+b^2)(x^2+y^2) - (ax+by)^2 \geqq 0$

よって，　$(ax+by)^2 \leqq (a^2+b^2)(x^2+y^2)$

等号が成り立つのは，$bx-ay=0$，すなわち，**$bx=ay$ のとき**である。

☑5 教科書 **p.34**　$a>0$，$b>0$ のとき，次の不等式が成り立つことを証明せよ。また，等号が成り立つ場合を調べよ。

(1) $(a+b)\left(\dfrac{1}{a}+\dfrac{1}{b}\right) \geqq 4$ 　　　　　(2) $(a+b)\left(\dfrac{1}{a}+\dfrac{4}{b}\right) \geqq 9$

ガイド　左辺を展開して，相加平均と相乗平均の関係 $A+B \geqq 2\sqrt{AB}$ $(A>0,\ B>0)$ を用いる。等号が成り立つのは $A=B$ のときである。

解答 (1) $(a+b)\left(\dfrac{1}{a}+\dfrac{1}{b}\right)=1+\dfrac{a}{b}+\dfrac{b}{a}+1=\dfrac{b}{a}+\dfrac{a}{b}+2$

$a>0$，$b>0$ であるから，　$\dfrac{b}{a}>0$，$\dfrac{a}{b}>0$

相加平均と相乗平均の関係より，　$\dfrac{b}{a}+\dfrac{a}{b}\geqq 2\sqrt{\dfrac{b}{a}\cdot\dfrac{a}{b}}=2$

したがって，　$\dfrac{b}{a}+\dfrac{a}{b}+2\geqq 4$

よって，　$(a+b)\left(\dfrac{1}{a}+\dfrac{1}{b}\right)\geqq 4$

等号が成り立つのは，$\dfrac{b}{a}=\dfrac{a}{b}$，すなわち，$a^2=b^2$ のときである。

よって，$a>0$，$b>0$ より，**$a=b$ のとき**に等号が成り立つ。

(2) $(a+b)\left(\dfrac{1}{a}+\dfrac{4}{b}\right)=1+\dfrac{4a}{b}+\dfrac{b}{a}+4=\dfrac{b}{a}+\dfrac{4a}{b}+5$

$a>0$，$b>0$ であるから，　$\dfrac{b}{a}>0$，$\dfrac{4a}{b}>0$

相加平均と相乗平均の関係より，　$\dfrac{b}{a}+\dfrac{4a}{b}\geqq 2\sqrt{\dfrac{b}{a}\cdot\dfrac{4a}{b}}=4$

したがって，　$\dfrac{b}{a}+\dfrac{4a}{b}+5\geqq 9$

よって，　$(a+b)\left(\dfrac{1}{a}+\dfrac{4}{b}\right)\geqq 9$

等号が成り立つのは，$\dfrac{b}{a}=\dfrac{4a}{b}$，すなわち，$4a^2=b^2$ のときである。

よって，$a>0$，$b>0$ より，**$2a=b$ のとき**に等号が成り立つ。

6 教科書 **p.34** $a>0$，$b>0$ のとき，不等式 $\sqrt{a}+\sqrt{b}\leqq\sqrt{2(a+b)}$ が成り立つことを証明せよ。また，等号が成り立つ場合を調べよ。

ガイド $\sqrt{a}+\sqrt{b}>0$，$\sqrt{2(a+b)}>0$ であるから，両辺の平方の差を調べる。

解答▶ 両辺の平方の差を調べると，

$$\{\sqrt{2(a+b)}\}^2-(\sqrt{a}+\sqrt{b})^2=2(a+b)-(a+2\sqrt{ab}+b)$$
$$=a-2\sqrt{ab}+b$$
$$=(\sqrt{a}-\sqrt{b})^2\geqq0$$

したがって，　$(\sqrt{a}+\sqrt{b})^2\leqq\{\sqrt{2(a+b)}\}^2$

よって，　$\sqrt{a}+\sqrt{b}>0$，$\sqrt{2(a+b)}>0$　より，

$$\sqrt{a}+\sqrt{b}\leqq\sqrt{2(a+b)}$$

等号が成り立つのは，$\sqrt{a}-\sqrt{b}=0$，**すなわち，**$a=b$ **のときであ**る。

□**7**　不等式 $\sqrt{a^2+b^2}\leqq|a|+|b|\leqq\sqrt{2(a^2+b^2)}$ を証明せよ。

教科書
p.34

ガイド▶ 2つの不等式に分けて，それぞれ平方の差をとって証明する。

解答▶ まず，$\sqrt{a^2+b^2}\leqq|a|+|b|$ を証明する。

両辺の平方の差を調べると，

$$(|a|+|b|)^2-(\sqrt{a^2+b^2})^2=|a|^2+2|a||b|+|b|^2-(a^2+b^2)$$
$$=a^2+2|ab|+b^2-a^2-b^2$$
$$=2|ab|\geqq0$$

したがって，　$(\sqrt{a^2+b^2})^2\leqq(|a|+|b|)^2$

よって，$\sqrt{a^2+b^2}\geqq0$，$|a|+|b|\geqq0$ より，

$$\sqrt{a^2+b^2}\leqq|a|+|b|\quad\cdots\cdots①$$

次に，$|a|+|b|\leqq\sqrt{2(a^2+b^2)}$ を証明する。

両辺の平方の差を調べると，

$$\{\sqrt{2(a^2+b^2)}\}^2-(|a|+|b|)^2=2(a^2+b^2)-(|a|^2+2|a||b|+|b|^2)$$
$$=2a^2+2b^2-a^2-2|a||b|-b^2$$
$$=a^2-2|ab|+b^2$$
$$=(|a|-|b|)^2\geqq0$$

したがって，　$(|a|+|b|)^2\leqq\{\sqrt{2(a^2+b^2)}\}^2$

よって，$|a|+|b|\geqq0$，$\sqrt{2(a^2+b^2)}\geqq0$ より，

$$|a|+|b|\leqq\sqrt{2(a^2+b^2)}\quad\cdots\cdots②$$

①，②より，　$\sqrt{a^2+b^2}\leqq|a|+|b|\leqq\sqrt{2(a^2+b^2)}$

第3節 複素数と2次方程式

1 複素数

☑ **問36** 次の複素数の実部と虚部を答えよ。

教科書
p.35
(1) $\sqrt{2}+3i$　　(2) $3-2i$　　(3) $6i$　　(4) -1

- -

ガイド　平方して -1 となるような新しい数を考えて，これを記号 i で表し，**虚数単位**とよぶ。すなわち，$i^2=-1$ と定める。

　　2つの実数 a, b を用いて，$a+bi$ の形で表される数を考えて，これを**複素数**とよぶ。そして，a をその**実部**，b をその**虚部**という。

解答　(1) **実部は $\sqrt{2}$, 虚部は 3**

　　(2) $3-2i=3+(-2)i$ より，**実部は 3, 虚部は -2**

　　(3) $6i=0+6i$ より，**実部は 0, 虚部は 6**

　　(4) $-1=-1+0i$ より，**実部は -1, 虚部は 0**

参考　実数でない複素数を**虚数**という。

　　特に，$a=0$, $b \neq 0$ のとき，すなわち，bi の形の虚数を**純虚数**という。

--- 複素数 $a+bi$ ---
| 実数 a | 虚数 $a+bi$ ($b \neq 0$) |

純虚数 bi

☑ **問37** 次の等式を満たす実数 a, b の値を求めよ。

教科書
p.36
(1) $(a+4)+(2b-1)i=5-7i$

(2) $(a+2b-5)+(a-b+7)i=0$

- -

ガイド　2つの複素数が等しいとは，実部と虚部がともに等しい場合をいう。

ここがポイント ☞ ［複素数の相等］

　　a, b, c, d が実数のとき，

$$a+bi=c+di \iff a=c \ \text{かつ} \ b=d$$
$$\text{特に，}\quad a+bi=0 \quad \iff a=0 \ \text{かつ} \ b=0$$

虚数については，大小関係や正，負は考えない。

解答▶ (1) a, b が実数のとき，$a+4$，$2b-1$ も実数であるから，

$a+4=5$ かつ $2b-1=-7$

これを解いて， $a=1$，$b=-3$

(2) a, b が実数のとき，$a+2b-5$，$a-b+7$ も実数であるから，

$a+2b-5=0$ かつ $a-b+7=0$

これを解いて， $a=-3$，$b=4$

☑ **問38▶** 次の計算をせよ。

教科書 **p.36**

(1) $(2+3i)+(-8+2i)$ (2) $(4-3i)-(1-5i)$

(3) $(3+i)^2$ (4) $(4+3i)(2-3i)$

- -

ガイド 複素数の四則計算では，i をふつうの文字と同じように扱い，i^2 が出てきたら i^2 を -1 でおき換えて計算する。

解答▶ (1) $(2+3i)+(-8+2i)=(2-8)+(3+2)i=-6+5i$

(2) $(4-3i)-(1-5i)=(4-1)+(-3+5)i=3+2i$

(3) $(3+i)^2=9+6i+i^2=9+6i-1=8+6i$

(4) $(4+3i)(2-3i)=8+(-12+6)i-9i^2=8-6i-9\times(-1)$

$=8-6i+9=17-6i$

☑ **問39▶** 次の複素数と共役な複素数を答えよ。

教科書 **p.37**

(1) $1+3i$ (2) $-3-2i$ (3) $-8i$ (4) -5

- -

ガイド 複素数 $\alpha=a+bi$ に対して，$a-bi$ を α と**共役な複素数**といい，$\overline{\alpha}$ で表す。

特に，実数 a と共役な複素数は a 自身である。

解答▶ (1) $1-3i$ (2) $-3+2i$

(3) $8i$ (4) -5

☑ **問40▶** 次の計算をせよ。

教科書 **p.37**

(1) $\dfrac{2}{1+i}$ (2) $\dfrac{2i}{3+i}$ (3) $\dfrac{3+2i}{2-i}$

- -

ガイド 複素数の除法は，分母と共役な複素数を分母と分子に掛けて，分母を実数にして計算する。

解答 (1) $\dfrac{2}{1+i}=\dfrac{2(1-i)}{(1+i)(1-i)}=\dfrac{2-2i}{1-i^2}=\dfrac{2-2i}{2}=1-i$

(2) $\dfrac{2i}{3+i}=\dfrac{2i(3-i)}{(3+i)(3-i)}=\dfrac{6i-2i^2}{9-i^2}$

$=\dfrac{2+6i}{10}=\dfrac{1}{5}+\dfrac{3}{5}i$

(3) $\dfrac{3+2i}{2-i}=\dfrac{(3+2i)(2+i)}{(2-i)(2+i)}=\dfrac{6+7i+2i^2}{4-i^2}$

$=\dfrac{4+7i}{5}=\dfrac{4}{5}+\dfrac{7}{5}i$

参考 複素数の四則計算は，一般に次のようになる。

加法 $(a+bi)+(c+di)=(a+c)+(b+d)i$

減法 $(a+bi)-(c+di)=(a-c)+(b-d)i$

乗法 $(a+bi)(c+di)=(ac-bd)+(ad+bc)i$

除法 $\dfrac{a+bi}{c+di}=\dfrac{ac+bd}{c^2+d^2}+\dfrac{bc-ad}{c^2+d^2}i$

よって，2つの複素数の和，差，積，商も，また複素数である。
複素数 α，β についても，次のことが成り立つ。

$\alpha\beta=0$ **ならば，** $\alpha=0$ **または** $\beta=0$

問41 次の数を i を用いて表せ。

教科書
p.38
(1) $\sqrt{-5}$　　　　(2) $-\sqrt{-9}$　　　　(3) -12 の平方根

- -

ガイド $a>0$ のとき，記号 $\sqrt{-a}$ を $\sqrt{a}\,i$ と定める。すなわち，

$\sqrt{-a}=\sqrt{a}\,i$　　特に，$\sqrt{-1}=i$

ここがポイント ☞ ［負の数の平方根］

$a>0$ のとき，

$-a$ の平方根は，$\pm\sqrt{-a}$　すなわち，$\pm\sqrt{a}\,i$

解答 (1) $\sqrt{-5}=\sqrt{5}\,i$

(2) $-\sqrt{-9}=-\sqrt{9}\,i=-3i$

(3) $\pm\sqrt{-12}=\pm\sqrt{12}\,i=\pm2\sqrt{3}\,i$

☐ **問42** 次の計算をせよ。

教科書
p.38

(1) $\sqrt{-4}+\sqrt{-25}$　　(2) $\sqrt{-6}\sqrt{-3}$　　(3) $\dfrac{\sqrt{12}}{\sqrt{-3}}$

- -

ガイド $a>0$ のとき，$\sqrt{-a}$ を含む計算は，$\sqrt{-a}$ を $\sqrt{a}\,i$ におき換えてから計算する。

解答 (1) $\sqrt{-4}+\sqrt{-25}=\sqrt{4}\,i+\sqrt{25}\,i=2i+5i=\boldsymbol{7i}$

(2) $\sqrt{-6}\sqrt{-3}=\sqrt{6}\,i\sqrt{3}\,i=3\sqrt{2}\,i^2=\boldsymbol{-3\sqrt{2}}$

(3) $\dfrac{\sqrt{12}}{\sqrt{-3}}=\dfrac{2\sqrt{3}}{\sqrt{3}\,i}=\dfrac{2}{i}=\dfrac{2i}{i^2}=\boldsymbol{-2i}$

2 　2 次方程式

☐ **問43** 次の 2 次方程式を解け。

教科書
p.39

(1) $x^2-3x+6=0$　　　　　　(2) $5x^2+2x+3=0$

- -

ガイド 一般に，実数を係数とする 2 次方程式は，複素数の範囲で必ず解をもつ。

ここがポイント☞ [2 次方程式の解の公式]

2 次方程式 $ax^2+bx+c=0$ の解は，　$\boldsymbol{x=\dfrac{-b\pm\sqrt{b^2-4ac}}{2a}}$

2 次方程式 $ax^2+2b'x+c=0$ の解は，$\boldsymbol{x=\dfrac{-b'\pm\sqrt{b'^2-ac}}{a}}$ である。

　今後，特に断りがない場合，方程式の係数はすべて実数とし，方程式の解は複素数の範囲で考えるものとする。

解答 (1) $\boldsymbol{x=\dfrac{-(-3)\pm\sqrt{(-3)^2-4\cdot1\cdot6}}{2\cdot1}=\dfrac{3\pm\sqrt{-15}}{2}=\dfrac{3\pm\sqrt{15}\,i}{2}}$

(2) $\boldsymbol{x=\dfrac{-1\pm\sqrt{1^2-5\cdot3}}{5}=\dfrac{-1\pm\sqrt{-14}}{5}=\dfrac{-1\pm\sqrt{14}\,i}{5}}$

参考 方程式の解が実数のとき **実数解**，虚数のとき **虚数解** という。

問44 次の2次方程式の解を判別せよ。

教科書 **p.40**　　(1) $x^2+x-4=0$　　(2) $4x^2-4x+1=0$　　(3) $2x^2-x+5=0$

ガイド

ここがポイント [2次方程式の解の種類の判別]

2次方程式 $ax^2+bx+c=0$ の判別式を $D=b^2-4ac$ とすると，その解について次のことが成り立つ。

$$D>0 \iff 異なる2つの実数解をもつ$$
$$D=0 \iff 重解をもつ$$
$$D<0 \iff 異なる2つの虚数解をもつ$$

重解も実数解であるから，次のことが成り立つ。

$$D\geqq0 \iff 実数解をもつ$$

2次方程式 $ax^2+2b'x+c=0$ の判別式は，$D=4(b'^2-ac)$ であるから，解の判別に，$\dfrac{D}{4}=b'^2-ac$ を用いてもよい。

解答 (1) 2次方程式 $x^2+x-4=0$ は，判別式をDとすると，

$D=1^2-4\cdot1\cdot(-4)=17>0$ より，**異なる2つの実数解をもつ。**

(2) 2次方程式 $4x^2-4x+1=0$ は，判別式をDとすると，

$\dfrac{D}{4}=(-2)^2-4\cdot1=0$ より，**重解をもつ。**

(3) 2次方程式 $2x^2-x+5=0$ は，判別式をDとすると，

$D=(-1)^2-4\cdot2\cdot5=-39<0$ より，**異なる2つの虚数解をもつ。**

問45 kを定数とするとき，次の2次方程式の解を判別せよ。

教科書 **p.40**　　$$x^2+kx+k+8=0$$

ガイド 2次方程式 $x^2+kx+k+8=0$ の判別式が正，0，負となるようなkの値の範囲を求める。

解答 この2次方程式の判別式をDとすると，

$$D=k^2-4\cdot1\cdot(k+8)=k^2-4k-32=(k+4)(k-8)$$

よって，この2次方程式の解は次のようになる。

$D>0$，すなわち，**$k<-4$，$8<k$ のとき，異なる2つの実数解**

$D=0$，すなわち，**$k=-4$，8 のとき，重解**

$D<0$，すなわち，**$-4<k<8$ のとき，異なる2つの虚数解**

3 2次方程式の解と係数の関係

☑ **問46** 次の2次方程式の2つの解を α, β とするとき，$\alpha+\beta$, $\alpha\beta$ の値を求め

教科書
p.41

よ。

(1) $x^2-3x+8=0$　　　　　　(2) $6x^2-4x-3=0$

(3) $4x^2-5x=0$　　　　　　　(4) $5x^2+4=0$

- -

ガイド 2次方程式の2つの解の和と積は，方程式の係数の簡単な式で表される。これを2次方程式の**解と係数の関係**という。

> **ここがポイント** 🖙 [2次方程式の解と係数の関係]
>
> 2次方程式 $ax^2+bx+c=0$ の2つの解を α, β とすると，
>
> $$\alpha+\beta=-\frac{b}{a}, \qquad \alpha\beta=\frac{c}{a}$$

解答 (1) $\alpha+\beta=-\dfrac{-3}{1}=3, \qquad \alpha\beta=\dfrac{8}{1}=8$

(2) $\alpha+\beta=-\dfrac{-4}{6}=\dfrac{2}{3}, \qquad \alpha\beta=\dfrac{-3}{6}=-\dfrac{1}{2}$

(3) $\alpha+\beta=-\dfrac{-5}{4}=\dfrac{5}{4}, \qquad \alpha\beta=\dfrac{0}{4}=0$

(4) $\alpha+\beta=-\dfrac{0}{5}=0, \qquad \alpha\beta=\dfrac{4}{5}$

☑ **問47** 2次方程式 $x^2-3x+5=0$ の2つの解を α, β とするとき，次の式の

教科書
p.42

値を求めよ。

(1) $(\alpha+1)(\beta+1)$　　　(2) $(\alpha-\beta)^2$　　　(3) $\alpha^3+\beta^3$

- -

ガイド それぞれの式を $\alpha+\beta$, $\alpha\beta$ の式で表す。

解答 解と係数の関係から，　$\alpha+\beta=3$, $\alpha\beta=5$

(1) $(\alpha+1)(\beta+1)=\alpha\beta+(\alpha+\beta)+1=5+3+1=\mathbf{9}$

(2) $(\alpha-\beta)^2=\alpha^2-2\alpha\beta+\beta^2=(\alpha+\beta)^2-4\alpha\beta=3^2-4\cdot5=\mathbf{-11}$

(3) $\alpha^3+\beta^3=(\alpha+\beta)^3-3\alpha\beta(\alpha+\beta)=3^3-3\cdot5\cdot3=\mathbf{-18}$

問48
教科書 **p.42**
　2次方程式 $x^2-kx+k+2=0$ の1つの解が他の解より2だけ大きいとき，定数 k の値とそのときの解を求めよ。

- -

ガイド　1つの解が他の解より2だけ大きいから，2つの解は，α，$\alpha+2$ と表せる。解と係数の関係から α と k の関係式を導き，それを解く。

解答　2つの解は α，$\alpha+2$ と表すことができ，解と係数の関係から，

$$\alpha+(\alpha+2)=k \quad \cdots\cdots①$$
$$\alpha(\alpha+2)=k+2 \quad \cdots\cdots②$$

①より，　$k=2\alpha+2$

これを②に代入して，　$\alpha^2+2\alpha=(2\alpha+2)+2$
$$\alpha^2=4$$

したがって，　$\alpha=\pm2$

$\alpha=2$ のとき，$\alpha+2=4$，$k=6$

$\alpha=-2$ のとき，$\alpha+2=0$，$k=-2$

よって，　**$k=6$ のとき，解は，$x=2$，4**
　　　　　$k=-2$ のとき，解は，$x=-2$，0

参考　$k=6$ のとき，もとの2次方程式は，　$x^2-6x+8=0$

$(x-2)(x-4)=0$ より，解は，　$x=2$，4

$k=-2$ のとき，もとの2次方程式は，　$x^2+2x=0$

$x(x+2)=0$ より，解は，　$x=-2$，0

他の解き方として，2つの解を α，$\alpha-2$ と表してもよい。

別解　2つの解を α，$\alpha-2$ と表すと，解と係数の関係から，

$$\alpha+(\alpha-2)=k \quad \cdots\cdots③$$
$$\alpha(\alpha-2)=k+2 \quad \cdots\cdots④$$

③より，　$k=2\alpha-2$

これを④に代入して，　$\alpha^2-2\alpha=(2\alpha-2)+2$
$$\alpha^2-4\alpha=0$$
$$\alpha(\alpha-4)=0$$

したがって，　$\alpha=0$，4

$\alpha=0$ のとき，$\alpha-2=-2$，$k=-2$

$\alpha=4$ のとき，$\alpha-2=2$，$k=6$

よって，　**$k=6$ のとき，解は，$x=2$，4**
　　　　　$k=-2$ のとき，解は，$x=-2$，0

☑ **問49** 次の2次式を複素数の範囲で因数分解せよ。

教科書
p.43

(1) x^2-4x+1　　　(2) $3x^2+10x+9$　　　(3) x^2+4

ガイド

ここがポイント 👉 [2次方程式の解と因数分解]

2次方程式 $ax^2+bx+c=0$ の2つの解を α, β とすると,

$$ax^2+bx+c=a(x-\alpha)(x-\beta)$$

特に,重解 α をもつときは,$ax^2+bx+c=a(x-\alpha)^2$ となる。

この問題では,与式$=0$ とした2次方程式の解を求めて因数分解する。

解答

(1) 2次方程式 $x^2-4x+1=0$ の解は,$x=2\pm\sqrt{3}$ であるから,

$$x^2-4x+1=\{x-(2+\sqrt{3})\}\{x-(2-\sqrt{3})\}$$
$$=(x-2-\sqrt{3})(x-2+\sqrt{3})$$

(2) 2次方程式 $3x^2+10x+9=0$ の解は,$x=\dfrac{-5\pm\sqrt{2}\,i}{3}$ である

から,

$$3x^2+10x+9=3\left(x-\dfrac{-5+\sqrt{2}\,i}{3}\right)\left(x-\dfrac{-5-\sqrt{2}\,i}{3}\right)$$
$$=3\left(x+\dfrac{5-\sqrt{2}\,i}{3}\right)\left(x+\dfrac{5+\sqrt{2}\,i}{3}\right)$$

(3) 2次方程式 $x^2+4=0$ の解は,$x=\pm2i$ であるから,

$$x^2+4=(x-2i)\{x-(-2i)\}$$
$$=(x-2i)(x+2i)$$

☑ **問50** 次の2つの数を解とする2次方程式を1つ作れ。

教科書
p.44

(1) 1, -3　　　(2) $2+\sqrt{3}$, $2-\sqrt{3}$　　　(3) $3+i$, $3-i$

ガイド

ここがポイント 👉 [α, β を解とする2次方程式]

2つの数 α, β を解とする2次方程式の1つは,

$$x^2-(\alpha+\beta)x+\alpha\beta=0$$

である。

解答

(1) 解の和は,　$1+(-3)=-2$

解の積は,　$1\times(-3)=-3$

よって,　$x^2+2x-3=0$

(2)　解の和は，　$(2+\sqrt{3})+(2-\sqrt{3})=4$

　　　解の積は，　$(2+\sqrt{3})(2-\sqrt{3})=4-3=1$

　　　よって，　$x^2-4x+1=0$

(3)　解の和は，　$(3+i)+(3-i)=6$

　　　解の積は，　$(3+i)(3-i)=9+1=10$

　　　よって，　$x^2-6x+10=0$

問51　和が1，積が1となる2つの数を求めよ。

教科書
p.44

- -

ガイド　条件から求める2つの数を解とする2次方程式を作り，それを解く。

解答　求める2つの数を α，β とおくと，

　　　　$\alpha+\beta=1$，　$\alpha\beta=1$

より，α，β は2次方程式 $x^2-x+1=0$ の解である。

　　　これを解くと，　$x=\dfrac{1\pm\sqrt{3}\,i}{2}$

　　　よって，求める2つの数は，　$\dfrac{1+\sqrt{3}\,i}{2}$，$\dfrac{1-\sqrt{3}\,i}{2}$

問52　2次方程式 $x^2+x+3=0$ の2つの解を α，β とするとき，$\alpha-1$，

教科書
p.45　$\beta-1$ を解とする2次方程式を1つ作れ。

- -

ガイド　解と係数の関係から $\alpha+\beta$，$\alpha\beta$ を求め，これらを使って，求める2

　　　次方程式の2つの解の和 $(\alpha-1)+(\beta-1)$，積 $(\alpha-1)(\beta-1)$ を求める。

解答　解と係数の関係より，　$\alpha+\beta=-1$，$\alpha\beta=3$

　　　したがって，$\alpha-1$ と $\beta-1$ の和と積は，

　　　$(\alpha-1)+(\beta-1)=(\alpha+\beta)-2=-1-2=-3$

　　　$(\alpha-1)(\beta-1)=\alpha\beta-\alpha-\beta+1$

　　　　　　　　　　　　$=\alpha\beta-(\alpha+\beta)+1$

　　　　　　　　　　　　$=3-(-1)+1$

　　　　　　　　　　　　$=5$

　　　よって，求める2次方程式の1つは，　$x^2+3x+5=0$

☐ **問53** 2次方程式 $x^2+2kx+k+6=0$ が次のような解をもつとき，定数 k の
教科書
p.46 値の範囲を求めよ。

(1) 異なる2つの負の解　　　　(2) 異符号の解

- -

ガイド 2次方程式 $ax^2+bx+c=0$ の判別式を $D=b^2-4ac$，2つの解を
α, β とするとき，次が成り立つ。

① α, β が異なる2つの正の解
$$\Longleftrightarrow D>0 \text{ で, } \alpha+\beta>0 \text{ かつ } \alpha\beta>0$$

② α, β が異なる2つの負の解
$$\Longleftrightarrow D>0 \text{ で, } \alpha+\beta<0 \text{ かつ } \alpha\beta>0$$

③ α, β が異符号の解 $\Longleftrightarrow \alpha\beta<0$

③で，$\alpha\beta<0$ のとき，$D>0$ はつねに成り立っている。

解答 与えられた2次方程式の判別式を D とすると，
$$\frac{D}{4}=k^2-1\cdot(k+6)=k^2-k-6=(k+2)(k-3)>0$$

より，　$k<-2$, $3<k$　……①

異なる2つの解を α, β とすると，解と係数の関係より，
$$\alpha+\beta=-2k, \qquad \alpha\beta=k+6$$

(1) $\alpha+\beta<0$ より，$-2k<0$，すなわち，$k>0$　……②

$\alpha\beta>0$ より，$k+6>0$，すなわち，$k>-6$　……③

①，②，③より，k の値の範

囲は，

$$k>3$$

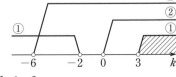

(2) $\alpha\beta<0$ より，$k+6<0$

よって，k の値の範囲は，　$k<-6$

参考 2次関数のグラフを利用して解くこともできる。例えば(1)では，
$f(x)=x^2+2kx+k+6$ とすると，2次方程式 $f(x)=0$ が異なる2
つの負の解をもつためには，$y=f(x)$ のグラフが次の3つの条件を満たせばよく，これらを
同時に満たす k の値の範囲を求めると，$k>3$
が得られる。

(i) x 軸と異なる2点で交わる。

(ii) 軸が $x<0$ の部分にある。

(iii) y 軸と $y>0$ の部分で交わる。

節末問題

第3節｜複素数と2次方程式

1
教科書 **p.47**

次の等式を満たす実数 a, b の値を求めよ。

(1) $a(1+2i)+b(3+4i)=5+6i$

(2) $(4+i)(a+bi)=14-5i$

ガイド a, b, c, d が実数のとき，$a+bi=c+di \iff a=c$ かつ $b=d$ が成り立つ。左辺を展開し，i について整理する。

解答 (1) 左辺を展開して i について整理すると，

$$(a+3b)+(2a+4b)i=5+6i$$

a, b が実数のとき，$a+3b$, $2a+4b$ も実数であるから，

$$a+3b=5 \quad かつ \quad 2a+4b=6$$

これを解いて，　**$a=-1$, $b=2$**

(2) 左辺を展開して i について整理すると，

$$(4a-b)+(a+4b)i=14-5i$$

a, b が実数のとき，$4a-b$, $a+4b$ も実数であるから，

$$4a-b=14 \quad かつ \quad a+4b=-5$$

これを解いて，　**$a=3$, $b=-2$**

2
教科書 **p.47**

次の計算をせよ。

(1) $\sqrt{-12}+\sqrt{-27}-\sqrt{-3}$

(2) $(\sqrt{3}+\sqrt{-2})(\sqrt{3}-2\sqrt{-8})$

ガイド $\sqrt{-a}$ $(a>0)$ を $\sqrt{a}\,i$ におき換えてから計算する。

解答 (1) $\sqrt{-12}+\sqrt{-27}-\sqrt{-3}=\sqrt{12}\,i+\sqrt{27}\,i-\sqrt{3}\,i$

$$=2\sqrt{3}\,i+3\sqrt{3}\,i-\sqrt{3}\,i=4\sqrt{3}\,i$$

(2) $(\sqrt{3}+\sqrt{-2})(\sqrt{3}-2\sqrt{-8})=(\sqrt{3}+\sqrt{2}\,i)(\sqrt{3}-2\sqrt{8}\,i)$

$$=(\sqrt{3}+\sqrt{2}\,i)(\sqrt{3}-4\sqrt{2}\,i)$$

$$=3+(-4\sqrt{6}+\sqrt{6})i-8i^2$$

$$=3-3\sqrt{6}\,i-8\times(-1)$$

$$=3-3\sqrt{6}\,i+8=\mathbf{11-3\sqrt{6}\,i}$$

i^2 が出てきたら，i^2 を -1 におき換えて計算するんだったね。

☑ **3**
教科書 **p.47**

次の2次方程式を解け。

(1) $x^2 - \sqrt{3}\,x + 1 = 0$　　　　(2) $2(x+1)^2 - 3(x+1) + 5 = 0$

ガイド 2次方程式の解の公式を利用する。

(2) $x + 1 = t$ とおく。

解答 (1) $x = \dfrac{-(-\sqrt{3}) \pm \sqrt{(-\sqrt{3})^2 - 4 \cdot 1 \cdot 1}}{2 \cdot 1} = \dfrac{\sqrt{3} \pm \sqrt{-1}}{2} = \dfrac{\sqrt{3} \pm i}{2}$

(2) $x + 1 = t$ とおくと，$2t^2 - 3t + 5 = 0$

$$t = \frac{-(-3) \pm \sqrt{(-3)^2 - 4 \cdot 2 \cdot 5}}{2 \cdot 2} = \frac{3 \pm \sqrt{-31}}{4} = \frac{3 \pm \sqrt{31}\,i}{4}$$

$x + 1 = \dfrac{3 \pm \sqrt{31}\,i}{4}$ より，　$\boldsymbol{x = \dfrac{-1 \pm \sqrt{31}\,i}{4}}$

☑ **4**
教科書 **p.47**

2次方程式 $x^2 + (k+1)x + k^2 - 2k + 2 = 0$ が虚数解をもつように，定数 k の値の範囲を定めよ。

ガイド 2次方程式が虚数解をもつためには，その判別式 D が $D < 0$ であればよい。

解答 与えられた2次方程式の判別式を D とすると，

$$D = (k+1)^2 - 4 \cdot 1 \cdot (k^2 - 2k + 2) = -3k^2 + 10k - 7$$
$$= -(3k - 7)(k - 1) < 0$$

したがって，　$(3k - 7)(k - 1) > 0$

よって，　$\boldsymbol{k < 1,\ \dfrac{7}{3} < k}$

☑ **5**
教科書 **p.47**

m は定数とする。2次方程式 $x^2 - 2x + m + 3 = 0$ が異なる2つの実数解 $\alpha,\ \beta$ をもつとき，次の問いに答えよ。

(1) m の値の範囲を求めよ。

(2) $\alpha^2 + \beta^2$ のとり得る値の範囲を求めよ。

ガイド (1) 2次方程式が異なる2つの実数解をもつためには，その判別式 D が $D > 0$ であればよい。

(2) 解と係数の関係と(1)の結果を利用する。

解答 (1) 与えられた2次方程式の判別式をDとすると,

$$\frac{D}{4}=(-1)^2-1\cdot(m+3)=-m-2>0$$

よって，　$\boldsymbol{m<-2}$

(2) 解と係数の関係より，　$\alpha+\beta=2,\ \alpha\beta=m+3$

したがって，

$$\alpha^2+\beta^2=(\alpha+\beta)^2-2\alpha\beta=2^2-2(m+3)=-2m-2$$

$m<-2$ より，

$$-2m>4$$
$$-2m-2>2$$

よって，　$\boldsymbol{\alpha^2+\beta^2>2}$

---

6 2次方程式 $3x^2-x+2=0$ の2つの解を $\alpha,\ \beta$ とするとき，$3\alpha+\beta$，$\alpha+3\beta$ を解とする2次方程式を1つ作れ。

教科書 **p.47**

ガイド 求める2次方程式の2つの解の和 $(3\alpha+\beta)+(\alpha+3\beta)$ と積 $(3\alpha+\beta)(\alpha+3\beta)$ の値を求める。

　方程式の係数に分数があるときは，両辺に適当な数を掛けて，分母を払っておくとよい。

解答 解と係数の関係より，　$\alpha+\beta=\dfrac{1}{3},\ \alpha\beta=\dfrac{2}{3}$

したがって，$3\alpha+\beta$ と $\alpha+3\beta$ の和と積は，

$$(3\alpha+\beta)+(\alpha+3\beta)=4(\alpha+\beta)=\frac{4}{3}$$

$$\begin{aligned}(3\alpha+\beta)(\alpha+3\beta)&=3\alpha^2+10\alpha\beta+3\beta^2\\&=3(\alpha^2+\beta^2)+10\alpha\beta\\&=3\{(\alpha+\beta)^2-2\alpha\beta\}+10\alpha\beta\\&=3(\alpha+\beta)^2+4\alpha\beta\\&=3\left(\frac{1}{3}\right)^2+4\cdot\frac{2}{3}=3\end{aligned}$$

よって，求める2次方程式の1つは，　$x^2-\dfrac{4}{3}x+3=0$

両辺に3を掛けて，　$\boldsymbol{3x^2-4x+9=0}$　$\left(x^2-\dfrac{4}{3}x+3=0\right)$

第4節 高次方程式

1 剰余の定理と因数定理

☐ **問54**　$P(x)=2x^3+3x^2-4x-4$ を次の式で割ったときの余りを求めよ。

教科書
p.49
(1) $x-1$　　　　　(2) $x-2$　　　　　(3) $x+2$

ガイド

ここがポイント 👉 [剰余の定理]

多項式 $P(x)$ を 1 次式 $x-\alpha$ で割ったときの余りは，$P(\alpha)$ である。

解答　(1)　余りは，　　$P(1)=2\cdot1^3+3\cdot1^2-4\cdot1-4=\boldsymbol{-3}$

(2)　余りは，　　$P(2)=2\cdot2^3+3\cdot2^2-4\cdot2-4=\boldsymbol{16}$

(3)　余りは，　　$P(-2)=2(-2)^3+3(-2)^2-4(-2)-4=\boldsymbol{0}$

☐ **問55**　次の問いに答えよ。

教科書
p.49
(1)　**多項式 $P(x)$ を 1 次式 $ax+b$ で割ったときの余りは $P\left(-\dfrac{b}{a}\right)$ であ**
ることを示せ。

(2)　$P(x)=6x^3+4x-1$ を $2x-1$ で割ったときの余りを求めよ。

ガイド　(2)　(1)を利用する。

解答　(1)　多項式 $P(x)$ を 1 次式 $ax+b$ で割ったときの商を $Q(x)$，余り
を R とすると，割る式が 1 次式であるから R は定数で，
$P(x)=(ax+b)Q(x)+R$ が成り立つ。

この式の x に，$ax+b=0$ となる x の値である $-\dfrac{b}{a}$ を代入す
ると，
$$P\left(-\frac{b}{a}\right)=(-b+b)Q\left(-\frac{b}{a}\right)+R=0\cdot Q\left(-\frac{b}{a}\right)+R=R$$
よって，多項式 $P(x)$ を 1 次式 $ax+b$ で割ったときの余りは
$P\left(-\dfrac{b}{a}\right)$ である。

(2)　余りは，　　$P\left(\dfrac{1}{2}\right)=6\left(\dfrac{1}{2}\right)^3+4\cdot\dfrac{1}{2}-1=\dfrac{\boldsymbol{7}}{\boldsymbol{4}}$

問56 多項式 $P(x)$ を $x-1$ で割ると 7 余り，$x+3$ で割ると -9 余る。
教科書 **p.49**　$P(x)$ を $(x-1)(x+3)$ で割ったときの余りを求めよ。

ガイド　多項式を 2 次式で割ったときの余りは，1 次式か定数であるから，$ax+b$ とおける。余りが定数のときは $a=0$ となる。

解答　$P(x)$ を $(x-1)(x+3)$ で割ったときの商を $Q(x)$，余りを $ax+b$ とすると，

$$P(x)=(x-1)(x+3)Q(x)+ax+b$$

剰余の定理により，$P(1)=7$，$P(-3)=-9$ であるから，

$$\begin{cases} a+b=7 \\ -3a+b=-9 \end{cases}$$

これを解いて，　$a=4$，$b=3$

よって，求める余りは，　**$4x+3$**

問57　$x-1$，$x-2$，$x+1$，$x+2$ のうち，x^3-4x^2+x+6 の因数であるのはどれであるか。
教科書 **p.50**

ガイド

ここがポイント ☞ **[因数定理]**
多項式 $P(x)$ が 1 次式 $x-\alpha$ を因数にもつ $\iff$ $P(\alpha)=0$

解答　$P(x)=x^3-4x^2+x+6$ とおく。
$x=1$ を代入すると，$P(1)=1^3-4\cdot1^2+1+6=4$
$x=2$ を代入すると，$P(2)=2^3-4\cdot2^2+2+6=0$
$x=-1$ を代入すると，$P(-1)=(-1)^3-4(-1)^2+(-1)+6=0$
$x=-2$ を代入すると，$P(-2)=(-2)^3-4(-2)^2+(-2)+6=-20$
よって，x^3-4x^2+x+6 の因数であるのは，**$x-2$，$x+1$**

問58　因数定理を利用して，次の式を因数分解せよ。
教科書 **p.50**　(1)　$x^3-6x^2+11x-6$
(2)　$2x^3-7x^2-17x+10$

ガイド　与えられた多項式を $P(x)$ とおくとき，$P(\alpha)=0$ となる α が見つかれば，$x-\alpha$ は $P(x)$ の因数となるから，$P(x)$ を $x-\alpha$ で割ったときの商を $Q(x)$ とすると，$P(x)=(x-\alpha)Q(x)$ となる。

解答 (1) $P(x)=x^3-6x^2+11x-6$ とおくと，

$P(1)=1^3-6\cdot1^2+11\cdot1-6=0$

であるから，$P(x)$ は $x-1$ を因数に もつ。

右の計算より，

$P(x)=(x-1)(x^2-5x+6)$

$=(x-1)(x-2)(x-3)$

$$\begin{array}{r} x^2-5x\ +6 \\ x-1\overline{)x^3-6x^2+11x-6} \\ \underline{x^3-\ x^2} \\ -5x^2+11x \\ \underline{-5x^2+\ 5x} \\ 6x-6 \\ \underline{6x-6} \\ 0 \end{array}$$

(2) $P(x)=2x^3-7x^2-17x+10$ とおくと，

$P(-2)=2(-2)^3-7(-2)^2$

$\qquad -17(-2)+10=0$

であるから，$P(x)$ は $x+2$ を因数 にもつ。

右の計算より，

$P(x)=(x+2)(2x^2-11x+5)$

$=(x+2)(x-5)(2x-1)$

$$\begin{array}{r} 2x^2-11x\ +5 \\ x+2\overline{)2x^3-\ 7x^2-17x+10} \\ \underline{2x^3+\ 4x^2} \\ -11x^2-17x \\ \underline{-11x^2-22x} \\ 5x+10 \\ \underline{5x+10} \\ 0 \end{array}$$

参考 $P(x)$ の定数項の約数は，因数を見つける際の候補の1つである。

研 究 〉 組立除法

問題 x^3+3x^2-5x+1 を $x+2$ で割ったときの商と余りを，組立除法を
教科書
p.51 用いて求めよ。
- -
ガイド $P(x)=ax^3+bx^2+cx+d$
を1次式 $x-k$ で割ったとき
の商を ℓx^2+mx+n，余りを
R とすると，ℓ, m, n および
R は，右のようにして求めることができる。

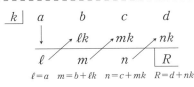

このようにして多項式を1次式で割ったときの商と余りを求める方
法を，**組立除法**という。

解答
$$\begin{array}{r|rrrr} -2 & 1 & 3 & -5 & 1 \\ & & -2 & -2 & 14 \\ \hline & 1 & 1 & -7 & \boxed{15} \end{array}$$

これより，**商 x^2+x-7，余り 15**

2 高次方程式

☑ **問59** 次の方程式を解け。

教科書
p.52

(1) $x^3+1=0$　　　　(2) $x^3-27=0$　　　　(3) $8x^4=x$

- -

ガイド x の多項式 $P(x)$ が n 次式のとき，$P(x)=0$ を **n 次方程式**という。
　　　3次以上の方程式を**高次方程式**という。

解答▶ (1) 左辺を因数分解して，　$(x+1)(x^2-x+1)=0$
　　　　したがって，　$x+1=0$ または $x^2-x+1=0$
　　　　よって，　$x=-1,\ \dfrac{1\pm\sqrt{3}\,i}{2}$

　　(2) 左辺を因数分解して，　$(x-3)(x^2+3x+9)=0$
　　　　したがって，　$x-3=0$ または $x^2+3x+9=0$
　　　　よって，　$x=3,\ \dfrac{-3\pm3\sqrt{3}\,i}{2}$

　　(3) 方程式を変形して，　$8x^4-x=0$
　　　　左辺を因数分解して，　$x(2x-1)(4x^2+2x+1)=0$
　　　　したがって，$x=0$ または $2x-1=0$ または $4x^2+2x+1=0$
　　　　よって，　$x=0,\ \dfrac{1}{2},\ \dfrac{-1\pm\sqrt{3}\,i}{4}$

- -

☑ **問60** 1の3乗根のうち虚数であるものの1つを ω とするとき，次の式が

教科書
p.52

成り立つことを示せ。

(1) $\omega^2+\omega+1=0$　　　　　　(2) $\omega^4+\omega^2+1=0$

- -

ガイド 3乗して1となる数を **1の3乗根**という。

　　　複素数の範囲では，1の3乗根は，$1,\ \dfrac{-1+\sqrt{3}\,i}{2},\ \dfrac{-1-\sqrt{3}\,i}{2}$ であ
り，1の3乗根のうち虚数であるものの1つを ω とすると，1の3乗
根は，$1,\ \omega,\ \omega^2$ と表すことができる。

解答▶ (1) $\omega^3=1$ より，　$(\omega-1)(\omega^2+\omega+1)=0$
　　　　ω は虚数であり，$\omega\neq1$ であるから，　$\omega^2+\omega+1=0$
　　(2) $\omega^3=1$，(1)より $\omega^2+\omega+1=0$ であるから，
　　　　$\omega^4+\omega^2+1=\omega\cdot\omega^3+\omega^2+1=\omega+\omega^2+1=0$

☑ **問61** 次の方程式を解け。

教科書
p.53

(1) $x^4-5x^2+4=0$　　　　　(2) $x^4+11x^2+28=0$

- -

ガイド 左辺を因数分解する。

解答 (1) 左辺を因数分解すると，
$$(x^2-1)(x^2-4)=0$$
これより，　$x^2-1=0$　または　$x^2-4=0$
よって，　$x=\pm1,\ \pm2$

(2) 左辺を因数分解すると，
$$(x^2+4)(x^2+7)=0$$
これより，　$x^2+4=0$　または　$x^2+7=0$
よって，　$x=\pm2i,\ \pm\sqrt{7}\,i$

☑ **問62** 次の方程式を解け。

教科書
p.53

(1) $x^3-7x+6=0$　　　　　(2) $2x^3+4x^2+3x+1=0$

- -

ガイド 因数定理を利用して，左辺を因数分解する。

解答 (1) $P(x)=x^3-7x+6$ とおくと，
$$P(1)=1^3-7\cdot1+6=0$$
より，$P(x)$ は $x-1$ で割り切れて，
$$P(x)=(x-1)(x^2+x-6)$$
$$=(x-1)(x-2)(x+3)$$
$P(x)=0$ より，
　$x-1=0$　または　$x-2=0$　または　$x+3=0$
よって，　$x=1,\ 2,\ -3$

$$\begin{array}{r}x^2+x\ -6\\x-1\overline{)x^3\qquad-7x+6}\\\underline{x^3-x^2}\\x^2-7x\\\underline{x^2-\ x}\\-6x+6\\\underline{-6x+6}\\0\end{array}$$

(2) $P(x)=2x^3+4x^2+3x+1$ とおくと，
$$P(-1)=2(-1)^3+4(-1)^2$$
$$+3(-1)+1=0$$
より，$P(x)$ は $x+1$ で割り切れて，
$$P(x)=(x+1)(2x^2+2x+1)$$
$P(x)=0$ より，
　$x+1=0$　または　$2x^2+2x+1=0$
よって，　$x=-1,\ \dfrac{-1\pm i}{2}$

$$\begin{array}{r}2x^2+2x\ +1\\x+1\overline{)2x^3+4x^2+3x+1}\\\underline{2x^3+2x^2}\\2x^2+3x\\\underline{2x^2+2x}\\x+1\\\underline{x+1}\\0\end{array}$$

参考　例えば，方程式 $(x-1)^2(x-2)=0$ の解 $x=1$ を，この方程式の **2 重解**といい，方程式 $(x-1)^3(x-2)=0$ の解 $x=1$ を，この方程式の **3 重解**という。

　　　解の個数を，2 重解は 2 個，3 重解は 3 個などと考えると，一般に，複素数の範囲で **n 次方程式は n 個の解をもつ**ことが知られている。

問63　次の方程式を解け。

教科書
p.54

(1) $x^4-2x^3-2x^2+3x+2=0$

(2) $x^4+x^3+2x-4=0$

- -

ガイド　因数定理を繰り返し用いる。

解答　(1)　$P(x)=x^4-2x^3-2x^2+3x+2$

とおくと，

$$P(-1)=(-1)^4-2(-1)^3-2(-1)^2+3(-1)+2=0$$

であるから，$P(x)$ は $x+1$ で割り切れて，

$$P(x)=(x+1)(x^3-3x^2+x+2)$$

ここで，

$$Q(x)=x^3-3x^2+x+2$$

とおくと，

$$Q(2)=2^3-3\cdot2^2+2+2=0$$

であるから，$Q(x)$ は $x-2$ で割り切れて，

$$Q(x)=(x-2)(x^2-x-1)$$

したがって，

$$P(x)=(x+1)(x-2)(x^2-x-1)$$

$P(x)=0$ より，

　　$x+1=0$ または $x-2=0$

　　または $x^2-x-1=0$

よって，　$x=-1,\ 2,\ \dfrac{1\pm\sqrt{5}}{2}$

$$\begin{array}{r}
x^3-3x^2+\ x\ +2\\
\hline
x+1\,)\overline{x^4-2x^3-2x^2+3x+2}\\
x^4+\ x^3\\
\hline
-3x^3-2x^2\\
-3x^3-3x^2\\
\hline
x^2+3x\\
x^2+\ x\\
\hline
2x+2\\
2x+2\\
\hline
0
\end{array}$$

$$\begin{array}{r}
x^2-\ x\ -1\\
\hline
x-2\,)\overline{x^3-3x^2+\ x+2}\\
x^3-2x^2\\
\hline
-\ x^2+\ x\\
-\ x^2+2x\\
\hline
-\ x+2\\
-\ x+2\\
\hline
0
\end{array}$$

(2) $P(x)=x^4+x^3+2x-4$

とおくと,

$$P(1)=1^4+1^3+2\cdot1-4=0$$

であるから，$P(x)$ は $x-1$ で割り切

れて，

$$P(x)=(x-1)(x^3+2x^2+2x+4)$$

ここで，

$$Q(x)=x^3+2x^2+2x+4$$

とおくと，

$$Q(-2)=(-2)^3+2(-2)^2$$
$$+2(-2)+4=0$$

であるから，$Q(x)$ は $x+2$ で割り切れ

て，

$$Q(x)=(x+2)(x^2+2)$$

したがって，

$$P(x)=(x-1)(x+2)(x^2+2)$$

$P(x)=0$ より，

$x-1=0$ または $x+2=0$ または $x^2+2=0$

よって，　$x=1,\ -2,\ \pm\sqrt{2}\,i$

$$
\begin{array}{r}
x^3+2x^2+2x\ +4 \\
x-1\overline{)x^4+\ x^3\qquad+2x-4} \\
\underline{x^4-\ x^3} \\
2x^3 \\
\underline{2x^3-2x^2} \\
2x^2+2x \\
\underline{2x^2-2x} \\
4x-4 \\
\underline{4x-4} \\
0
\end{array}
$$

$$
\begin{array}{r}
x^2\qquad+2 \\
x+2\overline{)x^3+2x^2+2x+4} \\
\underline{x^3+2x^2} \\
2x+4 \\
\underline{2x+4} \\
0
\end{array}
$$

☑ **問64** $a,\ b$ は実数とする。3次方程式 $x^3+ax^2+bx-6=0$ の1つの解が

教科書
p.55　$1-i$ であるとき，$a,\ b$ の値を求めよ。また，他の解を求めよ。

- -

ガイド $1-i$ が3次方程式の1つの解であるから，代入すると方程式が成り

立つ。複素数の相等から，a と b が求められる。

解答 $1-i$ がこの方程式の解であるから，

$$(1-i)^3+a(1-i)^2+b(1-i)-6=0$$

これを展開すると，

$$(1-3i-3+i)+a(1-2i-1)+b-bi-6=0$$

$$(b-8)+(-2a-b-2)i=0$$

a, b は実数より，$b-8$，$-2a-b-2$ も実数であるから，

$\qquad b-8=0$　かつ　$-2a-b-2=0$

これを解いて，　$a=-5$，$b=8$

このとき，もとの方程式は，

$\qquad x^3-5x^2+8x-6=0$

左辺を因数分解すると，

$\qquad (x-3)(x^2-2x+2)=0$

したがって，　$x-3=0$　または　$x^2-2x+2=0$

これより，　$x=3$, $1\pm i$

よって，**他の解**は，　$x=3$, $1+i$

参考　**問 64**　において，2つの解 $1+i$ と $1-i$ は互いに共役な複素数である。

　一般に，実数を係数とする n 次方程式が，虚数 $a+bi$ を解にもつならば，それと共役な複素数 $a-bi$ も解であることが知られている。

　このことを用いると，次のように解くこともできる。

別解　$1-i$ と $1+i$ は3次方程式の解である。

この2つの数を解とする2次方程式の1つは，

　　　解の和が　$(1-i)+(1+i)=2$

　　　解の積が　$(1-i)(1+i)=1-i^2=2$

であるから，

$\qquad x^2-2x+2=0$

　したがって，3次方程式の左辺は x^2-2x+2 を因数にもち，x^3 の係数と定数項に着目すると，次のように因数分解できる。

$\qquad x^3+ax^2+bx-6=(x^2-2x+2)(x-3)$

右辺を展開すると，

$\qquad x^3+ax^2+bx-6=x^3-5x^2+8x-6$

両辺の係数を比較して，

　　$a=-5$，$b=8$

$(x^2-2x+2)(x-3)=0$ の解は，　$x=1\pm i$, 3

よって，**他の解**は，　$x=1+i$, 3

研 究　3次方程式の解と係数の関係　[発展]

問題1

教科書
p.56

3次方程式 $x^3-2x^2+2x-3=0$ の3つの解を α, β, γ とするとき,
次の式の値を求めよ。

(1)　$(\alpha+1)(\beta+1)(\gamma+1)$　　　　(2)　$\alpha^2+\beta^2+\gamma^2$

- -

ガイド　3次方程式 $ax^3+bx^2+cx+d=0$ の3つの解を α, β, γ とすると,
次の関係が成り立つ。

$$\alpha+\beta+\gamma=-\frac{b}{a}, \qquad \alpha\beta+\beta\gamma+\gamma\alpha=\frac{c}{a}, \qquad \alpha\beta\gamma=-\frac{d}{a}$$

これを**3次方程式の解と係数の関係**という。

(1), (2)では, 与式を $\alpha+\beta+\gamma$, $\alpha\beta+\beta\gamma+\gamma\alpha$, $\alpha\beta\gamma$ の式で表す。

解答　解と係数の関係より,

$$\alpha+\beta+\gamma=2, \qquad \alpha\beta+\beta\gamma+\gamma\alpha=2, \qquad \alpha\beta\gamma=3$$

(1)　$(\alpha+1)(\beta+1)(\gamma+1)$
$=\alpha\beta\gamma+(\alpha\beta+\beta\gamma+\gamma\alpha)+(\alpha+\beta+\gamma)+1$
$=3+2+2+1=8$

(2)　$\alpha^2+\beta^2+\gamma^2$
$=(\alpha+\beta+\gamma)^2-2(\alpha\beta+\beta\gamma+\gamma\alpha)$
$=2^2-2\cdot2=0$

問題2

教科書
p.56

a, b は実数とする。3次方程式 $x^3-4x^2+ax+b=0$ が $1+2i$ と $1-2i$
を解にもつとき, 3次方程式の解と係数の関係を用いて a, b の値を求め
よ。

- -

ガイド　3次方程式の3つの解を $1+2i$, $1-2i$, γ とおいて, 解と係数の関
係から γ, a, b の関係式を導き, それを解く。

解答　3次方程式 $x^3-4x^2+ax+b=0$ の3つの解を $1+2i$, $1-2i$, γ と
すると, 解と係数の関係より,

$$(1+2i)+(1-2i)+\gamma=4$$
$$(1+2i)(1-2i)+\gamma(1-2i)+\gamma(1+2i)=a$$
$$\gamma(1+2i)(1-2i)=-b$$

これを解いて,　$\gamma=2$, $a=9$, $b=-10$
よって,　　$a=9$, $b=-10$

節 末 問 題

☑ **1**
教科書
p.57

$P(x)=x^3+ax^2+5x+2a$ を $x+3$ で割ったときの余りが2になるように，定数 a の値を定めよ。

ガイド　$P(x)$ を $x+3$ で割ったときの余りは $P(-3)$ である。

解答　$P(x)$ を $x+3$ で割ったときの余りは $P(-3)$ であるから，

$$P(-3)=(-3)^3+a(-3)^2+5(-3)+2a=11a-42$$

剰余の定理により，$P(-3)=2$ であるから，

$$11a-42=2$$

これを解いて，　$a=4$

☑ **2**
教科書
p.57

多項式 $P(x)$ を $x-2$ で割ると1余り，x^2-4x+3 で割ると $x+1$ 余る。$P(x)$ を x^2-5x+6 で割ったときの余りを求めよ。

ガイド　$P(x)$ を x^2-5x+6 で割ったときの余りは $ax+b$ とおける。

解答　$P(x)$ を $x-2$ で割ったときの商を $Q_1(x)$，x^2-4x+3 で割ったときの商を $Q_2(x)$ とする。また，$P(x)$ を x^2-5x+6 で割ったときの商を $Q_3(x)$，余りを $ax+b$ とすると，$x^2-4x+3=(x-1)(x-3)$，$x^2-5x+6=(x-2)(x-3)$ より，

$$P(x)=(x-2)Q_1(x)+1 \qquad \cdots\cdots①$$
$$P(x)=(x-1)(x-3)Q_2(x)+x+1 \qquad \cdots\cdots②$$
$$P(x)=(x-2)(x-3)Q_3(x)+ax+b \qquad \cdots\cdots③$$

①と③，②と③から，

$$P(2)=2a+b=1, \qquad P(3)=3a+b=4$$

これを解いて，　$a=3,\ b=-5$

よって，求める余りは，　$3x-5$

☑ **3**
教科書
p.57

1の3乗根のうち虚数であるものの1つを ω とするとき，次の式の値を求めよ。

(1)　ω^6　　　　　　　　　　　　(2)　$\omega^8+\omega^4+1$

ガイド　$\omega^3=1$，$\omega^2+\omega+1=0$ であることを利用する。

解答▶　ω は3乗して1となる数であるから,

$$\omega^3=1$$

これより,

$$(\omega-1)(\omega^2+\omega+1)=0$$

ω は虚数であり, $\omega\neq1$ であるから,

$$\omega^2+\omega+1=0$$

(1)　$\omega^6=(\omega^3)^2=1^2=\mathbf{1}$

(2)　$\omega^8+\omega^4+1=(\omega^3)^2\cdot\omega^2+\omega^3\cdot\omega+1$

$$=\omega^2+\omega+1=\mathbf{0}$$

□4　次の方程式を解け。

教科書 **p.57**

(1)　$2x^3+4x^2-5x+3=0$

(2)　$x^4+4x^3+2x^2-4x-3=0$

ガイド　因数定理を用いる。

解答▶　(1)　$P(x)=2x^3+4x^2-5x+3$ とおくと,

$$P(-3)=2(-3)^3+4(-3)^2$$
$$-5(-3)+3=0$$

より, $P(x)$ は $x+3$ で割り切れて,

$$P(x)=(x+3)(2x^2-2x+1)$$

$P(x)=0$ より,

$$x+3=0 \quad \text{または} \quad 2x^2-2x+1=0$$

よって,　$\boldsymbol{x=-3,\ \dfrac{1\pm i}{2}}$

$$
\begin{array}{r}
2x^2-2x\ +1 \\
x+3\ )\overline{2x^3+4x^2-5x+3} \\
\underline{2x^3+6x^2} \\
-2x^2-5x \\
\underline{-2x^2-6x} \\
x+3 \\
\underline{x+3} \\
0
\end{array}
$$

(2)　$P(x)=x^4+4x^3+2x^2-4x-3$ とおくと,

$$P(1)=1^4+4\cdot1^3+2\cdot1^2$$
$$-4\cdot1-3=0$$

であるから, $P(x)$ は $x-1$ で割り切れて,

$$P(x)=(x-1)(x^3+5x^2+7x+3)$$

ここで,

$$Q(x)=x^3+5x^2+7x+3$$

とおくと,

$$
\begin{array}{r}
x^3+5x^2+7x\ +3 \\
x-1\ )\overline{x^4+4x^3+2x^2-4x-3} \\
\underline{x^4-\ x^3} \\
5x^3+2x^2 \\
\underline{5x^3-5x^2} \\
7x^2-4x \\
\underline{7x^2-7x} \\
3x-3 \\
\underline{3x-3} \\
0
\end{array}
$$

$$Q(-1)=(-1)^3+5(-1)^2$$
$$+7(-1)+3=0$$

であるから，$Q(x)$ は $x+1$ で割り切れて，

$$Q(x)=(x+1)(x^2+4x+3)$$
$$=(x+1)^2(x+3)$$

$$\begin{array}{r} x^2+4x+3 \\ x+1\overline{)x^3+5x^2+7x+3} \\ \underline{x^3+x^2} \\ 4x^2+7x \\ \underline{4x^2+4x} \\ 3x+3 \\ \underline{3x+3} \\ 0 \end{array}$$

したがって，

$$P(x)=(x-1)(x+1)^2(x+3)$$

$P(x)=0$ より，

$$x-1=0 \quad \text{または} \quad x+1=0 \quad \text{または} \quad x+3=0$$

よって，　**$x=-3$，-1，1**

参考　(2)は，次のように因数分解して解くこともできる。

別解　(2)　$x^4+4x^3+2x^2-4x-3=0$

$$x^4+4x^3+4x^2-2x^2-4x-3=0$$
$$(x^2+2x)^2-2(x^2+2x)-3=0$$
$$\{(x^2+2x)+1\}\{(x^2+2x)-3\}=0$$
$$(x+1)^2(x-1)(x+3)=0$$

よって，　**$x=-3$，-1，1**

☐ **5**　$P(x)=x^4+ax^3+bx^2+2x-5$ が $x+1$ でも $x-1$ でも割り切れるように，定数 a，b の値を定めよ。また，このとき，方程式 $P(x)=0$ を解け。

教科書
p.57

ガイド　$P(-1)=0$，$P(1)=0$ から，a，b の値を求める。

解答　$P(-1)=0$，$P(1)=0$ であるから，

$$\begin{cases} -a+b=6 \\ a+b=2 \end{cases}$$

これを解いて，　**$a=-2$，$b=4$**

また，このとき，

$$P(x)=x^4-2x^3+4x^2+2x-5$$
$$=(x+1)(x-1)(x^2-2x+5)$$

$$\begin{array}{r} x^2-2x+5 \\ x^2-1\overline{)x^4-2x^3+4x^2+2x-5} \\ \underline{x^4-x^2} \\ -2x^3+5x^2+2x \\ \underline{-2x^3+2x} \\ 5x^2-5 \\ \underline{5x^2-5} \\ 0 \end{array}$$

$P(x)=0$ より，

$$x+1=0 \quad \text{または} \quad x-1=0 \quad \text{または} \quad x^2-2x+5=0$$

よって，　**$x=1$，-1，$1\pm2i$**

☑ **6**
教科書
p.57

　　a, b は実数とする。3次方程式 $x^3+ax^2-2x+b=0$ の1つの解が $1-\sqrt{3}\,i$ であるとき，a, b の値を求めよ。また，他の解を求めよ。

ガイド　$1-\sqrt{3}\,i$ が3次方程式の1つの解であるから，代入すると方程式が成り立つ。複素数の相等から，a と b が求められる。

解答　$1-\sqrt{3}\,i$ がこの方程式の解であるから，

$$(1-\sqrt{3}\,i)^3+a(1-\sqrt{3}\,i)^2-2(1-\sqrt{3}\,i)+b=0$$

これを展開すると，

$$(1-3\sqrt{3}\,i-9+3\sqrt{3}\,i)+a(1-2\sqrt{3}\,i-3)-2+2\sqrt{3}\,i+b=0$$

$$(-2a+b-10)+(-2\sqrt{3}\,a+2\sqrt{3}\,)i=0$$

a, b は実数より，$-2a+b-10$，$-2\sqrt{3}\,a+2\sqrt{3}$ も実数であるから，

$$-2a+b-10=0 \quad かつ \quad -2\sqrt{3}\,a+2\sqrt{3}=0$$

これを解いて，　**$a=1$, $b=12$**

このとき，もとの方程式は，

$$x^3+x^2-2x+12=0$$

左辺を因数分解すると，

$$(x+3)(x^2-2x+4)=0$$

したがって，　$x+3=0$　または　$x^2-2x+4=0$

これより，　$x=-3$, $1\pm\sqrt{3}\,i$

よって，**他の解**は，　**$x=-3$, $1+\sqrt{3}\,i$**

参考　$1-\sqrt{3}\,i$ と共役な複素数 $1+\sqrt{3}\,i$ も解であり，この2つの数を解とする2次方程式の1つは，$x^2-2x+4=0$ である。したがって，与えられた3次方程式の左辺は，定数 c を用いて，$(x-c)(x^2-2x+4)$ と書ける。これを展開して，もとの3次方程式の左辺と係数を比較してもよい。

　また，残り1つの解を γ として，3次方程式の解と係数の関係を用いて解いてもよい。

章 末 問 題

A

1. 次の計算をせよ。
教科書 **p.58**

$$\frac{c-a}{(a+b)(b+c)}+\frac{a-b}{(b+c)(c+a)}+\frac{b-c}{(c+a)(a+b)}$$

ガイド 分母を $(a+b)(b+c)(c+a)$ として，通分する。

解答
$$\frac{c-a}{(a+b)(b+c)}+\frac{a-b}{(b+c)(c+a)}+\frac{b-c}{(c+a)(a+b)}$$
$$=\frac{(c-a)(c+a)+(a-b)(a+b)+(b-c)(b+c)}{(a+b)(b+c)(c+a)}$$
$$=\frac{(c^2-a^2)+(a^2-b^2)+(b^2-c^2)}{(a+b)(b+c)(c+a)}$$
$$=0$$

参考 次のように部分分数に分けて計算してもよい。

別解 与式$=\left(\frac{1}{a+b}-\frac{1}{b+c}\right)+\left(\frac{1}{b+c}-\frac{1}{c+a}\right)+\left(\frac{1}{c+a}-\frac{1}{a+b}\right)=0$

2. a, b は定数とする。x^3+ax^2+b が $(x+1)^2$ で割り切れるように，a, b の値を定めよ。
教科書 **p.58**

ガイド 3次式を2次式で割るから，商は $cx+d$ とおける。

解答 x^3+ax^2+b を $(x+1)^2$ で割ったときの商を $cx+d$ とすると，
$$x^3+ax^2+b=(x+1)^2(cx+d)$$
とおける。

右辺を展開して整理すると，
$$x^3+ax^2+b=cx^3+(2c+d)x^2+(c+2d)x+d$$
これが x についての恒等式となればよいから，係数を比較して，
$$1=c,\ a=2c+d,\ 0=c+2d,\ b=d$$
これを解いて，　$a=\frac{3}{2}$, $b=-\frac{1}{2}$, $c=1$, $d=-\frac{1}{2}$

よって，　$a=\frac{3}{2}$, $b=-\frac{1}{2}$

別解 商は1次式で，x^3 の係数が1であることから，商を $x+c$ として，
$$x^3+ax^2+b=(x+1)^2(x+c)$$
とおける。

右辺を展開して整理すると，
$$x^3+ax^2+b=x^3+(c+2)x^2+(2c+1)x+c$$
これが x についての恒等式となればよいから，係数を比較して，
$$a=c+2, \quad 0=2c+1, \quad b=c$$

これを解いて，$\quad a=\dfrac{3}{2}, \quad b=-\dfrac{1}{2}, \quad c=-\dfrac{1}{2}$

よって，$\quad a=\dfrac{3}{2}, \quad b=-\dfrac{1}{2}$

□ **3.**
教科書
p.58

$\dfrac{y+z}{x}=\dfrac{z+x}{y}=\dfrac{x+y}{z}=k$ が成り立つとき，定数 k の値を求めよ。

ガイド $x+y+z=0$ の場合があることに注意する。

解答 $\dfrac{y+z}{x}=\dfrac{z+x}{y}=\dfrac{x+y}{z}=k$ より，

$$y+z=kx \quad \cdots\cdots①$$
$$z+x=ky \quad \cdots\cdots②$$
$$x+y=kz \quad \cdots\cdots③$$

①，②，③の左辺，右辺をそれぞれ加えると，
$$2(x+y+z)=k(x+y+z) \quad \text{より，} \quad (x+y+z)(k-2)=0$$
したがって，$\quad x+y+z=0$ または $k=2$

$x+y+z=0$ のとき，
$$y+z=-x$$
したがって，$\quad k=\dfrac{y+z}{x}=\dfrac{-x}{x}=-1$

よって，$\quad k=-1, \ 2$

☐ **4.**
教科書 **p.58**

$x>0$ のとき，二項定理を用いて，次の不等式が成り立つことを証明せよ。ただし，$n=2$, 3, 4, …… とする。

$$(1+x)^n>1+nx$$

ガイド　二項定理を利用して，左辺−右辺>0 を示す。

解答　$(a+b)^n={}_nC_0a^n+{}_nC_1a^{n-1}b+{}_nC_2a^{n-2}b^2+\cdots\cdots$
$$+{}_nC_{n-1}ab^{n-1}+{}_nC_nb^n$$

において，$a=1$, $b=x$ とすると，

$$(1+x)^n={}_nC_0+{}_nC_1x+{}_nC_2x^2+\cdots\cdots+{}_nC_{n-1}x^{n-1}+{}_nC_nx^n$$

$$=1+nx+\frac{n(n-1)}{2}x^2+\cdots\cdots+nx^{n-1}+x^n$$

したがって，$x>0$, $n=2$, 3, 4, …… より，

$$(1+x)^n-(1+nx)=\frac{n(n-1)}{2}x^2+\cdots\cdots+nx^{n-1}+x^n>0$$

よって，　$(1+x)^n>1+nx$

☐ **5.**
教科書 **p.58**

$x=2+i$ のとき，次の問いに答えよ。

(1)　$x^2-4x+5=0$ であることを示せ。

(2)　(1)を利用して，x^3-2x^2+3x+7 の値を求めよ。

ガイド　(1)　$x=2+i$ を左辺に代入して示す。

(2)　x^3-2x^2+3x+7 を x^2-4x+5 で割って，(1)を利用する。

解答　(1)　左辺 x^2-4x+5 に $x=2+i$ を代入すると，

$$(2+i)^2-4(2+i)+5=4+4i-1-8-4i+5=0$$

よって，$x=2+i$ のとき，　$x^2-4x+5=0$

(2)　$P(x)=x^3-2x^2+3x+7$ とおくと，下の計算より，

$$P(x)=(x^2-4x+5)(x+2)+6x-3$$

$x=2+i$ のとき，

$x^2-4x+5=0$ であるから，

$$P(2+i)=6(2+i)-3=9+6i$$

よって，　$x^3-2x^2+3x+7=\mathbf{9+6i}$

$$\begin{array}{r}x+2 \\ x^2-4x+5\overline{)x^3-2x^2+3x+7} \\ \underline{x^3-4x^2+5x} \\ 2x^2-2x+7 \\ \underline{2x^2-8x+10} \\ 6x-3 \end{array}$$

別解　(1)　$x=2+i$ より，　$x-2=i$

両辺を 2 乗して整理すると，$x^2-4x+4=-1$ より，

$$x^2-4x+5=0$$

☑ **6.**
教科書
p.58

$x^4+4=(x^4+4x^2+4)-4x^2$ を利用して，方程式 $x^4+4=0$ を解け。

ガイド $x^4+4=(x^4+4x^2+4)-4x^2$ を利用して，方程式の左辺を因数分解する。

解答 方程式 $x^4+4=0$ の左辺を因数分解すると，

$$x^4+4=(x^4+4x^2+4)-4x^2=(x^2+2)^2-(2x)^2$$
$$=(x^2+2+2x)(x^2+2-2x)$$
$$=(x^2+2x+2)(x^2-2x+2)$$

したがって，

$$(x^2+2x+2)(x^2-2x+2)=0$$

これより，　$x^2+2x+2=0$　または　$x^2-2x+2=0$

よって，　$x=-1\pm i,\ 1\pm i$

☑ **7.**
教科書
p.58

k を定数とするとき，3次方程式 $x^3-3x^2-kx+4-k=0$ について，次の問いに答えよ。

(1)　この方程式は $x=-1$ を解にもつことを示せ。

(2)　この方程式の解がすべて実数解であるように，k の値の範囲を定めよ。

ガイド (1)　$x=-1$ を方程式の左辺に代入して示す。

(2)　(1)の結果を利用して，方程式の左辺を因数分解する。

解答 (1)　$P(x)=x^3-3x^2-kx+4-k$ とおくと，

$$P(-1)=(-1)^3-3(-1)^2-k(-1)+4-k=0$$

したがって，この方程式は $x=-1$ を解にもつ。

(2)　(1)の結果より，$P(x)$ は $x+1$ を
因数にもつから，

$$P(x)=(x+1)(x^2-4x+4-k)$$

よって，$P(x)=0$ の解は，

$x=-1$ および $x^2-4x+4-k=0$
の解である。

$$\begin{array}{r} x^2-4x+4-k \\ x+1\overline{)x^3-3x^2-kx+4-k} \\ \underline{x^3+x^2} \\ -4x^2-kx \\ \underline{-4x^2-4x} \\ (4-k)x+4-k \\ \underline{(4-k)x+4-k} \\ 0 \end{array}$$

これらがすべて実数であるためには，

$$x^2-4x+4-k=0 \quad \cdots\cdots①$$

の解が実数であればよい。

①の判別式をDとすると，

$$\frac{D}{4}=(-2)^2-1\cdot(4-k)=k\geqq0$$

よって，　$k\geqq0$

□ **8.**
教科書
p.59
横 30 cm，縦 21 cm の画用紙に右の図のような展開図をかいて，ふた付きの直方体の箱を作りたい。容積が 540 cm³ となるような箱を作るためには，高さ x を何 cm にすればよいか。ただし，高さは整数とする。

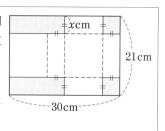

ガイド 直方体の 3 辺の長さを x を用いて表し，箱の容積についての方程式をたてる。

解答 直方体の 3 辺の長さは，x cm，$21-2x$ (cm)，$\dfrac{30-2x}{2}$ (cm) となるから，条件より，

$$(21-2x)(15-x)x=540$$

これを展開して整理すると，

$$2x^3-51x^2+315x-540=0$$

$P(x)=2x^3-51x^2+315x-540$ とおくと，

$$\begin{aligned}P(3)&=2\cdot3^3-51\cdot3^2\\&\qquad+315\cdot3-540=0\end{aligned}$$

より，$P(x)$ は $x-3$ で割り切れて，

$$P(x)=(x-3)(2x^2-45x+180)$$

$P(x)=0$ より，

$$x-3=0 \quad または \quad 2x^2-45x+180=0$$

これより，　$x=3,\ \dfrac{45\pm3\sqrt{65}}{4}$

x は整数であるから，　$x=3$

よって，求める高さは **3 cm**

$$\begin{array}{r}2x^2-45x\ +180\\ x-3\overline{)2x^3-51x^2+315x-540}\\ \underline{2x^3-\ \ 6x^2\quad\quad\quad}\\ -45x^2+315x\\ \underline{-45x^2+135x\quad}\\ 180x-540\\ \underline{180x-540}\\ 0\end{array}$$

B

☐ **9.**
教科書
p.59

次の問いに答えよ。

(1) $(a+1)^5$ の展開式を求めよ。

(2) (1)を利用して，8^5 を 49 で割ったときの余りを求めよ。

ガイド (1) 二項定理を用いる。

(2) (1)の展開式で，$a=7$ とおいて考える。

解答 (1) $(a+1)^5 = {}_5C_0 a^5 + {}_5C_1 a^4 \cdot 1 + {}_5C_2 a^3 \cdot 1^2 + {}_5C_3 a^2 \cdot 1^3$
$$+ {}_5C_4 a \cdot 1^4 + {}_5C_5 \cdot 1^5$$
$$= a^5 + 5a^4 + 10a^3 + 10a^2 + 5a + 1 \quad \cdots\cdots ①$$

(2) ①に $a=7$ を代入すると，
$$(7+1)^5 = 7^5 + 5 \cdot 7^4 + 10 \cdot 7^3 + 10 \cdot 7^2 + 5 \cdot 7 + 1$$
$$8^5 = 7^2(7^3 + 5 \cdot 7^2 + 10 \cdot 7 + 10) + 5 \cdot 7 + 1$$

よって，8^5 を $49=7^2$ で割ったときの余りは，　$5 \cdot 7 + 1 = 36$

☐ **10.**
教科書
p.59

$a>0$ のとき，$\dfrac{a^2+5a+4}{a}$ の最小値を求めよ。

ガイド 相加平均と相乗平均の関係を利用する。

解答 $\dfrac{a^2+5a+4}{a} = a+5+\dfrac{4}{a} = a+\dfrac{4}{a}+5$

$a>0$ であるから，　$\dfrac{4}{a}>0$

相加平均と相乗平均の関係より，　$a+\dfrac{4}{a} \geqq 2\sqrt{a \cdot \dfrac{4}{a}} = 4$

したがって，　$a+\dfrac{4}{a}+5 \geqq 4+5 = 9$

よって，　$\dfrac{a^2+5a+4}{a} \geqq 9$

等号が成り立つのは，$a=\dfrac{4}{a}$，すなわち，$a^2=4$ のときである。

よって，$a>0$ より，$a=2$ のときに等号が成り立つ。

したがって，**$a=2$ のとき，最小値 9** をとる。

□**11.**
教科書
p.59

> $a>\sqrt{2}$ のとき，$\dfrac{a+2}{a+1}$，$\dfrac{a}{2}+\dfrac{1}{a}$，$\sqrt{2}$ を小さい順に並べよ。

ガイド 例えば $a>\sqrt{2}$ である 2 を a に当てはめてみて，予想を立てる。

解答 (i) $\dfrac{a+2}{a+1}$ と $\sqrt{2}$

$$\frac{a+2}{a+1}=\frac{(a+1)+1}{a+1}=1+\frac{1}{a+1}$$

$a>\sqrt{2}$ より，　$a+1>\sqrt{2}+1$

逆数をとると，　$\dfrac{1}{a+1}<\dfrac{1}{\sqrt{2}+1}=\sqrt{2}-1$

これより，　$1+\dfrac{1}{a+1}<\sqrt{2}$

したがって，　$\dfrac{a+2}{a+1}<\sqrt{2}$

(ii) $\dfrac{a}{2}+\dfrac{1}{a}$ と $\sqrt{2}$

$a>\sqrt{2}$ であるから，　$\dfrac{a}{2}>0$，$\dfrac{1}{a}>0$

相加平均と相乗平均の関係より，　$\dfrac{a}{2}+\dfrac{1}{a}\geqq 2\sqrt{\dfrac{a}{2}\cdot\dfrac{1}{a}}=\sqrt{2}$

等号が成り立つのは，$\dfrac{a}{2}=\dfrac{1}{a}$，すなわち，$a^2=2$ のときである

から，$a>\sqrt{2}$ では，

$$\frac{a}{2}+\frac{1}{a}>\sqrt{2}$$

(i)，(ii)より，　$\dfrac{a+2}{a+1}<\sqrt{2}<\dfrac{a}{2}+\dfrac{1}{a}$

よって，小さい順に並べると，　$\boldsymbol{\dfrac{a+2}{a+1}}$，$\boldsymbol{\sqrt{2}}$，$\boldsymbol{\dfrac{a}{2}+\dfrac{1}{a}}$

参考 次のように差を計算して大小を調べることもできる。

$a>\sqrt{2}$ より，　$a-\sqrt{2}>0$ であるから，

$$\sqrt{2}-\frac{a+2}{a+1}=\frac{(\sqrt{2}-1)(a-\sqrt{2})}{a+1}>0\qquad よって，\frac{a+2}{a+1}<\sqrt{2}$$

$$\left(\frac{a}{2}+\frac{1}{a}\right)-\sqrt{2}=\frac{(a-\sqrt{2})^2}{2a}>0\qquad よって，\sqrt{2}<\frac{a}{2}+\frac{1}{a}$$

☑12.
教科書
p.59
　不等式 $|a|-|b| \le |a-b|$ を証明せよ。また，等号が成り立つ場合を調べよ。

ガイド　$|a|-|b|<0$ のときと $|a|-|b| \ge 0$ のときに分けて証明する。

解答　(i)　$|a|-|b|<0$ のとき

　　　$|a|-|b|<0$，$|a-b| \ge 0$ より，$|a|-|b| \le |a-b|$ は成り立つ。

　(ii)　$|a|-|b| \ge 0$ のとき

　　　両辺の平方の差を調べると，

$$|a-b|^2 - (|a|-|b|)^2 = (a-b)^2 - (|a|^2 - 2|a||b| + |b|^2)$$
$$= a^2 - 2ab + b^2 - a^2 + 2|ab| - b^2$$
$$= 2(|ab| - ab)$$

　　　$|ab| \ge ab$ であるから，

$$|a-b|^2 - (|a|-|b|)^2 = 2(|ab|-ab) \ge 0$$

　　　したがって，　　$(|a|-|b|)^2 \le |a-b|^2$

　　　$|a|-|b| \ge 0$，$|a-b| \ge 0$ より，　　$|a|-|b| \le |a-b|$

　(i)，(ii)より，$|a|-|b| \le |a-b|$ はつねに成り立つ。

　　等号が成り立つのは，$|ab|=ab$，すなわち $ab \ge 0$ **のときで**，$|a|-|b| \ge 0$ より，**$0 \le b \le a$ または $a \le b \le 0$ のとき**である。

☑13.
教科書
p.59
　$z^2 = i$ となる複素数 z を求めよ。

ガイド　$z = a+bi$（a，b は実数）とおいて $z^2 = i$ に代入する。

解答　$z = a+bi$（a，b は実数）とおくと，$z^2 = i$ より，

　　　$(a+bi)^2 = i$

　　　$a^2 + 2abi - b^2 = i$

　　　$(a^2 - b^2) + 2abi = i$

　a，b が実数のとき，$a^2 - b^2$，$2ab$ も実数であるから，

　　　$a^2 - b^2 = 0$ ……①　かつ　$2ab = 1$ ……②

　①より，　$a^2 = b^2$ ……③

　②より，$ab > 0$ であるから，a と b は同符号であり，③より，

　　　$a = b$ ……④

②，④より，　　$2a^2=1$　　すなわち，$a^2=\dfrac{1}{2}$

よって，　　$a=\pm\dfrac{\sqrt{2}}{2}$

④より，　　$a=\dfrac{\sqrt{2}}{2}$ のとき，$b=\dfrac{\sqrt{2}}{2}$

　　　　　　$a=-\dfrac{\sqrt{2}}{2}$ のとき，$b=-\dfrac{\sqrt{2}}{2}$

よって，$z^2=i$ となる複素数 z は，

$$z=\dfrac{\sqrt{2}}{2}+\dfrac{\sqrt{2}}{2}i,\ \ -\dfrac{\sqrt{2}}{2}-\dfrac{\sqrt{2}}{2}i$$

□**14.**
教科書
p.59

> x^{10} を x^2-3x+2 で割ったときの余りを求めよ。

ガイド　x^{10} を x^2-3x+2 で割ったときの余りは，$ax+b$ とおける。

解答　$P(x)=x^{10}$ とする。

　$P(x)$ を x^2-3x+2 で割ったときの商を $Q(x)$，余りを $ax+b$ とすると，

$$P(x)=x^{10}=(x^2-3x+2)Q(x)+ax+b$$
$$=(x-1)(x-2)Q(x)+ax+b$$

このとき，

　　$P(1)=1=a+b,\ \ \ \ P(2)=1024=2a+b$

これを解いて，　　$a=1023,\ b=-1022$

よって，求める余りは，　　$\boldsymbol{1023x-1022}$

思考力を養う　エジプト分数と恒等式　　　課題学習

Q1　$\dfrac{3}{7}$ をエジプト分数で2通りに表してみよう。

教科書
p.60

ガイド　有理数を，分子が1の異なる分数の和で表した式を**エジプト分数**と
いい，1つの有理数を表すエジプト分数は無限に存在することが知ら
れている。例えば，1と $\dfrac{5}{13}$ については，それぞれ，

$$1=\frac{1}{2}+\frac{1}{3}+\frac{1}{6}, \qquad 1=\frac{1}{3}+\frac{1}{4}+\frac{1}{5}+\frac{1}{6}+\frac{1}{20}$$

$$\frac{5}{13}=\frac{1}{3}+\frac{1}{26}+\frac{1}{78}, \qquad \frac{5}{13}=\frac{1}{4}+\frac{1}{13}+\frac{1}{26}+\frac{1}{52}$$

となる表し方がある。

解答　（例）　$\dfrac{3}{7}=\dfrac{1}{3}+\dfrac{1}{14}+\dfrac{1}{42}, \qquad \dfrac{3}{7}=\dfrac{1}{4}+\dfrac{1}{7}+\dfrac{1}{28},$

$$\frac{3}{7}=\frac{1}{6}+\frac{1}{7}+\frac{1}{14}+\frac{1}{21}$$

Q2　エジプト分数に関連して，エルデシュ＝シュトラウス予想とよばれる
次のような予想がある。

教科書
p.60

　「2以上の任意の整数 n に対し，$\dfrac{4}{n}=\dfrac{1}{x}+\dfrac{1}{y}+\dfrac{1}{z}$ は正の整数解をもつ。」

　ただし，x, y, z には同じものがあってもよい。

　n が偶数のときに，予想が正しいことを証明してみよう。

ガイド　n が偶数のときであるから，$n=2k$（k は自然数）とおく。

解答　$n=2k$（k は自然数）とおくと，

$$\frac{4}{2k}=\frac{1}{k}+\frac{1}{2k}+\frac{1}{2k}$$

と表すことができるから，予想は正しい。

参考　その他，整数 n が4で割って3余る数（$n=4k+3$）である場合や，
整数 n が3で割って2余る数（$n=3k+2$）である場合についても，同
様にして予想が正しいことを証明することができるが，現在でも，2
以上の整数すべてについては証明できておらず，エルデシュ＝シュト
ラウス予想は，いまだ完全に証明されていない。

第2章　図形と方程式

第1節 点と直線

1 直線上の点の座標

□ **問 1** 3点 A(1)，B(5)，C(−2) に対して，次の距離を求めよ。

教科書 **p.62**

(1) AB　　　　　　(2) BC　　　　　　(3) CA

ガイド 数直線上の2点 A(a)，B(b) 間の距離 AB は，**AB=$|b-a|$** と表すことができる。

解答 (1) **AB=$|5-1|=|4|=4$**

(2) **BC=$|(-2)-5|=|-7|=7$**

(3) **CA=$|1-(-2)|=|3|=3$**

□ **問 2** 2点 A(−10)，B(2) に対して，線分 AB を次の比に内分する点の座標 x を求めよ。

教科書 **p.63**

(1) 1：5　　　　　　　　　　(2) 4：3

ガイド m，n を正の数とし，線分 AB 上の点Pに対して，

AP：PB=m：n が成り立つとき，点Pは線分 AB を m：n に**内分**するといい，P を内分点という。

異なる2点 A(a)，B(b) に対して，線分 AB を m：n に内分する点 P の座標 x は，$x=\dfrac{na+mb}{m+n}$ である。

解答 (1) $x=\dfrac{5\times(-10)+1\times2}{1+5}=-8$

(2) $x=\dfrac{3\times(-10)+4\times2}{4+3}=-\dfrac{22}{7}$

> (1)で，「線分 AB を1：5に内分する」は，「線分 BA を5：1に内分する」ともいえるね。

☐ **問3** 3点 A(-4), B(-1), C(2) がある。点Cは，線分 AB をどのような比
教科書 に外分するか。また，点Aは，線分 BC をどのような比に外分するか。
p.63

ガイド m, n を異なる正の数とし，線分 AB の延長上の点Qに対して，
AQ:QB$=m:n$ が成り立つとき，点Qは線分 AB を $m:n$ に**外分**
するといい，Q を外分点という。

この問題では，3点 A, B, C のうちの2点間の距離を求め，比を考
える。

解答 AC$=|2-(-4)|=|6|=6$
CB$=|-1-2|=|-3|=3$

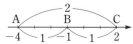

よって，線分 AB の延長上の点Cに対して，AC:CB$=2:1$ であ
るから，**点Cは，線分 AB を 2:1 に外分する。**

また，

BA$=|-4-(-1)|=|-3|=3$, AC$=6$

よって，線分 BC の延長上の点Aに対して，BA:AC$=1:2$ であ
るから，**点Aは，線分 BC を 1:2 に外分する。**

☐ **問4** 2点 A(2), B(6) に対して，線分 AB を次の比に外分する点の座標xを
教科書 求めよ。
p.64
(1) $3:1$　　　　　　　　　(2) $1:3$

ガイド 異なる2点 A(a), B(b) に対して，線分 AB を $m:n$ に外分する点
Qの座標xは，$x=\dfrac{-na+mb}{m-n}$ である。

解答 (1) $x=\dfrac{-1\times2+3\times6}{3-1}=8$　　(2) $x=\dfrac{-3\times2+1\times6}{1-3}=0$

ポイントプラス☞ [数直線上の内分点・外分点]

2点 A(a), B(b) に対して，線分 AB を

$m:n$ に内分する点の座標は，$\dfrac{na+mb}{m+n}$

$m:n$ に外分する点の座標は，$\dfrac{-na+mb}{m-n}$

特に，線分 AB の中点の座標は，$\dfrac{a+b}{2}$

2 平面上の点の座標

□ **問 5** 次の2点間の距離を求めよ。

教科書 **p.65**

(1) A(1, 3), B(4, 5) 　　　　　　(2) 原点O, C(1, −7)

ガイド

ここがポイント ☞ ［平面上の2点間の距離］

2点 $A(x_1, y_1)$, $B(x_2, y_2)$ 間の距離 AB は,

$$AB=\sqrt{(x_2-x_1)^2+(y_2-y_1)^2}$$

特に, 原点Oと点 $A(x_1, y_1)$ 間の距離 OA は,

$$OA=\sqrt{x_1{}^2+y_1{}^2}$$

解答

(1) $AB=\sqrt{(4-1)^2+(5-3)^2}=\sqrt{13}$

(2) $OC=\sqrt{1^2+(-7)^2}=\sqrt{50}=5\sqrt{2}$

□ **問 6** 2点 A(3, 1), B(−2, 4) から等距離にある y 軸上の点Pの座標を求めよ。

教科書 **p.66**

ガイド 点Pの座標を $(0, y)$ とおく。

解答 点Pは y 軸上にあるから, その座標は $(0, y)$ とおける。

AP=BP より $AP^2=BP^2$ であるから,

$(0-3)^2+(y-1)^2=\{0-(-2)\}^2+(y-4)^2$

これを解いて, $y=\dfrac{5}{3}$

よって, 点Pの座標は, $\left(0, \dfrac{5}{3}\right)$

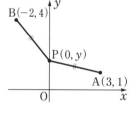

□ **問 7** 2点 A(6, −1), B(4, 7) に対して, 線分 AB を次の比に内分または外分する点の座標を求めよ。

教科書 **p.67**

(1) 中点 M 　　　　　　　　(2) 5:3 に内分する点P

(3) 5:3 に外分する点Q 　　　(4) 3:5 に外分する点R

ガイド

ここがポイント 👉 [平面上の内分点・外分点]

2点 A(x_1, y_1), B(x_2, y_2) に対して，線分 AB を

$m:n$ に内分する点の座標は，$\left(\dfrac{nx_1+mx_2}{m+n}, \dfrac{ny_1+my_2}{m+n}\right)$

$m:n$ に外分する点の座標は，$\left(\dfrac{-nx_1+mx_2}{m-n}, \dfrac{-ny_1+my_2}{m-n}\right)$

特に，線分 AB の中点の座標は，$\left(\dfrac{x_1+x_2}{2}, \dfrac{y_1+y_2}{2}\right)$

解答

(1) 点 M の座標を (x, y) とすると，

$$x = \frac{6+4}{2} = 5, \quad y = \frac{-1+7}{2} = 3$$

よって，点 M の座標は，　**(5, 3)**

(2) 点 P の座標を (x, y) とすると，

$$x = \frac{3\times6+5\times4}{5+3} = \frac{19}{4}, \quad y = \frac{3\times(-1)+5\times7}{5+3} = 4$$

よって，点 P の座標は，　$\left(\dfrac{19}{4}, 4\right)$

(3) 点 Q の座標を (x, y) とすると，

$$x = \frac{-3\times6+5\times4}{5-3} = 1, \quad y = \frac{-3\times(-1)+5\times7}{5-3} = 19$$

よって，点 Q の座標は，　**(1, 19)**

(4) 点 R の座標を (x, y) とすると，

$$x = \frac{-5\times6+3\times4}{3-5} = 9, \quad y = \frac{-5\times(-1)+3\times7}{3-5} = -13$$

よって，点 R の座標は，　**(9, −13)**

参考 外分点は，内分点の公式を用いて求めることもできる。

　(3)では，線分 AQ を $2:3$ に内分する点が B となるから，点 Q の座標を (x, y) とすると，内分点の公式を用いて，

$$4 = \frac{3\times6+2\times x}{2+3}, \quad 7 = \frac{3\times(-1)+2\times y}{2+3}$$

から，点 Q の座標を求めることもできる。

☑ **問 8** 　点 A$(-2, 1)$ に関して，点 P$(-6, -1)$ と対称な点 Q の座標を求めよ。

教科書
p.68

ガイド 　線分 PQ の中点が点 A になる。

解答 　点 Q の座標を (x, y) とすると，線分

PQ の中点が点 A であるから，

$$\frac{-6+x}{2}=-2, \quad \frac{-1+y}{2}=1$$

したがって， $x=2, \ y=3$

よって，点 Q の座標は，

$$(2, 3)$$

点 Q は，線分 AP を
$1:2$ に外分する点と
考えて解いてもいいね。

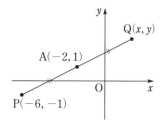

☑ **問 9** 　3 点 A$(2, 5)$，B$(1, -1)$，C$(6, -1)$ を頂点とする △ABC の重心 G の

教科書
p.69 　座標を求めよ。

ガイド 　△ABC の重心 G は，辺 BC の中点を M とするとき，

中線 AM を $2:1$ に内分する点である。

ここがポイント 👉 [三角形の重心]

　3 点 A(x_1, y_1)，B(x_2, y_2)，C(x_3, y_3) を頂点とする △ABC

の重心 G の座標は， $\left(\dfrac{x_1+x_2+x_3}{3}, \ \dfrac{y_1+y_2+y_3}{3}\right)$

解答 　重心 G の座標を (x, y) とすると，

$$x=\frac{2+1+6}{3}=3$$

$$y=\frac{5+(-1)+(-1)}{3}=1$$

よって，重心 G の座標は， $(3, 1)$

③ 直線の方程式

□ **問10** 次の方程式の表す図形を座標平面上にかけ。

教科書 **p.70**　(1)　$4x+3y-12=0$　　(2)　$x-2=0$　　(3)　$2y+5=0$

ガイド 傾きが m で，y 軸と点 $(0, n)$ で交わる直線は，x, y についての1次方程式 $y=mx+n$ で表される。この直線を**直線 $y=mx+n$** という。

また，n をこの直線の**y切片**という。

一般に，x, y についての方程式を満たす点 (x, y) 全体の集合を**方程式の表す図形**という。また，その方程式を**図形の方程式**という。

この問題では，方程式の表す図形がわかるように，方程式を変形する。

解答 (1) 方程式 $4x+3y-12=0$ は，$y=-\dfrac{4}{3}x+4$ と変形できるから，その表す図形は，傾きが $-\dfrac{4}{3}$，y 切片が 4 の直線である。

(2) 方程式 $x-2=0$ は，$x=2$ と変形できるから，その表す図形は，点 $(2, 0)$ を通り，y 軸に平行な直線である。

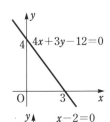

(3) 方程式 $2y+5=0$ は，$y=-\dfrac{5}{2}$ と変形できるから，その表す図形は，点 $\left(0, -\dfrac{5}{2}\right)$ を通り，x 軸に平行な直線である。

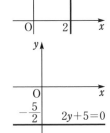

参考 一般に，x, y についての1次方程式 $ax+by+c=0$ の表す図形は，$a\neq0$ または $b\neq0$ のとき直線である。この方程式で表される直線を，**直線 $ax+by+c=0$** という。

☐ **問11**　点 $(-3, 2)$ を通り，次の条件を満たす直線の方程式を求めよ。

教科書
p.71
(1)　傾きが $\dfrac{1}{3}$ 　　　　　(2)　傾きが -1 　　　　　(3)　x 軸に平行

- -

ガイド

ここがポイント 👉 [1点と傾きの与えられた直線の方程式]

点 (x_1, y_1) を通り，傾き m の直線の方程式は，

$$y - y_1 = m(x - x_1)$$

解答　(1)　点 $(-3, 2)$ を通り，傾き $\dfrac{1}{3}$ の直線の方程式は，

$$y - 2 = \frac{1}{3}\{x - (-3)\}$$

すなわち，　$y = \dfrac{1}{3}x + 3$

(2)　点 $(-3, 2)$ を通り，傾き -1 の直線の方程式は，

$$y - 2 = -\{x - (-3)\}$$

すなわち，　$y = -x - 1$

(3)　x 軸に平行であるから，直線の傾きは 0 である。

点 $(-3, 2)$ を通り，傾き 0 の直線の方程式は，

$$y - 2 = 0 \cdot \{x - (-3)\}$$

すなわち，　$y = 2$

参考　直線が y 軸に平行であるとき，傾きを定義することはできない。したがって，上の公式を利用することができない。

この場合は，x の値が決まっていて，y の値は何でもよいと考え，$x = \triangle$ と答える。

例えば，点 $(-3, 2)$ を通り，y 軸に平行な直線の方程式は，x の値が -3 と決まっていて，y の値は何でもよいから，$x = -3$ となる。

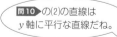

問10 の(2)の直線は
y 軸に平行な直線だね。

第
2
章

図形と方程式

☑ **問12** 次の2点を通る直線の方程式を求めよ。

教科書
p.72

(1) $(3, 1)$, $(5, 7)$ (2) $(3, -2)$, $(-1, 5)$

(3) $(-1, 4)$, $(3, 4)$ (4) $(1, 3)$, $(1, -2)$

ガイド

ここがポイント 👉 [2点を通る直線の方程式]

異なる2点 (x_1, y_1), (x_2, y_2) を通る直線の方程式は,

$$x_1 \neq x_2 \text{ のとき,} \quad y - y_1 = \frac{y_2 - y_1}{x_2 - x_1}(x - x_1)$$

$$x_1 = x_2 \text{ のとき,} \quad x = x_1$$

解答 (1) 2点 $(3, 1)$, $(5, 7)$ を通る直線の方程式は,

$$y - 1 = \frac{7-1}{5-3}(x-3) \quad \text{すなわち,} \quad \boldsymbol{y = 3x - 8}$$

(2) 2点 $(3, -2)$, $(-1, 5)$ を通る直線の方程式は,

$$y - (-2) = \frac{5-(-2)}{-1-3}(x-3) \quad \text{すなわち,} \quad \boldsymbol{y = -\frac{7}{4}x + \frac{13}{4}}$$

(3) 2点 $(-1, 4)$, $(3, 4)$ を通る直線の方程式は,

$$y - 4 = \frac{4-4}{3-(-1)}\{x-(-1)\} \quad \text{すなわち,} \quad \boldsymbol{y = 4}$$

(4) 2点 $(1, 3)$, $(1, -2)$ は x 座標が等しいから, この2点を通る直線の方程式は, $\boldsymbol{x = 1}$

☑ **問13** x 切片が3, y 切片が -4 の直線の方程式を求めよ。

教科書
p.72

ガイド 直線と x 軸の交点の x 座標を $\boldsymbol{x}$ **切片** という。

$a \neq 0$, $b \neq 0$ のとき, x 切片が a, y 切片が b の直線の方程式は,

$$\frac{\boldsymbol{x}}{\boldsymbol{a}} + \frac{\boldsymbol{y}}{\boldsymbol{b}} = 1$$

解答 x 切片が3, y 切片が -4 の直線の方程式は,

$$\frac{x}{3} + \frac{y}{-4} = 1 \quad \text{すなわち,} \quad \frac{\boldsymbol{x}}{3} - \frac{\boldsymbol{y}}{4} = 1$$

問14 2点 $(-4,\ 0)$, $(0,\ 5)$ を通る直線の方程式を求めよ。

教科書
p.72

ガイド　x 切片が a, y 切片が b とわかっている場合, 直線の方程式は,

$$\frac{x}{a}+\frac{y}{b}=1 \ \text{を用いる。}$$

解答　x 切片が -4, y 切片が 5 の直線の方程式は

$$\frac{x}{-4}+\frac{y}{5}=1 \quad \text{すなわち,} \quad -\frac{x}{4}+\frac{y}{5}=1$$

4　2直線の関係

問15 次の直線のうち, 互いに平行なもの, 互いに垂直なものを選べ。

教科書
p.74

① $y=-\dfrac{3}{5}x+4$　　　② $\dfrac{x}{5}+\dfrac{y}{2}=1$　　　③ $10x+4y=7$

④ $5x+2y+3=0$　　　　⑤ $5x-2y=0$

ガイド

ここがポイント　[2直線の平行と垂直]

2直線 $y=mx+n$, $y=m'x+n'$ について,

2直線が平行 $\Longleftrightarrow$ $m=m'$　　傾きが等しい

2直線が垂直 $\Longleftrightarrow$ $mm'=-1$　　傾きの積が -1

この問題では, まずそれぞれの直線の傾きを求める。

解答　①の直線の傾きは, $-\dfrac{3}{5}$

②の直線の傾きは, $y=-\dfrac{2}{5}x+2$ より, $-\dfrac{2}{5}$

③の直線の傾きは, $y=-\dfrac{5}{2}x+\dfrac{7}{4}$ より, $-\dfrac{5}{2}$

④の直線の傾きは, $y=-\dfrac{5}{2}x-\dfrac{3}{2}$ より, $-\dfrac{5}{2}$

⑤の直線の傾きは, $y=\dfrac{5}{2}x$ より, $\dfrac{5}{2}$

よって,

互いに平行な直線は, ③と④

互いに垂直な直線は, ②と⑤

である。

⚠注意 y 軸に平行な直線には傾きがないから,このような直線を含む2直線が互いに平行,または,垂直であっても,傾きが等しい,または,傾きの積が -1 であるとはいえない。

よって,m,m' についての条件式は,2直線の直線の方程式が $y=mx+n$,$y=m'x+n'$ の形で表せるときのみ使える。

‖参考‖ 垂直条件 $mm'=-1$ を求めるのに,原点のまわりの $90°$ 回転を利用することもできる。

直線 $y=mx$ 上に点 $\mathrm{P}(1,\ m)$ をとる。

P を右の図のように,原点のまわりに $90°$ 回転した点 Q の座標は,$(-m,\ 1)$ で,2直線が垂直であるとき,Q は,直線 $y=m'x$ 上の点になる。

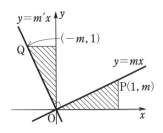

したがって,$y=m'x$ に $x=-m$,$y=1$ を代入して,

$$1=m'\times(-m)$$

すなわち,$mm'=-1$

逆に,$mm'=-1$ のとき,$\mathrm{Q}(-m,\ 1)$ は直線 $y=m'x$ 上にあり,2直線は垂直である。

$mm'=-1$ のとき,
m' は,m の逆数の符号を
換えたものになっているね。

☑ **問16**　点 $(2,-3)$ を通り，直線 $3x-4y-1=0$ に平行な直線の方程式，垂直な直線の方程式を，それぞれ求めよ。

教科書
p.74

ガイド　直線 $3x-4y-1=0$ に平行な直線と垂直な直線の傾きを求める。

解答　直線 $3x-4y-1=0$ を ℓ とすると，ℓ の傾きは，$\dfrac{3}{4}$

したがって，ℓ に**平行な直線**は，傾きが $\dfrac{3}{4}$ で点 $(2,-3)$ を通るから，方程式は，

$$y-(-3)=\frac{3}{4}(x-2)$$

よって，　$3x-4y-18=0$

また，ℓ に垂直な直線の傾きを m とすると，$\dfrac{3}{4}m=-1$ より，$m=-\dfrac{4}{3}$

したがって，ℓ に**垂直な直線**は，傾きが $-\dfrac{4}{3}$ で点 $(2,-3)$ を通るから，方程式は，

$$y-(-3)=-\frac{4}{3}(x-2)$$

よって，　$4x+3y+1=0$

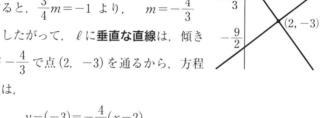

傾きを考えるときは，直線の式を $y=ax+b$ の形に変形しないといけないね。

☑ **問17**　2点 A$(-2,\ 1)$，B$(4,\ 5)$ を結ぶ線分 AB の垂直二等分線の方程式を求

教科書
p.74　めよ。

ガイド　線分 AB の垂直二等分線は，線分 AB に垂直で，線分 AB の中点を

通る。

解答　線分 AB の中点の座標を $(x,\ y)$ とする

と，

$$x=\dfrac{-2+4}{2}=1,\qquad y=\dfrac{1+5}{2}=3$$

よって，線分 AB の中点の座標は，

$(1,\ 3)$

線分 AB の傾きは，

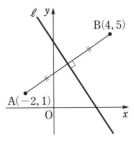

$$\dfrac{5-1}{4-(-2)}=\dfrac{2}{3}$$

線分 AB に垂直な直線の傾きを m とすると，$\dfrac{2}{3}m=-1$ より，

$$m=-\dfrac{3}{2}$$

したがって，線分 AB の垂直二等分線は，傾きが $-\dfrac{3}{2}$ で点 $(1,\ 3)$

を通るから，方程式は，

$$y-3=-\dfrac{3}{2}(x-1)$$

よって，　$y=-\dfrac{3}{2}x+\dfrac{9}{2}$

☑ **問18**　直線 $3x+2y+1=0$ に関して，点 P$(-2,\ -4)$ と対称な点 Q の座標を

教科書
p.75　求めよ。

ガイド　2点 P, Q が直線 ℓ に関して対称であること

は，次の(i), (ii)が成り立つことである。

　(i)　直線 PQ は ℓ と垂直である。

　(ii)　線分 PQ の中点は ℓ 上にある。

解答　与えられた直線を ℓ，点 Q の座標を $(a,\ b)$ とする。

直線 ℓ の傾きは $-\dfrac{3}{2}$，直線 PQ の傾きは $\dfrac{b+4}{a+2}$ で，$\ell\perp$PQ である

から，

$$-\frac{3}{2}\cdot\frac{b+4}{a+2}=-1$$

すなわち，$\quad 2a-3b=8\quad$……①

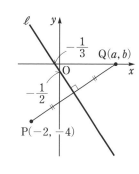

また，線分 PQ の中点 $\left(\dfrac{a-2}{2},\ \dfrac{b-4}{2}\right)$ は

ℓ 上にあるから，

$$3\cdot\frac{a-2}{2}+2\cdot\frac{b-4}{2}+1=0$$

すなわち，$\quad 3a+2b=12\quad$……②

①，②を解いて，$\quad a=4,\ b=0$

よって，点 Q の座標は，$\quad$**(4，0)**

問19 次の点と直線の距離 d を求めよ。

教科書 **p.77**

(1)　点 $(1,\ 2)$ と直線 $3x-4y-5=0$

(2)　原点 O と直線 $5x+12y-6=0$

- -

ガイド 点 P から直線 ℓ に下ろした垂線 PH の長さを**点と直線の距離**という。

ここがポイント ☞ ［点と直線の距離］

点 $(x_1,\ y_1)$ と直線 $ax+by+c=0$ の距離 d は，

$$d=\frac{|ax_1+by_1+c|}{\sqrt{a^2+b^2}}$$

上の式は，$a,\ b$ の一方が 0 の場合も成り立つ。

解答 (1)　$d=\dfrac{|3\cdot1-4\cdot2-5|}{\sqrt{3^2+(-4)^2}}=\dfrac{|-10|}{\sqrt{25}}=2$

(2)　$d=\dfrac{|-6|}{\sqrt{5^2+12^2}}=\dfrac{|-6|}{\sqrt{169}}=\dfrac{6}{13}$

点と直線の距離の公式は，
直線の式を $ax+by+c=0$ の形にしてから
使うことに注意しよう。

☐ **問20**　平面上に長方形 ABCD がある。点 P をこの平面上のどこにとっても，

教科書
p.77
$$PA^2+PC^2=PB^2+PD^2$$

が成り立つことを証明せよ。

- -

ガイド　点 B を原点にとり，A$(0, a)$，C$(c, 0)$ として，3 点 A，C，D の座標を定める。

解答　点 B を原点，辺 BC を x 軸上，辺 AB を
y 軸上にとる。

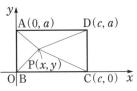

このとき，A，C，D の座標は，それぞれ，
$$A(0, a), \ C(c, 0), \ D(c, a)$$
とおくことができる。

点 P の座標を (x, y) とすると，
$$PA^2+PC^2=\{x^2+(y-a)^2\}+\{(x-c)^2+y^2\}$$
$$=2x^2+2y^2+a^2+c^2-2ay-2cx$$

また，
$$PB^2+PD^2=(x^2+y^2)+\{(x-c)^2+(y-a)^2\}$$
$$=2x^2+2y^2+a^2+c^2-2ay-2cx$$

よって，　$PA^2+PC^2=PB^2+PD^2$

⚠注意　座標平面を利用した図形の性質の証明では，点を原点や座標軸上にとるなどの工夫が必要である。

右の図のように座標を定めると，
$$PA^2+PC^2=\{(x+a)^2+(y-b)^2\}$$
$$+\{(x-a)^2+y^2\}$$
$$=2x^2+2y^2+2a^2+b^2-2by$$

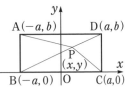

となり，この場合も計算が楽になる。

参考　教科書 p.77 の応用例題 5 で示されている定理，
「△ABC の辺 BC の中点を M とするとき，
$$AB^2+AC^2=2(AM^2+BM^2)」$$
は**中線定理**という。

☐ **問21**　△ABC の 3 辺の垂直二等分線は，1 点で交わることを証明せよ。

教科書
p.78
- -

ガイド　辺 BC の中点を原点にとる。A，B，C の座標を定め，辺 AB と辺 AC の垂直二等分線の方程式をそれぞれ求める。

解答▶　直線 BC を x 軸に，辺 BC の中点を原点 O にとり，△ABC の頂点の座標を，それぞれ A(a, b)，B$(-c, 0)$，C$(c, 0)$ とおくと，y 軸は辺 BC の垂直二等分線である。ただし，$b \neq 0$，$c \neq 0$ である。

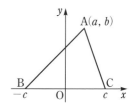

(ⅰ)　$a \neq \pm c$ のとき

　　直線 AB の傾きは $\dfrac{b}{a+c}$，辺 AB の中点は $\left(\dfrac{a-c}{2}, \dfrac{b}{2}\right)$ であるから，辺 AB の垂直二等分線の方程式は，

$$y = -\frac{a+c}{b}\left(x - \frac{a-c}{2}\right) + \frac{b}{2}$$
$$= -\frac{a+c}{b}x + \frac{a^2+b^2-c^2}{2b} \quad \cdots\cdots ①$$

　　また，直線 AC の傾きは $\dfrac{b}{a-c}$，辺 AC の中点は $\left(\dfrac{a+c}{2}, \dfrac{b}{2}\right)$ であるから，辺 AC の垂直二等分線の方程式は，

$$y = -\frac{a-c}{b}\left(x - \frac{a+c}{2}\right) + \frac{b}{2}$$
$$= -\frac{a-c}{b}x + \frac{a^2+b^2-c^2}{2b} \quad \cdots\cdots ②$$

　　したがって，2 本の垂直二等分線①，②は y 軸上の点 $\left(0, \dfrac{a^2+b^2-c^2}{2b}\right)$ を通る。

　　辺 BC の垂直二等分線は y 軸であるから，3 辺の垂直二等分線は 1 点で交わる。

(ⅱ)　$a = \pm c$ のとき

　　△ABC は直角三角形となり，3 辺の垂直二等分線は点 $\left(0, \dfrac{b}{2}\right)$ で交わる。

　　よって，△ABC の 3 辺の垂直二等分線は，1 点で交わる。

第 2 章　図形と方程式

節 末 問 題

☑ **1**
教科書
p.79

3点 A$(-1, 3)$，B$(1, 0)$，C$(4, 2)$ を頂点とする △ABC はどのような三角形か。

ガイド 三角形の3辺の長さを，それぞれ求める。

解答 AB$=\sqrt{\{1-(-1)\}^2+(0-3)^2}=\sqrt{13}$

BC$=\sqrt{(4-1)^2+(2-0)^2}=\sqrt{13}$

CA$=\sqrt{(-1-4)^2+(3-2)^2}=\sqrt{26}$

$(\sqrt{13})^2+(\sqrt{13})^2=(\sqrt{26})^2$ より，AB^2+BC^2=CA^2 であるから，

  ∠B$=90°$

また，AB$=$BC$=\sqrt{13}$ であるから，△ABC は，**AB=BC の直角二等辺三角形**（∠**B**$=$**90° の直角二等辺三角形**）である。

> これまでに習った図形の性質を使う問題も多いね。

☑ **2**
教科書
p.79

直線 $y=x-2$ 上にあって，2点 A$(-4, 3)$，B$(8, -5)$ から等距離にある点Pの座標を求めよ。

ガイド 点Pは直線 $y=x-2$ 上にあるから，その座標は $(x, x-2)$ とおける。

解答 点Pは直線 $y=x-2$ 上にあるから，その座標は $(x, x-2)$ とおける。

  AP$=$BP より AP^2=BP^2 であるから，

  $\{x-(-4)\}^2+\{(x-2)-3\}^2$

  $=(x-8)^2+\{(x-2)-(-5)\}^2$

これを解いて，　$x=4$

よって，点Pの座標は，　**(4, 2)**

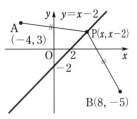

3
教科書
p.79

3点 A, B, C があり, A(-2, 1), B(4, 3) であるとき, 次の問いに答えよ。

(1) 点Bが線分 AC を $2:3$ に内分する点であるとき, 点Cの座標を求めよ。

(2) △ABC の重心Gの座標が (3, -1) であるとき, 点Cの座標を求めよ。

ガイド 点Cの座標を (x, y) として考える。

解答 点Cの座標を (x, y) とする。

(1) 点Bが線分 AC を $2:3$ に内分するとき,
$$\frac{3\times(-2)+2\times x}{2+3}=4, \quad \frac{3\times1+2\times y}{2+3}=3$$

したがって,　$x=13$, $y=6$

よって, 点Cの座標は,　**(13, 6)**

(2) △ABC の重心Gの座標が (3, -1) のとき,
$$\frac{(-2)+4+x}{3}=3, \quad \frac{1+3+y}{3}=-1$$

したがって,　$x=7$, $y=-7$

よって, 点Cの座標は,　**(7, -7)**

4
教科書
p.79

3点 A(1, 3), B(-2, -1), C(2, 0) を3つの頂点にもつ平行四辺形 ABCD の頂点Dの座標を求めよ。

ガイド 平行四辺形の対角線は, それぞれの中点で交わるから, 線分 AC の中点と線分 BD の中点は一致する。

解答 頂点Dの座標を (x, y) とする。

平行四辺形の対角線は, それぞれの中点で交わる。線分 AC の中点と線分 BD の中点は一致するから,

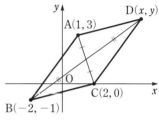

$$\frac{1+2}{2}=\frac{-2+x}{2}$$

$$\frac{3+0}{2}=\frac{-1+y}{2}$$

したがって,　$x=5$, $y=4$

よって, 頂点Dの座標は,　**(5, 4)**

5

教科書
p.79

次の問いに答えよ。

(1) 2直線 $a_1x+b_1y+c_1=0$, $a_2x+b_2y+c_2=0$ について，次が成り立つことを証明せよ。ただし，$b_1 \neq 0$, $b_2 \neq 0$ とする。

　　　2直線が平行 $\Longleftrightarrow$ $a_1b_2-a_2b_1=0$

　　　2直線が垂直 $\Longleftrightarrow$ $a_1a_2+b_1b_2=0$

(2) 2直線 $(a-1)x-3y-3=0$, $x-2y+3=0$ が平行であるとき，および垂直であるときの，定数 a の値をそれぞれ求めよ。

ガイド (1) 2直線 $y=mx+n$, $y=m'x+n'$ について，

　　　2直線が平行 $\Longleftrightarrow$ $m=m'$, 　　2直線が垂直 $\Longleftrightarrow$ $mm'=-1$

(2) (1)の結果を使う。

解答 (1) 直線 $a_1x+b_1y+c_1=0$ を ℓ, 直線 $a_2x+b_2y+c_2=0$ を m とする。

　　$b_1 \neq 0$ より，直線 ℓ の方程式は，　$y=-\dfrac{a_1}{b_1}x-\dfrac{c_1}{b_1}$

　　$b_2 \neq 0$ より，直線 m の方程式は，　$y=-\dfrac{a_2}{b_2}x-\dfrac{c_2}{b_2}$

　(i) $a_1 \neq 0$ かつ $a_2 \neq 0$ のとき

　　　2直線が平行であるとき，$-\dfrac{a_1}{b_1}=-\dfrac{a_2}{b_2}$　……①より，

　　　$a_1b_2-a_2b_1=0$　……②

　　　2直線が垂直であるとき，$-\dfrac{a_1}{b_1}\cdot\left(-\dfrac{a_2}{b_2}\right)=-1$　……③より，

　　　$a_1a_2+b_1b_2=0$　……④

　　　逆に，②，④が成り立つとき，それぞれ①，③が導かれ，2直線は平行，または垂直となることがいえる。

　(ii) $a_1=0$ のとき

　　　$b_1 \neq 0$ より，直線 ℓ は x 軸に平行である。

　　　2直線が平行であるとき，直線 m は x 軸に平行であればよいから，　$b_2 \neq 0$ より，$a_2=0$

　　　このとき，②は成り立ち，逆に②が成り立つとき，$a_1=0$, $b_1 \neq 0$ より $a_2=0$ となり，$b_2 \neq 0$ より直線 m は x 軸に平行であるから，2直線 ℓ, m は平行である。

　　　また，$b_2 \neq 0$ より，直線 m が y 軸に平行になることはないから，2直線 ℓ, m が垂直になることはない。

このとき，④も成り立たない。

(iii)　$a_2=0$ のとき，(ii)と同様のことがいえる。

よって，(i)～(iii)より，

$$2\text{直線が平行} \iff a_1b_2-a_2b_1=0$$

$$2\text{直線が垂直} \iff a_1a_2+b_1b_2=0$$

(2)　2直線が**平行であるとき**，(1)より，

$$(a-1)\cdot(-2)-1\cdot(-3)=0 \qquad -2a+5=0$$

よって，　$a=\dfrac{5}{2}$

2直線が**垂直であるとき**，(1)より，

$$(a-1)\cdot1+(-3)\cdot(-2)=0 \qquad a+5=0$$

よって，　$a=-5$

（これらは，$a-1 \neq 0$，すなわち $a \neq 1$ を満たしている。）

□ **6**

教科書
p.79

3点 A(2, −8)，B(5, 7)，C(−1, 3) について，次の問いに答えよ。

(1)　直線 BC の方程式を求めよ。

(2)　点Aと直線 BC の距離を求めよ。

(3)　△ABC の面積を求めよ。

ガイド　(3)　辺 BC を底辺と見て長さを求め，(2)を利用する。

解答　(1)　2点 (5, 7)，(−1, 3) を通る直線の方程式は，

$$y-7=\frac{3-7}{-1-5}(x-5)$$

よって，　$2x-3y+11=0$

(2)　点Aと直線 BC の距離を d とすると，

$$d=\frac{|2\cdot2-3\cdot(-8)+11|}{\sqrt{2^2+(-3)^2}}=\frac{|39|}{\sqrt{13}}=\frac{39}{\sqrt{13}}=3\sqrt{13}$$

(3)　$\text{BC}=\sqrt{(-1-5)^2+(3-7)^2}$

$\qquad =\sqrt{52}=2\sqrt{13}$

よって，△ABC の面積は，(2)の結果
を利用して，

$$\triangle\text{ABC}=\frac{1}{2}\times\text{BC}\times d$$

$$=\frac{1}{2}\times2\sqrt{13}\times3\sqrt{13}=39$$

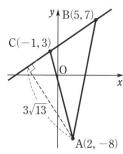

第2節 円と直線

1 円の方程式

□ **問22** 次の条件を満たす円の方程式を求めよ。

教科書
p.80
(1) 中心が点 $(4, 2)$,半径が3　　(2) 中心が点 $(1, -1)$ で原点Oを通る

ガイド

ここがポイント ☞ [円の方程式]

中心が点 (a, b),半径が r の円の方程式は,

$$(x-a)^2+(y-b)^2=r^2$$

特に,原点Oを中心とする半径が r の円の方程式は,

$$x^2+y^2=r^2$$

解答
(1) 中心が点 $(4, 2)$,半径が3の円の方程式は,

$$(x-4)^2+(y-2)^2=3^2$$

すなわち,　$(x-4)^2+(y-2)^2=9$

(2) 半径は中心と原点の距離であるから,

$$\sqrt{1^2+(-1)^2}=\sqrt{2}$$

よって,求める円の方程式は,中心が点 $(1, -1)$,半径が $\sqrt{2}$
の円の方程式であるから,

$$(x-1)^2+\{y-(-1)\}^2=(\sqrt{2})^2$$

すなわち,　$(x-1)^2+(y+1)^2=2$

□ **問23** 次の円の中心の座標と半径を求めよ。

教科書
p.80
(1) 円 $(x+2)^2+(y+3)^2=5$　　(2) 円 $(x-4)^2+y^2=16$

ガイド 右辺の正の平方根が半径となる。

解答
(1) 円 $(x+2)^2+(y+3)^2=5$ は,**中心の座標**が $(-2, -3)$,**半径**が
$\sqrt{5}$ である。

(2) 円 $(x-4)^2+y^2=16$ は,**中心の座標**が $(4, 0)$,**半径**が4である。

問24　2点 A(-5, 6), B(3, 4) を直径の両端とする円の方程式を求めよ。

教科書
p.81

ガイド　線分 AB の中点が円の中心となる。中心の座標を求めた後は，点B
と中心の距離，すなわち，半径を求める。

解答　円の中心をCとすると，線分 AB の
中点が点Cであるから，Cの座標は，

$$\left(\frac{-5+3}{2},\ \frac{6+4}{2}\right)$$

すなわち，　$(-1,\ 5)$
半径は，
$$CB=\sqrt{\{3-(-1)\}^2+(4-5)^2}$$
$$=\sqrt{17}$$

よって，円の方程式は，　$(x+1)^2+(y-5)^2=17$

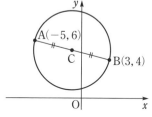

問25　次の方程式は，どのような図形を表すか。

教科書
p.81
(1)　$x^2+y^2+8x-6y-11=0$　　　　(2)　$x^2+y^2-4x-2y+5=0$

ガイド　円の方程式は，ℓ, m, n を定数として，
$$x^2+y^2+\ell x+my+n=0\quad\cdots\cdots①$$
の形に表される。

　一般に，方程式①は，$(x-a)^2+(y-b)^2=k$ の形に変形できる。よって，
　　$k>0$ ならば，中心が点 $(a,\ b)$，半径が $\sqrt{k}$ の円を表す。
　　$k=0$ ならば，1点 $(a,\ b)$ を表す。
　　$k<0$ ならば，この方程式の表す図形はない。

解答　(1)　方程式 $x^2+y^2+8x-6y-11=0$ を変形すると，
　　$(x+4)^2-4^2+(y-3)^2-3^2-11=0$ より，
　　　　$(x+4)^2+(y-3)^2=36$
　　これは，**中心が点 $(-4,\ 3)$，半径が 6 の円**を表す。

(2)　方程式 $x^2+y^2-4x-2y+5=0$ を変形すると，
　　$(x-2)^2-2^2+(y-1)^2-1^2+5=0$ より，
　　　　$(x-2)^2+(y-1)^2=0$
　　これは，**1点 $(2,\ 1)$** を表す。

半径0の円ではなく
点と答えよう。

☑ **問26**　3点 A(5, 2), B(−1, 0), C(3, −2) について, 次の問いに答えよ。

教科書
p.82

(1)　3点 A, B, C を通る円の方程式を求めよ。

(2)　△ABC の外心の座標と, 外接円の半径を求めよ。

- -

ガイド　(1)　求める円の方程式を $x^2+y^2+\ell x+my+n=0$ とおいて, 3点 A, B, C の座標を代入する。

(2)　△ABC の3つの頂点 A, B, C を通る円は, △ABC の**外接円**であり, その中心は △ABC の**外心**である。

解答　(1)　求める円の方程式を $x^2+y^2+\ell x+my+n=0$ とする。

この円が3点 A(5, 2), B(−1, 0), C(3, −2) を通るから,

$$\begin{cases} 5^2+2^2+5\ell+2m+n=0 \\ (-1)^2+0^2-\ell+0+n=0 \\ 3^2+(-2)^2+3\ell-2m+n=0 \end{cases}$$

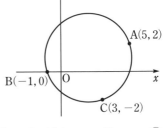

整理すると,

$$\begin{cases} 5\ell+2m+n=-29 \quad \cdots\cdots① \\ -\ell\quad\quad+n=-1 \quad \cdots\cdots② \\ 3\ell-2m+n=-13 \quad \cdots\cdots③ \end{cases}$$

①+③より, $8\ell+2n=-42$　　よって, $4\ell+n=-21$ ……④

②, ④より, 　$\ell=-4$, $n=-5$

したがって, ①より, 　$m=-2$

よって, 求める円の方程式は, 　$\boldsymbol{x^2+y^2-4x-2y-5=0}$

(2)　(1)で求めた方程式を変形すると,

$$(x-2)^2+(y-1)^2=10$$

よって, **外心の座標は (2, 1)** で, **外接円の半径は** $\sqrt{10}$ である。

参考　(1)のように, 円の方程式は3つの定数 ℓ, m, n を用いて, $x^2+y^2+\ell x+my+n=0$ と表せる。逆に, ℓ, m, n を決めると, 円の方程式は1通りに決まるから, 円の通る3点を与えられると円の方程式が1通りに決まる。

(1)の連立方程式は解くのが大変だから
あわてず, 正確に解こうね。

2 円と直線

☑ **問27** 次の円と直線の共有点の座標を求めよ。

教科書
p.83　(1)　$x^2+y^2=25,\ y=x-1$　　　　　(2)　$x^2+y^2=5,\ x-2y-5=0$

ガイド　(2)　$x-2y-5=0$ を $x=2y+5$ と変形して，円の方程式に代入する。

解答　(1)　$\begin{cases} x^2+y^2=25 & \cdots\cdots① \\ y=x-1 & \cdots\cdots② \end{cases}$

とおく。

②を①に代入して整理すると，
$$x^2-x-12=0$$

これを解いて，　$x=-3,\ 4$

②より，

$x=-3$ のとき，　$y=-4$

$x=4$ のとき，　$y=3$

よって，共有点の座標は，　$(-3,\ -4),\ (4,\ 3)$

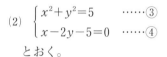

(2)　$\begin{cases} x^2+y^2=5 & \cdots\cdots③ \\ x-2y-5=0 & \cdots\cdots④ \end{cases}$

とおく。

④より，　$x=2y+5$　$\cdots\cdots⑤$

⑤を③に代入して整理すると，
$$y^2+4y+4=0$$

これを解いて，　$y=-2$

⑤に代入して，　$x=1$

よって，共有点の座標は，　$(1,\ -2)$

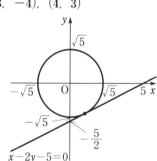

参考　(2)のように，円と直線が1点のみを共有するとき，その円と直線は**接する**といい，その共有点が**接点**，その直線が**接線**である。

xとyのどちらを消去するかは計算のしやすさで決めよう。

□ **問28** 円 $x^2+y^2=2$ と直線 $y=-x+k$ が異なる2点で交わるとき，定数 k
教科書 の値の範囲を求めよ。また，接するときの k の値と接点の座標を求めよ。
p.84
- -

ガイド 一般に，円と直線の共有点の個数は，それらの方程式から1つの文
字を消去して得られる2次方程式の異なる実数解の個数と一致する。
この2次方程式の判別式 D を用いて，次のことがいえる。

D の符号	$D>0$	$D=0$	$D<0$
円と直線の位置関係	異なる2点で交わる	接する	共有点をもたない
共有点の個数	2個	1個	0個

解答▶ 連立方程式

$$\begin{cases} x^2+y^2=2 & \cdots\cdots① \\ y=-x+k & \cdots\cdots② \end{cases}$$

において，②を①に代入して整理すると，

$$2x^2-2kx+k^2-2=0 \quad \cdots\cdots③$$

円と直線が**異なる2点で交わる**から，

③の判別式を D とすると，

$$\frac{D}{4}=(-k)^2-2\cdot(k^2-2)>0$$

これより，$-k^2+4>0$ すなわち，$k^2-4<0$ よって，**$-2<k<2$**

また，円と直線が**接する**のは，x についての2次方程式③が重解を
もつときであるから，

$$\frac{D}{4}=-k^2+4=0$$

これより，$k^2=4$ よって，**$k=\pm2$**

$k=2$ のとき，③に代入して整理すると，$x^2-2x+1=0$
これを解いて，$x=1$ ②に代入して，$y=1$
よって，接点の座標は，**$(1,~1)$**

$k=-2$ のとき，③に代入して整理すると，$x^2+2x+1=0$
これを解いて，$x=-1$ ②に代入して，$y=-1$
よって，接点の座標は，**$(-1,~-1)$**

☐ **問29**　円 $x^2+y^2=5$ と直線 $y=3x+k$ が共有点をもたないとき，定数 k の

教科書
p.85

値の範囲を求めよ。また，接するときの k の値を求めよ。

ガイド　円と直線の位置関係について，円の中心Cから直線 ℓ までの距離を d，円の半径を r とすると，次のことがいえる。

d と r の大小	$d<r$	$d=r$	$d>r$
円と直線の位置関係	異なる2点で交わる ℓ r d C	接する ℓ r d C	共有点をもたない ℓ r d C
共有点の個数	2個	1個	0個

解答　円 $x^2+y^2=5$ の中心は原点Oで，半径を r とすると，$r=\sqrt{5}$ である。

直線の方程式を変形すると，

$3x-y+k=0$

原点と直線 $3x-y+k=0$ の距離を d とすると，

$$d=\frac{|k|}{\sqrt{3^2+(-1)^2}}=\frac{|k|}{\sqrt{10}}$$

円と直線が**共有点をもたない**のは，$d>r$ のときであるから，

$$\frac{|k|}{\sqrt{10}}>\sqrt{5}$$

すなわち，　$|k|>5\sqrt{2}$

よって，　**$k<-5\sqrt{2}$，$5\sqrt{2}<k$**

また，円と直線が**接する**のは，$d=r$ のときであるから，

$$\frac{|k|}{\sqrt{10}}=\sqrt{5}$$

すなわち，　$|k|=5\sqrt{2}$

よって，　**$k=\pm5\sqrt{2}$**

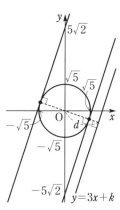

参考　**問29** は **問28** のように，2次方程式の判別式 D を用いた方法で解くこともできる。

問30 直線 $2x-y+5=0$ が円 $x^2+y^2=9$ によって切り取られる線分の長さ ℓ を求めよ。

教科書 **p.85**

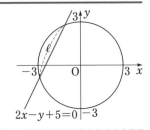

ガイド 円の中心と直線の距離を求めて，三平方の定理を利用する。

解答 円 $x^2+y^2=9$ の中心は原点Oで，半径を r とすると，$r=3$ である。

原点と直線 $2x-y+5=0$ の距離を d とすると，

$$d=\frac{|5|}{\sqrt{2^2+(-1)^2}}=\frac{5}{\sqrt{5}}=\sqrt{5}$$

したがって，三平方の定理により，

$$\left(\frac{\ell}{2}\right)^2=r^2-d^2=3^2-(\sqrt{5})^2=4$$

$\ell>0$ より，　$\dfrac{\ell}{2}=2$

よって，　$\ell=4$

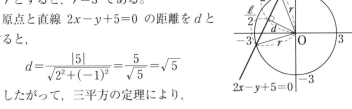

問31 円 $x^2+y^2=13$ 上の点 $(3,-2)$ における接線の方程式を求めよ。

教科書 **p.86**

ガイド

ここがポイント 👉 **[円上の点における接線の方程式]**

円 $x^2+y^2=r^2$ 上の点 (x_1, y_1) における接線の方程式は，

$$x_1x+y_1y=r^2$$

解答 円 $x^2+y^2=13$ 上の点 $(3,-2)$ における接線の方程式は，

$3\cdot x+(-2)\cdot y=13$　　すなわち，　$3x-2y=13$

問32 点 $(3,-1)$ から円 $x^2+y^2=5$ に引いた接線の方程式を求めよ。

教科書 **p.87**

ガイド　接点の座標を $(x_1,\ y_1)$ として接線の方程式を作る。その接線が点 $(3,\ -1)$ を通るような $x_1,\ y_1$ の値を求めればよい。

解答　接点の座標を $(x_1,\ y_1)$ とすると，求める接線の方程式は，

$$x_1 x + y_1 y = 5 \quad \cdots\cdots ①$$

点 $(3,\ -1)$ がこの接線上にあるから，

$$3x_1 - y_1 = 5 \quad \cdots\cdots ②$$

点 $(x_1,\ y_1)$ は円 $x^2 + y^2 = 5$ 上の点でもあるから，

$$x_1{}^2 + y_1{}^2 = 5 \quad \cdots\cdots ③$$

②，③より y_1 を消去すると，

$$x_1{}^2 + (3x_1 - 5)^2 = 5$$
$$10x_1{}^2 - 30x_1 + 20 = 0$$
$$x_1{}^2 - 3x_1 + 2 = 0$$
$$(x_1 - 1)(x_1 - 2) = 0$$

これより，　$x_1 = 1,\ 2$

②より，　$x_1 = 1$ のとき，$y_1 = -2$
　　　　　$x_1 = 2$ のとき，$y_1 = 1$

これらを①に代入すると，求める接線の方程式は，

$$\boldsymbol{x - 2y = 5, \quad 2x + y = 5}$$

問33　円 $x^2 + y^2 - 9 = 0$ と，円 $x^2 + y^2 - 6x + 8y - 39 = 0$ の位置関係を調べよ。

教科書
p.88
- -

ガイド　半径が，それぞれ $r,\ r'$ である 2 つの円 C，C′ の中心間の距離を d とし，$r > r'$ とすると，2 つの円の位置関係には次のような場合がある。

(ア)　互いに外部にある場合
　　　（共有点なし）

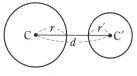

$$d > r + r'$$

(イ)　**外接する**場合
　　　（1 点を共有）

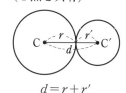

$$d = r + r'$$

(ウ)　2点で交わる場合（2点を共有）　　(エ)　**内接する**場合（1点を共有）　　(オ)　一方が他方の内部にある場合（共有点なし）

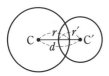

$r-r'<d<r+r'$

$d=r-r'$

$d<r-r'$

解答　円 $x^2+y^2-9=0$ は，中心が点 $(0, 0)$，半径が 3 の円を表す。

円 $x^2+y^2-6x+8y-39=0$ は，$(x-3)^2+(y+4)^2=64$ と変形できるから，中心が点 $(3, -4)$，半径が 8 の円を表す。

2つの円の中心間の距離 d は，　$d=\sqrt{3^2+(-4)^2}=5$

$d=8-3$ であるから，**円 $x^2+y^2-9=0$ は**

円 $x^2+y^2-6x+8y-39=0$ に内接する。

2つの円の位置関係は，円の半径と中心間の距離に注目しよう。

□ **問34**　中心が点 $(2, 1)$ で，円 $x^2+y^2=45$ に内接する円の方程式を求めよ。

教科書 **p.89**

- -

ガイド　2つの円が内接するときの半径を求め，2つの円の中心間の距離についての式を作る。

解答　点 $(2, 1)$ を C とする。

円 $x^2+y^2=45$ の中心は原点 O，半径は $3\sqrt{5}$

2つの円の中心間の距離を d とすると，

$$d=OC=\sqrt{2^2+1^2}=\sqrt{5}$$

求める円の半径を r とすると，

$\sqrt{5}=3\sqrt{5}-r$ より，　$r=2\sqrt{5}$

よって，求める円の方程式は，　$(x-2)^2+(y-1)^2=20$

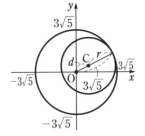

☑ **問35** 次の2つの円の共有点の座標を求めよ。

教科書 **p.89**
$$x^2+y^2=1, \quad x^2+y^2-4x-2y+1=0$$

ガイド 2つの円の方程式の両辺の差をとって，x^2，y^2 の項を消去すると，x，y の1次方程式を作ることができる。この1次方程式と円の方程式のうち一方とを連立させて解く。

解答 $x^2+y^2-1=0$ ……①
$x^2+y^2-4x-2y+1=0$ ……②
とおく。

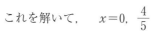

①－②より， $4x+2y-2=0$
すなわち， $y=-2x+1$ ……③
これを①に代入して整理すると，
$$5x^2-4x=0$$
これを解いて， $x=0, \dfrac{4}{5}$
③に代入すると，
$x=0$ のとき，$y=1$ $x=\dfrac{4}{5}$ のとき，$y=-\dfrac{3}{5}$
よって，共有点の座標は， $(0,\ 1)$, $\left(\dfrac{4}{5},\ -\dfrac{3}{5}\right)$

研究 ▷ 2つの図形の共有点を通る図形

☑ **問題1** 2直線 $4x+3y-12=0$，$x-2y-2=0$ の交点と点 $(6,\ 8)$ を通る直線の方程式を求めよ。

教科書 **p.90**

ガイド 2直線の交点を通る直線を $k(4x+3y-12)+x-2y-2=0$ として，$x=6$，$y=8$ を代入する。

解答 k を定数とすると，方程式 $k(4x+3y-12)+x-2y-2=0$ は，2直線 $4x+3y-12=0$，$x-2y-2=0$ の交点を通る直線を表す。
この直線が点 $(6,\ 8)$ を通るから，$k(4\cdot6+3\cdot8-12)+6-2\cdot8-2=0$
これを解いて， $k=\dfrac{1}{3}$
よって，求める直線の方程式は， $\mathbf{7x-3y-18=0}$

問題2 k を定数とするとき，直線 $(k+2)x+(2k-1)y+3k-4=0$ は k の値
に関係なく定点を通る。その定点の座標を求めよ。

教科書
p.90

ガイド k について整理し，k についての恒等式を考える。

解答 $(k+2)x+(2k-1)y+3k-4=0$

$k(x+2y+3)+(2x-y-4)=0$

これが k の値に関係なく成り立つためには，

$$\begin{cases} x+2y+3=0 \\ 2x-y-4=0 \end{cases}$$

これを解いて，　$x=1$，$y=-2$

よって，求める定点の座標は，　　$(1, -2)$

問題3 2つの円 $x^2+y^2+4x-4=0$，$x^2+y^2-4y=0$ は2点で交わっている。

教科書
p.91
このとき，これらの共有点を通る直線の方程式を求めよ。また，2つの円
の共有点と点 $(2, 0)$ を通る円の方程式を求めよ。

ガイド $(x^2+y^2+4x-4)+k(x^2+y^2-4y)=0$ とすると，$k=-1$ のとき，2
つの円の共有点を通る直線，$k\neq-1$ のとき，2つの円の共有点を通
る円を表す。

解答 k を定数として，

$$(x^2+y^2+4x-4)+k(x^2+y^2-4y)=0 \quad \cdots\cdots①$$

とすると，①は2つの円の共有点を通る図形を表す。

　$k=-1$ のとき，①は直線を表すから，①に $k=-1$ を代入して，

　　$4x-4+4y=0$

　よって，求める**直線の方程式**は，

　　　$x+y-1=0$

　$k\neq-1$ のとき，①は円を表す。円①が点 $(2, 0)$ を通るから，①に
$x=2$，$y=0$ を代入して，

　　$8+4k=0$

　したがって，　$k=-2$

　よって，求める**円の方程式**は，

　　　$x^2+y^2-4x-8y+4=0$

節　末　問　題

第2節│円と直線

☐ 1　次の円の方程式を求めよ。

教科書 **p.92**

(1)　点 $(-3,\ -4)$ を中心とし，x 軸に接する円

(2)　中心が第 4 象限にあり，x 軸，y 軸に接する半径 2 の円

(3)　中心が点 $(-2,\ 4)$ で，直線 $x-2y-5=0$ に接する円

(4)　中心が直線 $y=2x+4$ 上にあり，2 点 A$(2,\ 3)$, B$(-2,\ -1)$ を通る円

ガイド　(4)　中心の座標は，$(a,\ 2a+4)$ とおける。

解答　(1)　x 軸に接するから，半径は 4 であ

る。

よって，求める円の方程式は，

$$(x+3)^2+(y+4)^2=16$$

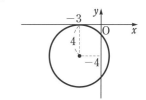

(2)　中心が第 4 象限にあり，x 軸，y

軸に接するから，中心の座標は，半

径を r として，$(r,\ -r)$ とおける。

半径が 2 であるから，　$r=2$

よって，求める円の方程式は，

$$(x-2)^2+(y+2)^2=4$$

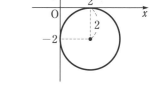

(3)　点 $(-2,\ 4)$ と直線 $x-2y-5=0$ の距離 d は，

$$d=\frac{|(-2)-2\cdot4-5|}{\sqrt{1^2+(-2)^2}}=\frac{|-15|}{\sqrt{5}}=3\sqrt{5}$$

求める円の半径は d に等しいから，求める円の方程式は，

$$(x+2)^2+(y-4)^2=45$$

(4)　中心の座標を，$(a,\ 2a+4)$ とおく。半径を r とすると，求める

円の方程式は，　$(x-a)^2+\{y-(2a+4)\}^2=r^2$　……①

この円が 2 点 A$(2,\ 3)$, B$(-2,\ -1)$ を通るから，

$$(2-a)^2+\{3-(2a+4)\}^2=r^2$$

よって，　$5a^2+5=r^2$　……②

$$(-2-a)^2+\{-1-(2a+4)\}^2=r^2$$

よって，　$5a^2+24a+29=r^2$　……③

②，③より，　$a=-1,\ r^2=10$

①に代入して，　$(x+1)^2+(y-2)^2=10$

☑2
教科書 p.92 方程式 $x^2+y^2+2x+4y+k=0$ が円を表すように，定数kの値の範囲を定めよ。

ガイド $(x-a)^2+(y-b)^2=r$ と変形したときに，$r>0$ となるようにkの値の範囲を定める。

解答 方程式 $x^2+y^2+2x+4y+k=0$ を変形すると，

$$(x+1)^2+(y+2)^2=-k+5$$

この方程式が円を表すのは，$-k+5>0$ のときである。

よって， **$k<5$**

☑3
教科書 p.92 点$(1, 5)$を通る傾きがmの直線と，円 $x^2+y^2-2x-4=0$ が接するときの，mの値と接点の座標を求めよ。

ガイド 接するとき，(円の中心と直線の距離)＝(円の半径) である。

解答 直線の方程式は，

$$y-5=m(x-1) \quad \cdots\cdots①$$

よって， $mx-y-m+5=0$

円の方程式を変形すると，

$$(x-1)^2+y^2=5 \quad \cdots\cdots②$$

これは，中心が点$(1, 0)$，半径が$\sqrt{5}$ の円を表す。

円の中心と直線 $mx-y-m+5=0$
の距離をdとすると，

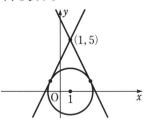

$$d=\frac{|m\cdot1-0-m+5|}{\sqrt{m^2+(-1)^2}}$$

$$=\frac{5}{\sqrt{m^2+1}}$$

円と直線が接するのは，$d=r$ のときであるから，

$$\frac{5}{\sqrt{m^2+1}}=\sqrt{5}$$

これより， $m^2+1=5$

すなわち， $m^2=4$

よって， **$m=\pm2$**

（ⅰ）　**$m=2$ のとき**

　　①より，接線の方程式は，　$y=2x+3$ ……③

　　これを②に代入して整理すると，

　　　$x^2+2x+1=0$

　　これを解いて，　$x=-1$

　　③に代入して，　$y=1$

　　よって，**接点の座標**は，　$(-1,\ 1)$

（ⅱ）　**$m=-2$ のとき**

　　①より，接線の方程式は，　$y=-2x+7$ ……④

　　これを②に代入して整理すると，

　　　$x^2-6x+9=0$

　　これを解いて，　$x=3$

　　④に代入して，　$y=1$

　　よって，**接点の座標**は，　$(3,\ 1)$

参考 m の値は，2次方程式の判別式を利用する方法でも求められる。

別解 直線の方程式は，

　　$y-5=m(x-1)$

よって，　$y=mx-m+5$ ……①

①を円の方程式 $x^2+y^2-2x-4=0$ に代入して整理すると，

　　$(m^2+1)x^2-2(m^2-5m+1)x+(m-3)(m-7)=0$ ……②

円と直線が接するのは，x についての2次方程式②が重解をもつときであるから，②の判別式をDとすると，

　　$\dfrac{D}{4}=\{-(m^2-5m+1)\}^2-(m^2+1)(m-3)(m-7)=0$

これより，　$5m^2-20=0$

すなわち，　$m^2=4$

よって，　$m=\pm2$

計算が大変だね。

第2章 図形と方程式

☑ **4**
教科書
p.92
　円 $x^2+y^2=5$ と直線 $y=-2x+a$ の共有点の個数は，定数 a の値によってどのように変わるか。

ガイド　円と直線の方程式から y を消去して得られる2次方程式の判別式を利用する。

解答　連立方程式
$$\begin{cases} x^2+y^2=5 & \cdots\cdots① \\ y=-2x+a & \cdots\cdots② \end{cases}$$
において，②を①に代入して整理すると，
$$5x^2-4ax+a^2-5=0 \quad \cdots\cdots③$$
③の判別式を D とすると，
$$\frac{D}{4}=(-2a)^2-5(a^2-5)=-a^2+25 \quad \cdots\cdots④$$

（ⅰ）$D>0$ のとき
　　④より，$-a^2+25>0$　　すなわち，　$a^2-25<0$
　　よって，　$-5<a<5$

（ⅱ）$D=0$ のとき
　　④より，$-a^2+25=0$　　すなわち，　$a^2-25=0$
　　よって，$a=\pm5$

（ⅲ）$D<0$ のとき
　　④より，$-a^2+25<0$　　すなわち，　$a^2-25>0$
　　よって，　$a<-5,\ 5<a$

（ⅰ）〜（ⅲ）より，共有点の個数は，

　　$-5<a<5$ のとき，2個

　　$a=\pm5$ のとき，1個

　　$a<-5,\ 5<a$ のとき，0個

参考　この問題は，円の中心と直線の距離と円の半径の大小を考える方法でも解ける。

別解　直線の方程式を変形すると，
$$2x+y-a=0$$
円 $x^2+y^2=5$ の中心は原点Oで，半径を r とすると，$r=\sqrt{5}$ である。
原点と直線 $2x+y-a=0$ の距離を d とすると，
$$d=\frac{|-a|}{\sqrt{2^2+1^2}}=\frac{|a|}{\sqrt{5}} \quad \cdots\cdots①$$

(i) $d<r$ のとき

①より，$\dfrac{|a|}{\sqrt{5}}<\sqrt{5}$　　すなわち，　$|a|<5$

よって，　$-5<a<5$

(ii) $d=r$ のとき

①より，$\dfrac{|a|}{\sqrt{5}}=\sqrt{5}$　　すなわち，　$|a|=5$

よって，　$a=\pm 5$

(iii) $d>r$ のとき

①より，$\dfrac{|a|}{\sqrt{5}}>\sqrt{5}$　　すなわち，　$|a|>5$

よって，　$a<-5,\ 5<a$

(i)〜(iii)より，共有点の個数は，

　　$-5<a<5$ **のとき，　2個**

　　$a=\pm 5$ **のとき，　1個**

　　$a<-5,\ 5<a$ **のとき，　0個**

□**5**　直線 $y=x+k$ が円 $x^2+y^2=9$ によって切り取られる線分の長さが 2 のとき，定数 k の値を求めよ。

ガイド　円の中心，すなわち，原点と直線の距離を d，円の半径を r とすると，$1^2=r^2-d^2$ が成り立つ。

解答　直線の方程式を変形すると，

　　$x-y+k=0$

円の中心 $(0,\ 0)$ と直線 $x-y+k=0$
の距離を d とすると，

$$d=\frac{|k|}{\sqrt{1^2+(-1)^2}}=\frac{|k|}{\sqrt{2}}$$

円の半径を r とすると，　$r=3$

したがって，三平方の定理により，

$$1^2=r^2-d^2=9-\frac{k^2}{2}$$

$$k^2=16$$

よって，　$k=\pm 4$

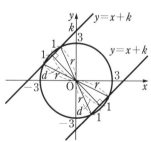

6

教科書
p.92

点 $(7, 1)$ から円 $x^2+y^2=25$ に引いた2つの接線の接点を A, B とするとき，直線 AB の方程式を求めよ。

ガイド　接点の座標を (x_1, y_1) として接線の方程式を作る。その接線が点 $(7, 1)$ を通るような x_1, y_1 の値を求め，直線 AB の方程式を求める。

解答　接点の座標を (x_1, y_1) とすると，接線の方程式は，

$$x_1x+y_1y=25$$

点 $(7, 1)$ がこの接線上にあるから，

$$7x_1+y_1=25 \quad \cdots\cdots①$$

点 (x_1, y_1) は円 $x^2+y^2=25$ 上の点でもあるから，

$$x_1{}^2+y_1{}^2=25 \quad \cdots\cdots②$$

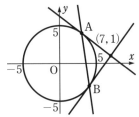

①，②より，y_1 を消去すると，

$$x_1{}^2+(25-7x_1)^2=25$$
$$50x_1{}^2-350x_1+600=0$$
$$x_1{}^2-7x_1+12=0$$
$$(x_1-3)(x_1-4)=0$$

したがって，　$x_1=3, 4$

①より，

$x_1=3$ のとき，$y_1=4$

$x_1=4$ のとき，$y_1=-3$

よって，A(3, 4)，B(4, -3) とおける。

直線 AB の方程式は，

$$y-4=\frac{-3-4}{4-3}(x-3)$$

よって，　**$7x+y=25$**

接点の座標と円の方程式から，接線の方程式が簡単に求められるね。

□ **7**

教科書 **p.92**

$a>0$ とする。2つの円 $(x-a)^2+y^2=a^2$, $x^2+(y-6)^2=9$ が接するとき，定数 a の値を求めよ。

ガイド　2つの円の中心間の距離と半径から考える。

解答▶　円 $(x-a)^2+y^2=a^2$ は，中心が点 $(a, 0)$, 半径が a の円を表す。
円 $x^2+(y-6)^2=9$ は，中心が点 $(0, 6)$, 半径が3の円を表す。
2つの円の中心間の距離 d は，

$$d=\sqrt{(0-a)^2+(6-0)^2}$$
$$=\sqrt{a^2+36}$$

円 $(x-a)^2+y^2=a^2$ は y 軸に接し，さらに点 $(a, 0)$ は円 $x^2+(y-6)^2=9$ の外部にあるから，2つの円が内接することはない。

外接するときは，

$$\sqrt{a^2+36}=a+3$$

両辺を2乗して，

$$a^2+36=(a+3)^2$$

これを解いて，　$a=\dfrac{9}{2}$

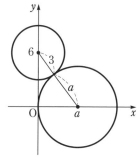

「2つの円が接する」は内接と外接の2通りあるよ。本書 p.101〜102 の図で確認しよう。

第 2 章　図形と方程式

第3節 軌跡と領域

1 軌跡

教科書
p.93

□ **問36** 2点 A(4, 0), B(0, 2) に対して，次の条件を満たす点Pの軌跡を求めよ。

(1) $AP^2 - BP^2 = 2$ 　　　　　　　　(2) $AP^2 + BP^2 = 12$

- -

ガイド 点Pの座標を (x, y) とおいて，点Pについての条件を x, y の式で表し，図形の方程式を求める。

解答 (1) 点Pの座標を (x, y) とする。

$AP^2 - BP^2 = 2$ であるから，

$$\{(x-4)^2 + y^2\} - \{x^2 + (y-2)^2\} = 2 \quad \cdots\cdots ①$$

整理すると，

$$4x - 2y - 5 = 0 \quad \cdots\cdots ②$$

よって，点Pは直線 $4x - 2y - 5 = 0$ 上にある。

逆に，直線 $4x - 2y - 5 = 0$ 上の任意の点Pは，②を満たすから①を満たす。

よって，条件 $AP^2 - BP^2 = 2$ を満たす。

以上より，点Pの軌跡は，**直線 $4x - 2y - 5 = 0$** である。

(2) 点Pの座標を (x, y) とする。

$AP^2 + BP^2 = 12$ であるから，

$$\{(x-4)^2 + y^2\} + \{x^2 + (y-2)^2\} = 12 \quad \cdots\cdots ③$$

整理すると，

$$x^2 + y^2 - 4x - 2y + 4 = 0$$
$$(x-2)^2 + (y-1)^2 = 1 \quad \cdots\cdots ④$$

よって，点Pは円 $(x-2)^2 + (y-1)^2 = 1$ 上にある。

逆に，円 $(x-2)^2 + (y-1)^2 = 1$ 上の任意の点Pは，④を満たすから③を満たす。

よって，条件 $AP^2 + BP^2 = 12$ を満たす。

以上より，点Pの軌跡は，**円 $(x-2)^2 + (y-1)^2 = 1$** である。

参考 手順を逆にたどると成り立つことが明らかなときは，「逆に，……」を省略してもよい。

問37 2点 A$(1,\ 0)$, B$(6,\ 0)$ からの距離の比が $2:3$ である点Pの軌跡を求めよ。

教科書
p.94

ガイド 一般に，2定点 A，B からの距離の比が $m:n$ である点Pの軌跡は，$m \neq n$ のとき，線分 AB を $m:n$ に内分する点と外分する点を直径の両端とする円である。

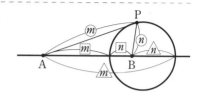

　　この円を**アポロニウスの円**という。

　　なお，$m=n$ のときは，点Pの軌跡は，2定点 A，B を結ぶ線分 AB の垂直二等分線である。

解答 点Pの座標を $(x,\ y)$ とする。

AP : BP$=2:3$　すなわち，

$3\mathrm{AP}=2\mathrm{BP}$ であるから，

　　$9\mathrm{AP}^2=4\mathrm{BP}^2$

　　$9\{(x-1)^2+y^2\}=4\{(x-6)^2+y^2\}$

整理すると，

　　$x^2+6x+y^2-27=0$

したがって，　$(x+3)^2+y^2=36$

よって，点Pの軌跡は，円 $(x+3)^2+y^2=36$ である。

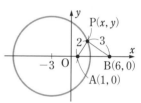

参考 アポロニウスの円を利用して解くこともできる。

別解 線分 AB を $2:3$ に，

内分する点の座標は，$\left(\dfrac{3\times1+2\times6}{2+3},\ \dfrac{3\times0+2\times0}{2+3} \right)$ より，　$(3,\ 0)$

外分する点の座標は，$\left(\dfrac{(-3)\times1+2\times6}{2-3},\ \dfrac{(-3)\times0+2\times0}{2-3} \right)$ より，

　　$(-9,\ 0)$

条件より，点Pの軌跡は，この2点を直径の両端とする円である。したがって，

　　中心 $\left(\dfrac{3-9}{2},\ \dfrac{0+0}{2} \right)$，すなわち，　$(-3,\ 0)$

　　半径 $\dfrac{1}{2}\{3-(-9)\}=6$

よって，点Pの軌跡は，円 $(x+3)^2+y^2=36$ である。

☑ **問38** 点Qが円 $(x-6)^2+y^2=9$ 上を動くとき，原点Oと Qを結ぶ線分 OQ
教科書 **p.95** を 2：1 に内分する点Pの軌跡を求めよ。

- -

ガイド 点Pの座標を (x, y)，点Qの座標を (s, t) とおく。点Pが線分 OQ を 2：1 に内分することから，x, y, s, t の関係式を導き，点Pの軌跡を表す方程式を求める。

解答 点Pの座標を (x, y)，点Qの座標を (s, t) とおく。

Qは円 $(x-6)^2+y^2=9$ 上にあるから，

$$(s-6)^2+t^2=9 \quad \cdots\cdots①$$

Pは線分 OQ を 2：1 に内分する点であるから，

$$x=\frac{1\times0+2\times s}{2+1}=\frac{2}{3}s, \qquad y=\frac{1\times0+2\times t}{2+1}=\frac{2}{3}t$$

この式を s, t について解くと，

$$s=\frac{3}{2}x, \qquad t=\frac{3}{2}y$$

これらを①に代入して，

$$\left(\frac{3}{2}x-6\right)^2+\left(\frac{3}{2}y\right)^2=9$$

$$(x-4)^2+y^2=4$$

よって，点Pの軌跡は，**円 $(x-4)^2+y^2=4$** である。

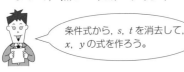

条件式から，s, t を消去して，
x, y の式を作ろう。

2 不等式の表す領域

☑ **問39** 次の不等式の表す領域を図示せよ。

教科書 **p.97**
(1) $y>-x+2$ 　　　(2) $3x+4y\leqq1$ 　　　(3) $5x-2y-3\leqq0$

- -

ガイド 一般に，x, y についての不等式を満たす点 (x, y) 全体の集合を，その不等式の表す**領域**という。

ここがポイント ☞ **[$y>mx+n$, $y<mx+n$ の表す領域]**

不等式 $y>mx+n$ の表す領域は,
　直線 $y=mx+n$ の上側
不等式 $y<mx+n$ の表す領域は,
　直線 $y=mx+n$ の下側

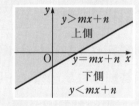

$y\geqq mx+n$ の表す領域は, $y>mx+n$ の表す領域と直線 $y=mx+n$ を合わせたもので, 境界線を含む領域になる。

この問題では, $y>mx+n$ または $y<mx+n$ の形に変形して, 境界線を求める。境界線を含むか, 含まないかについても答える。

解答▶ (1) 与えられた不等式は, 直線 $y=-x+2$ の上側の領域を表す。

　　よって, 求める領域は右の図の斜線部分で, 境界線を含まない。

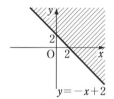

(2) 与えられた不等式は, $y\leqq-\dfrac{3}{4}x+\dfrac{1}{4}$ と変形できるから, 直線 $y=-\dfrac{3}{4}x+\dfrac{1}{4}$ とその下側の領域を表す。

　　よって, 求める領域は右の図の斜線部分で, 境界線を含む。

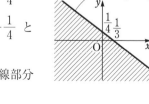

(3) 与えられた不等式は, $y\geqq\dfrac{5}{2}x-\dfrac{3}{2}$ と変形できるから, 直線 $y=\dfrac{5}{2}x-\dfrac{3}{2}$ とその上側の領域を表す。

　　よって, 求める領域は右の図の斜線部分で, 境界線を含む。

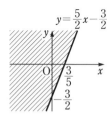

求める領域が境界線を含むかどうかもきちんと書こう。

☐ **問40** 次の不等式の表す領域を図示せよ。

教科書 **p.97**

(1) $x \leqq -1$　　　　(2) $2x+3>0$　　　　(3) $y \geqq 0$

ガイド (2) 与えられた不等式を，$x > -\dfrac{3}{2}$ と変形する。

解答 (1) 与えられた不等式の表す領域は，y の値が何であっても x の値が -1 以下の点 (x, y) の集合で，直線 $x=-1$ とその左側にある点全体である。

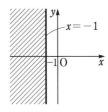

よって，求める領域は右の図の斜線部分で，境界線を含む。

(2) 与えられた不等式は，$x > -\dfrac{3}{2}$ と変形できるから，与えられた不等式の表す領域は，y の値が何であっても x の値が $-\dfrac{3}{2}$ より大きい点 (x, y) の集合で，直線 $x=-\dfrac{3}{2}$ の右側にある点全体である。

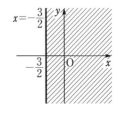

よって，求める領域は右上の図の斜線部分で，境界線を含まない。

(3) 与えられた不等式の表す領域は，x の値が何であっても y の値が 0 以上の点 (x, y) の集合で，直線 $y=0$ とその上側にある点全体である。

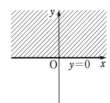

よって，求める領域は右の図の斜線部分で，境界線を含む。

参考 不等式の表す領域が境界線のどちら側になるかは，境界線上にない適当な1点の座標をもとの不等式に代入してみて，不等式が成り立つかどうかで確認することができる。

例えば，(3)では，点 $(0, 1)$ や点 $(0, -1)$ が領域内にあるかどうかを，不等式 $y \geqq 0$ に代入して考えてみるとよい。

☑ **問41**　次の図の斜線部分を不等式を用いて表せ。ただし，境界線は直線である。

教科書
p.97

(1)
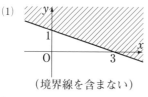
（境界線を含まない）

(2)
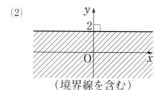
（境界線を含む）

ガイド　まず，境界線を表す方程式を求め，斜線部分が境界線のどちら側にあるかを考えて不等式の不等号の向きを決める。

解答　(1)　境界線は，x 切片が 3，y 切片が 1 の直線であるから，その方程式は，

$$\frac{x}{3}+\frac{y}{1}=1$$

すなわち，　$y=-\dfrac{1}{3}x+1$　……①

斜線部分はこの直線の上側で，境界線を含まないから，求める不等式は，

$$y>-\frac{1}{3}x+1$$

(2)　境界線は，点 $(0, 2)$ を通り，x 軸に平行な直線であるから，その方程式は，

$$y=2$$

斜線部分はこの直線の下側で，境界線を含むから，求める不等式は，

$$y\leqq 2$$

参考　不等式の不等号の向きは，領域に含まれる点の座標を，境界線を表す方程式に代入して決めることもできる。

(1)では，斜線部分に含まれる点 $(0, 2)$ の座標を①の左辺と右辺に代入すると，

左辺 $=2$

右辺 $=-\dfrac{1}{3}\cdot 0+1=1<2$

したがって，左辺＞右辺　となる。

よって，　$y>-\dfrac{1}{3}x+1$

☑ **問42** 次の不等式の表す領域を図示せよ。

教科書
p.98　(1)　$y > 4 - x^2$　　　　　　(2)　$y \leqq x^2 - 2x$

ガイド　一般に，境界線が曲線 $y = f(x)$ のとき，次のことが成り立つ。

　不等式 $y > f(x)$ の表す領域は，曲線 $y = f(x)$ の上側の部分である。

　不等式 $y < f(x)$ の表す領域は，曲線 $y = f(x)$ の下側の部分である。

　(2)　右辺を平方完成して放物線をかく。

解答　(1)　与えられた不等式の表す領域は，放物線
$$y = 4 - x^2$$
の上側の部分であり，図示すると右の図の斜線部分で，境界線を含まない。

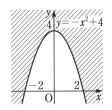

　(2)　与えられた不等式は，
$$y \leqq (x-1)^2 - 1$$
と変形できるから，放物線
$$y = (x-1)^2 - 1$$
とその下側の部分であり，図示すると右の図の斜線部分で，境界線を含む。

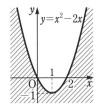

☑ **問43** 次の不等式の表す領域を図示せよ。

教科書
p.99　(1)　$x^2 + y^2 > 6x$　　　　　　(2)　$x^2 + y^2 + 4x - 6y \leqq 0$

ガイド

ここがポイント 👉 **[$(x-a)^2 + (y-b)^2 < r^2$, $(x-a)^2 + (y-b)^2 > r^2$ の表す領域]**

　円 $(x-a)^2 + (y-b)^2 = r^2$ を C とする。

　　不等式 $(x-a)^2 + (y-b)^2 < r^2$ の表す領域は，円 C の内部

　　不等式 $(x-a)^2 + (y-b)^2 > r^2$ の表す領域は，円 C の外部

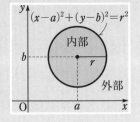

解答▶ (1) 与えられた不等式は,

$$(x-3)^2+y^2>9$$

と変形できるから,

円 $(x-3)^2+y^2=9$

の外部の領域を表す。

よって，求める領域は右の図の斜線部分で，境界線を含まない。

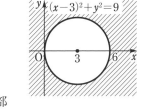

(2) 与えられた不等式は,

$$(x+2)^2+(y-3)^2\leqq13$$

と変形できるから,

円 $(x+2)^2+(y-3)^2=13$

とその内部の領域を表す。

よって，求める領域は右の図の斜線部分で，境界線を含む。

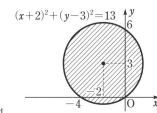

☐ **問44**

教科書
p.99

連立不等式 $\begin{cases} 3x+2y-9<0 \\ x-y+2>0 \end{cases}$ の表す領域を図示せよ。

ガイド いくつかの不等式を同時に満たす点全体の集合を，その**連立不等式の表す領域**という。この領域は，各不等式の満たす領域の共通部分である。

この問題では，$3x+2y-9<0$ の表す領域Aと $x-y+2>0$ の表す領域Bの共通部分 $A\cap B$ を図示する。

解答▶ $\begin{cases} 3x+2y-9<0 & \cdots\cdots① \\ x-y+2>0 & \cdots\cdots② \end{cases}$

とおく。

①，②の表す領域をそれぞれ A，B とおくと，求める領域はAとBの共通部分である。

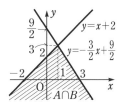

①は，$y<-\dfrac{3}{2}x+\dfrac{9}{2}$，②は，$y<x+2$ と変形できるから，求める領域は右上の図の斜線部分で，境界線を含まない。

│参考│　右の図のように，A は

$y=-\dfrac{3}{2}x+\dfrac{9}{2}$ の下側，

B は $y=x+2$ の下側に

あることを示している。

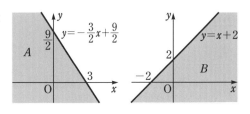

　　よって，求める領域は，

これら2つの領域の共通部分すなわち，本問の解答の図の斜線部分に

なる。

問45　次の連立不等式の表す領域を図示せよ。

教科書
p.100　(1) $\begin{cases} x+y-2>0 \\ x^2+y^2>9 \end{cases}$ 　　　　(2) $\begin{cases} x^2+y^2-6x+5\leqq0 \\ x+y\leqq5 \end{cases}$

- -

ガイド　求める領域が1つの境界線に関して上側なのか下側なのか，または

内部なのか外部なのかを考える。

│解答│　(1)　$x+y-2>0$ は，$y>-x+2$

と変形できるから，求める領域

は，

　　直線 $y=-x+2$ の上側，

　　円 $x^2+y^2=9$ の外部

の共通部分，すなわち，右の図の斜

線部分で，境界線を含まない。

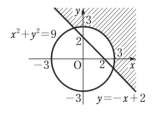

(2)　$x^2+y^2-6x+5\leqq0$ は，

$(x-3)^2+y^2\leqq4$，$x+y\leqq5$ は，

$y\leqq-x+5$ と変形できるから，求

める領域は，

　　円 $(x-3)^2+y^2=4$ とその内部，

　　直線 $y=-x+5$ とその下側

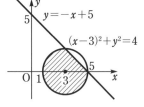

の共通部分，すなわち，右上の図の斜線部分で，境界線を含む。

円の領域は，半径より
大きいか小さいかで，外部
か内部かが決まるね。

☐ **問46** 次の不等式の表す領域を図示せよ。

教科書 **p.100**

(1) $(3x-2y)(x+y+5)>0$　　　(2) $(x^2+y^2-4)(x+y-2)\leqq 0$

ガイド $AB>0$ は，$A>0$ かつ $B>0$，または，$A<0$ かつ $B<0$ である。

解答 (1) 与えられた不等式が成り立つことは，

$$\begin{cases} 3x-2y>0 \\ x+y+5>0 \end{cases} \quad \text{または} \quad \begin{cases} 3x-2y<0 \\ x+y+5<0 \end{cases}$$

が成り立つことと同じである。

よって，求める領域は，この2つの連立不等式の表す領域を合わせたもの，すなわち，右の図の斜線部分で，境界線を含まない。

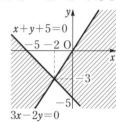

(2) 与えられた不等式が成り立つことは，

$$\begin{cases} x^2+y^2-4\leqq 0 \\ x+y-2\leqq 0 \end{cases} \quad \text{または} \quad \begin{cases} x^2+y^2-4\leqq 0 \\ x+y-2\geqq 0 \end{cases}$$

が成り立つことと同じである。

よって，求める領域は，この2つの連立不等式の表す領域を合わせたもの，すなわち，右の図の斜線部分で，境界線を含む。

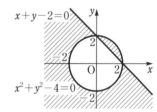

$AB>0$ のとき，「$A>0$ かつ $B>0$」だけでは不十分だね。

☐ **問47** 連立不等式 $x+2y\leqq 8$，$3x+y\leqq 9$，$x\geqq 0$，$y\geqq 0$ の表す領域 D 内を点

教科書 **p.101**

$\mathrm{P}(x,\ y)$ が動くとき，次の式の最大値と最小値を求めよ。

(1) $2x+y$　　　(2) $-x+3y$

ガイド (1)では，$2x+y=k$，(2)では，$-x+3y=k$ とおき，これらの直線が領域 D と共有点をもつような k の値の範囲を，それぞれ調べる。

解答 領域 D は，4点 $(0,\ 0)$，$(3,\ 0)$，$(2,\ 3)$，$(0,\ 4)$ を頂点とする四角形の周とその内部である。

(1) $2x+y=k$ ……①

とおくと，①は傾き -2，y 切片 k の直線を表す。

右の図より，この直線が領域 D と共有点をもつとき，k の値が最大になるのは，点 $(2,3)$ を通るときであり，最小になるのは，点 $(0,0)$ を通るときである。

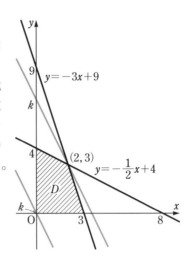

よって，$2x+y$ は，$x=2$，$y=3$ のとき，最大値 7，

$x=0$，$y=0$ のとき，最小値 0 をとる。

(2) $-x+3y=k$ ……②

とおくと，②は傾き $\dfrac{1}{3}$，y 切片

$\dfrac{k}{3}$ の直線を表す。

右の図より，この直線が領域 D と共有点をもつとき，k の値が最大になるのは，点 $(0,4)$ を通るときであり，最小になるのは，点 $(3,0)$ を通るときである。

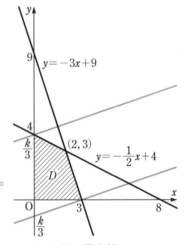

よって，$-x+3y$ は，$x=0$，$y=4$ のとき，最大値 12，

$x=3$，$y=0$ のとき，最小値 -3 をとる。

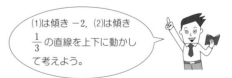

(1)は傾き -2，(2)は傾き $\dfrac{1}{3}$ の直線を上下に動かして考えよう。

第
2
章

図形と方程式

□ **問48** 実数 x, yについて，$x^2+y^2\leqq1$ ならば，$x+y\leqq\sqrt{2}$ であることを

教科書
p.102 証明せよ。

ガイド 命題「pならばq」について，

条件pを満たすもの全体の集合をP

条件qを満たすもの全体の集合をQ

とすると，次のことが成り立つ。

ここがポイント 🖒

「pならばq」が真である。$\Longleftrightarrow$ $P\subset Q$

この問題では，$x^2+y^2\leqq1$ の表す領域Pと，$x+y\leqq\sqrt{2}$ の表す領域Qについて，$P\subset Q$ を示せばよい。

解答 不等式

$$x^2+y^2\leqq1$$

の表す領域をPとすると，Pは，中心が原点，半径が1の円とその内部である。

不等式

$$x+y\leqq\sqrt{2}$$

の表す領域をQとすると，Qは，直線 $x+y-\sqrt{2}=0$ とその下側である。

円の中心，すなわち，原点と直線の距離は，

$$\frac{|-\sqrt{2}|}{\sqrt{1^2+1^2}}=\frac{|\sqrt{2}|}{\sqrt{2}}=1$$

であるから，円と直線は接している。

領域P，Qは右上の図のようになり，$P\subset Q$ が成り立つ。

よって，$x^2+y^2\leqq1$ ならば，$x+y\leqq\sqrt{2}$ である。

円と直線の位置関係は，原点Oと直線の距離を求めて考えるとわかりやすいよ。

研 究 〉 絶対値を含む不等式の表す領域

問題1 不等式 $y<|x+1|$ の表す領域を図示せよ。

教科書
p.103

ガイド $x+1$ が 0 以上のときと負のときで場合分けをする。

解答 (i) $x+1\geqq0$ すなわち,

$x\geqq-1$ のとき,

与えられた不等式は, $y<x+1$

(ii) $x+1<0$ すなわち,

$x<-1$ のとき,

与えられた不等式は, $y<-x-1$

よって, 与えられた不等式の表す領域は

右の図の斜線部分で, 境界線を含まない。

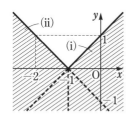

問題2 不等式 $|x|+2|y|\leqq1$ の表す領域を図示せよ。

教科書
p.103

ガイド 絶対値記号の中の x と y の正負によって, 4つの場合に分ける。

解答 (i) $x\geqq0$ かつ $y\geqq0$ のとき,

$x+2y\leqq1$ すなわち, $y\leqq-\dfrac{1}{2}x+\dfrac{1}{2}$

(ii) $x<0$ かつ $y\geqq0$ のとき,

$-x+2y\leqq1$ すなわち, $y\leqq\dfrac{1}{2}x+\dfrac{1}{2}$

(iii) $x<0$ かつ $y<0$ のとき,

$-x-2y\leqq1$ すなわち, $y\geqq-\dfrac{1}{2}x-\dfrac{1}{2}$

(iv) $x\geqq0$ かつ $y<0$ のとき,

$x-2y\leqq1$

すなわち, $y\geqq\dfrac{1}{2}x-\dfrac{1}{2}$

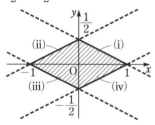

よって, 与えられた不等式の表す領域

は右の図の斜線部分で, 境界線を含む。

節末問題

第3節｜軌跡と領域

1
教科書
p.104

　3点 $A(1,\ 0)$, $B(-2,\ 3)$, $C(-5,\ -3)$ が与えられているとき，条件 $AP^2+BP^2=2CP^2$ を満たす点Pの軌跡を求めよ。

ガイド　点Pの座標を $(x,\ y)$ とおいて，点Pについての条件を $x,\ y$ の式で表し，図形の方程式を求める。

解答　点Pの座標を $(x,\ y)$ とする。
$$AP^2=(x-1)^2+y^2$$
$$BP^2=\{x-(-2)\}^2+(y-3)^2=(x+2)^2+(y-3)^2$$
$$CP^2=\{x-(-5)\}^2+\{y-(-3)\}^2=(x+5)^2+(y+3)^2$$
である。

　$AP^2+BP^2=2CP^2$ であるから，
$$\{(x-1)^2+y^2\}+\{(x+2)^2+(y-3)^2\}=2\{(x+5)^2+(y+3)^2\}$$
$$\cdots\cdots\text{①}$$

　整理すると，　$x+y+3=0$　$\cdots\cdots$②

　よって，点Pは直線 $x+y+3=0$ 上にある。

　逆に，直線 $x+y+3=0$ 上の任意の点Pは，②を満たすから①を満たす。

　よって，条件 $AP^2+BP^2=2CP^2$ を満たす。

　以上より，点Pの軌跡は，**直線 $x+y+3=0$** である。

2
教科書
p.104

　点 $A(0,\ 2)$ を通り，x 軸に接する円の中心Pの軌跡を求めよ。

ガイド　点Pから x 軸に下ろした垂線を PH とすると，PH＝AP である。点Pの座標を $(x,\ y)$ として，この条件を用いる。

解答　円の中心Pの座標を $(x,\ y)$，点Pから x 軸に下ろした垂線を PH とする。

　PH＝AP であるから，
$$|y|=\sqrt{(x-0)^2+(y-2)^2}$$
$$y^2=x^2+(y-2)^2$$

　整理すると，　$x^2-4y+4=0$

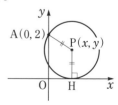

したがって，　$y = \dfrac{1}{4}x^2 + 1$

よって，点Pの軌跡は，**放物線** $y = \dfrac{1}{4}x^2 + 1$ である。

☑3 2点 A(6, 0)，B(0, 9) があり，点Qが円 $x^2 + y^2 = 4$ 上を動くとき，
教科書 **p.104** △QAB の重心Pの軌跡を求めよ。

ガイド 点Pの座標を (x, y)，点Qの座標を (s, t) とおく。点Pが △QAB の重心であることから，x, y を s, t を用いて表す。

解答 点Pの座標を (x, y)，点Qの座標を (s, t)
とおく。

Qは円 $x^2 + y^2 = 4$ 上にあるから，
$$s^2 + t^2 = 4 \quad \cdots\cdots ①$$
Pは △QAB の重心であるから，
$$x = \frac{s + 6 + 0}{3}, \qquad y = \frac{t + 0 + 9}{3}$$
この式を s, t について解くと，
$$s = 3x - 6, \qquad t = 3y - 9$$
これらを①に代入して，
$$(3x - 6)^2 + (3y - 9)^2 = 4$$
$$(x - 2)^2 + (y - 3)^2 = \frac{4}{9}$$

よって，点Pの軌跡は，**円** $(x - 2)^2 + (y - 3)^2 = \dfrac{4}{9}$ である。

⚠注意 直線 AB 上に点Qは存在しないから，除外する点はない。

参考 得られた点Pの軌跡の円
$$(x - 2)^2 + (y - 3)^2 = \frac{4}{9}$$
の中心は，△OAB の重心となっている。

点Pの軌跡は，△OAB の重心を中心とし，半径が定円 $x^2 + y^2 = 4$
の半径の $\dfrac{1}{3}$，すなわち，半径が $\dfrac{2}{3}$ の円である，といえる。

☑ **4** 2点 A$(-2, -4)$, B$(1, 2)$ が与えられているとき，次の条件を満たす点Pの存在範囲を図示せよ。

教科書 **p.104**

(1) $AP^2>BP^2$　　　　　　　　　(2) $4AP^2<BP^2$

ガイド 点Pの座標を (x, y) として，与えられた条件から x, y が満たす不等式を求める。

解答 点Pの座標を (x, y) とする。

(1) $AP^2>BP^2$ であるから，

$(x+2)^2+(y+4)^2>(x-1)^2+(y-2)^2$

整理すると，　$2x+4y+5>0$

よって，点Pの存在範囲は右の図の斜線部分で，境界線を含まない。

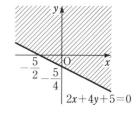

(2) $4AP^2<BP^2$ であるから，

$4\{(x+2)^2+(y+4)^2\}<(x-1)^2+(y-2)^2$

整理すると，　$(x+3)^2+(y+6)^2<20$

よって，点Pの存在範囲は，下の図の斜線部分で，境界線を含まない。

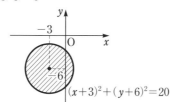

境界線を含むかどうかを必ず書こう。

☑ **5** 次の不等式の表す領域を図示せよ。

教科書 **p.104**

(1) $x^2<y<x$　　　　　　　　　(2) $4\leqq x^2+y^2\leqq 9$

ガイド (1) $x^2<y$ かつ $y<x$ の表す領域を求める。

(2) $4\leqq x^2+y^2$ かつ $x^2+y^2\leqq 9$ の表す領域を求める。

解答▶ (1) $x^2 < y$ は，$y > x^2$ と変形できるから，求める領域は，

放物線 $y = x^2$ の上側，

直線 $y = x$ の下側

の共通部分，すなわち，下の図の斜線部分で，境界線を含まない。

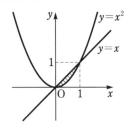

(2) $4 \leqq x^2 + y^2$ は，$x^2 + y^2 \geqq 4$ と変形で

きるから，求める領域は，

円 $x^2 + y^2 = 4$ とその外側，

円 $x^2 + y^2 = 9$ とその内側

の共通部分，すなわち，右の図の斜線

部分で，境界線を含む。

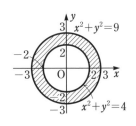

参考▶ (2)は単純に「半径が2の円と半径が3の円の間」と考えてもよい。

> $A < B < C$ は，「$A < B$ かつ $B < C$」と考え，それぞれの不等式の表す領域の共通部分を求めよう。

☑ **6** 次の図の斜線部分を不等式を用いて表せ。ただし，放物線 $y = x^2$ 以

教科書
p.104 外の境界線は直線である。

(1)

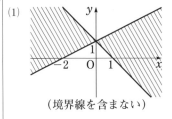

（境界線を含まない）

(2)

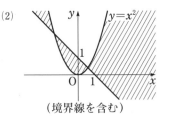

（境界線を含む）

ガイド　図より，境界線の直線を表す方程式を求め，斜線部分を表す不等式を考える。

解答▶　(1)　右の図のように，直線①，②，領域 P，Q を定めると，

直線①の方程式は，　$y=-x+1$，

直線②の方程式は，　$y=\dfrac{1}{2}x+1$

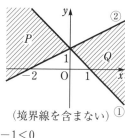

(境界線を含まない)①

領域 P を表す連立不等式は，

$$\begin{cases} y<-x+1 \\ y>\dfrac{1}{2}x+1 \end{cases} \quad \text{すなわち,} \quad \begin{cases} x+y-1<0 \\ x-2y+2<0 \end{cases}$$

領域 Q を表す連立不等式は，

$$\begin{cases} y>-x+1 \\ y<\dfrac{1}{2}x+1 \end{cases} \quad \text{すなわち,} \quad \begin{cases} x+y-1>0 \\ x-2y+2>0 \end{cases}$$

問題の領域は P または Q であるから，求める不等式は，

$$(\boldsymbol{x+y-1})(\boldsymbol{x-2y+2})>0$$

(2)　右の図のように，領域 P，Q を定める。境界線の直線の方程式は，

$$y=-x+1$$

(境界線を含む)

領域 P を表す連立不等式は，

$$\begin{cases} y\leqq-x+1 \\ y\geqq x^2 \end{cases}$$

すなわち，

$$\begin{cases} x+y-1\leqq0 \\ y-x^2\geqq0 \end{cases}$$

領域 Q を表す連立不等式は，

$$\begin{cases} y\geqq-x+1 \\ y\leqq x^2 \end{cases}$$

すなわち，

$$\begin{cases} x+y-1\geqq0 \\ y-x^2\leqq0 \end{cases}$$

問題の領域は，P または Q であるから，求める不等式は，

$$(\boldsymbol{x+y-1})(\boldsymbol{y-x^2})\leqq0$$

第2章　図形と方程式

□ **7**

教科書
p.104

次の連立不等式の表す領域を D とする。点 $\mathrm{P}(x,\ y)$ がこの領域 D 内を動くとき，$x-y$ の最大値と最小値を求めよ。

$$2x-y \geqq 0, \qquad x+y \leqq 6, \qquad y \geqq 0$$

ガイド　領域 D は，3つの直線 $2x-y=0$，$x+y=6$，$y=0$ で囲まれる三角形の周とその内部である。$x-y=k$ とおき，この直線と領域 D が共有点をもつような k の値の範囲を調べる。

解答　領域 D は，3点 $(0,\ 0)$，$(6,\ 0)$，$(2,\ 4)$ を頂点とする三角形の周とその内部である。

$$x-y=k \quad \cdots\cdots ①$$

とおくと，①は傾き 1，y 切片 $-k$ の直線を表す。

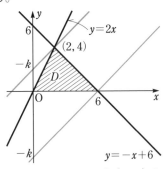

右の図より，この直線が領域 D と共有点をもつとき，k の値が最大になるのは，点 $(6,\ 0)$ を通るときであり，最小になるのは，点 $(2,\ 4)$ を通るときである。

よって，$x-y$ は，**$x=6$，$y=0$ のとき，最大値 6，**

$x=2$，$y=4$ のとき，最小値 -2 をとる。

⚠注意　①の y 切片は $-k$ であるから，y 切片が最大のとき k は最小であり，y 切片が最小のとき k は最大である。

また，①の傾きと領域 D の境界線の傾きの大小関係も重要である。

例えば，①ではなく，直線 $y=3x-k$ を考える場合（これは $3x-y$ の値を求める場合である），直線の傾き 3 は領域 D の境界線の1つ，$2x-y=0$ の傾き 2 より大きいから，k の値が最小となるのは，点 $(0,\ 0)$，すなわち，原点を通るときになる。

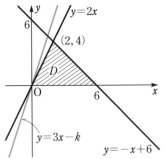

考える直線の傾きが異なれば k の値が最大・最小となる点も異なるから，図をかくことが重要である。

章 末 問 題

A

□ **1.**
教科書
p.106
> 3直線 $x-2y-2=0$ ……①，$3x+2y=6$ ……②，
> $ax-y-4=0$ ……③ が三角形を作らないような定数 a の値を求めよ。

ガイド　直線①と②は平行でないから，直線③が①か②と平行になる場合と，
3直線が1点で交わる場合に，3直線は三角形を作らない。

解答　①は $y=\dfrac{1}{2}x-1$ より，傾きが $\dfrac{1}{2}$ の直線，②は $y=-\dfrac{3}{2}x+3$ より，

傾きが $-\dfrac{3}{2}$ の直線，③は $y=ax-4$ より，傾きが a の直線である。

2直線①，②の交点の座標は，　　(2, 0)

3直線が三角形を作らないのは，2直線が平行，または3直線が1
点で交わるときである。

①と③が平行のとき，　　$a=\dfrac{1}{2}$

②と③が平行のとき，　　$a=-\dfrac{3}{2}$

①，②，③が1点で交わるとき，③が点 (2, 0) を通るから，
$$2a-0-4=0$$
$$a=2$$

よって，　$a=\dfrac{1}{2},\ -\dfrac{3}{2},\ 2$

□ **2.**
教科書
p.106
> 2点 A(1, 1)，B(3, 1) があり，直線 $y=x+1$ を ℓ とするとき，次の
> 問いに答えよ。
> (1) 直線 ℓ に関して点Bと対称な点 B′ の座標を求めよ。
> (2) AP+BP が最小になるような ℓ 上の点Pの座標を求めよ。

ガイド　(2) AP+BP＝AP+B′P であるから，AP+B′P が最小となると
きの点Pの座標を求めればよい。

解答

(1)　点 B′ の座標を (a, b) とする。

直線 ℓ の傾きは 1，直線 BB′ の傾きは $\dfrac{b-1}{a-3}$ で，$\ell \perp$ BB′ であるから，

$$1 \cdot \frac{b-1}{a-3} = -1$$

すなわち，　$a+b-4=0$　……①

また，線分 BB′ の中点 $\left(\dfrac{a+3}{2}, \dfrac{b+1}{2}\right)$ は，ℓ 上にあるから，

$$\frac{b+1}{2} = \frac{a+3}{2} + 1$$

すなわち，　$a-b+4=0$　……②

①，②を解いて，　$a=0$，$b=4$

よって，点 B′ の座標は，　**(0, 4)**

(2)　BP＝B′P より，AP＋BP＝AP＋B′P であるから，点 P は AP＋B′P が最小になるような直線 ℓ 上の点である。

右の図より，直線 ℓ と直線 AB′ の交点が求める点 P である。

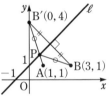

2点 A(1, 1)，B′(0, 4) を通る直線の方程式は，

$$y-1 = \frac{4-1}{0-1}(x-1)$$

すなわち，　$y=-3x+4$

これと $y=x+1$ を連立して解くと，　$x=\dfrac{3}{4}$，$y=\dfrac{7}{4}$

よって，点 P の座標は，　$\left(\dfrac{3}{4}, \dfrac{7}{4}\right)$

A から B′ への道のりが最短となる経路は，A と B′ を結んだ，線分 AB′ になるね。

□ **3.**
教科書
p.106
点Pが円 $x^2+y^2-4x=0$ 上を動くとき，点A$(0, 4)$と点Pとの距離 AP の最大値と最小値を求めよ。

ガイド 点Aと円の中心を結ぶ直線と円の交点のうち，点Aから遠い方が距離 AP が最大になるときの点P，点Aに近い方が距離 AP が最小になるときの点Pである。

解答 円 $x^2+y^2-4x=0$ の中心を点Cとする。

右の図のように，直線 AC と円の交点をAから近い順に P_1，P_2 とすると，距離 AP_2 が求める最大値，距離 AP_1 が求める最小値となる。

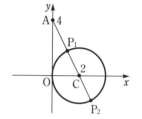

方程式 $x^2+y^2-4x=0$ は，
$$(x-2)^2+y^2=4$$
と変形できるから，点Cの座標は $(2, 0)$ で，半径を r とすると，
$$r=2$$
点A$(0, 4)$と点C$(2, 0)$の距離 AC は，
$$AC=\sqrt{(2-0)^2+(0-4)^2}=2\sqrt{5}$$
よって，AP の**最大値**は， $AP_2=AC+r=2\sqrt{5}+2$，

AP の**最小値**は， $AP_1=AC-r=2\sqrt{5}-2$

□ **4.**
教科書
p.106
円 $x^2+y^2-2x-6y=0$ 上の点 $(4, 2)$ における接線の方程式を求めよ。

ガイド 円の中心を C，座標が $(4, 2)$ である点をPとすると，直線 CP と接線が垂直であることと，点Pが接線上にあることを用いる。

解答 $x^2+y^2-2x-6y=0$ より， $(x-1)^2+(y-3)^2=10$

円の中心Cの座標は， $(1, 3)$

点P$(4, 2)$とすると，直線 CP の傾きは， $\dfrac{2-3}{4-1}=-\dfrac{1}{3}$

点Pにおける接線はこの直線に垂直であるから，傾きは， 3

したがって，求める接線は，傾きが3で点P$(4, 2)$を通るから，方程式は， $y-2=3(x-4)$

よって， $y=3x-10$

第2章 図形と方程式

☐ **5.**
教科書
p.106
　　a がすべての実数の値をとりながら変わるとき，2次関数
$y=x^2-ax+a+3$ のグラフの頂点Pの軌跡を求めよ。

ガイド 　点Pの座標を $(x,\ y)$ とする。2次関数の式を平方完成し，頂点の
座標を a を使って表す。

解答▶ 　点Pの座標を $(x,\ y)$ とする。

2次関数の式を平方完成すると，

$$y=\left(x-\frac{1}{2}a\right)^2-\frac{1}{4}a^2+a+3$$

よって，放物線の頂点の座標は，$\left(\dfrac{1}{2}a,\ -\dfrac{1}{4}a^2+a+3\right)$ である。

点Pは放物線の頂点であるから，

$$x=\frac{1}{2}a \qquad\qquad \cdots\cdots①$$

$$y=-\frac{1}{4}a^2+a+3 \quad\cdots\cdots②$$

①，②より a を消去すると，　　$y=-x^2+2x+3$

よって，点Pの軌跡は，**放物線 $y=-x^2+2x+3$** である。

> 求める軌跡を頭の中に思い
> 浮かべるのは難しいけど，
> 計算すると求められるね。

☐ **6.**
教科書
p.106
　　不等式 $x^2+y^2\leqq40$ を満たす $x,\ y$ について，$3x-y$ の最大値と最小
値を求めよ。

ガイド 　$3x-y=k$ とおくと，$y=3x-k$ となる。この直線が円
$x^2+y^2=40$ と接するときを考える。

解答 不等式 $x^2+y^2\leqq40$ の表す領域 T は，円 $x^2+y^2=40$ の周とその内部である。

$$3x-y=k \quad \cdots\cdots ①$$

とおくと，①は傾き 3，y 切片 $-k$ の直線を表す。　　……（＊）

右の図より，①が円に接するとき，k の値は最大，最小となる。①と円の中心 $(0,0)$ の距離を d，円の半径を r とすると，①が円に接するのは，$d=r$ のときであるから，

$$\frac{|-k|}{\sqrt{3^2+(-1)^2}}=2\sqrt{10}$$

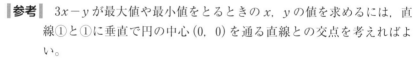

これより，　$|k|=20$

すなわち，　$k=\pm20$

よって，$3x-y$ は**最大値 20**，**最小値 -20** をとる。

参考 $3x-y$ が最大値や最小値をとるときの x，y の値を求めるには，直線①と①に垂直で円の中心 $(0,0)$ を通る直線との交点を考えればよい。

直線①に垂直な直線の傾きを m とする。

①の傾きは 3 であるから，$3m=-1$ より，　$m=-\dfrac{1}{3}$

よって，①に垂直な直線は，傾きが $-\dfrac{1}{3}$ で点 $(0,0)$ を通るから，方程式は，　$y-0=-\dfrac{1}{3}(x-0)$　すなわち，　$y=-\dfrac{1}{3}x$　……②

(i) k が最大値をとるとき，すなわち，$k=20$ のとき，①は，

$$y=3x-20 \quad \cdots\cdots ③$$

②，③より，　$x=6$，$y=-2$

(ii) k が最小値をとるとき，すなわち，$k=-20$ のとき，①は，

$$y=3x+20 \quad \cdots\cdots ④$$

②，④より，　$x=-6$，$y=2$

第 2 章　図形と方程式

別解▶ ((＊)以降)図より，直線①が領域 T と共有点をもつとき，k の値が最大・最小になるのは，円 $x^2+y^2=40$ と①が接するときである。

　　連立方程式

$$\begin{cases} x^2+y^2=40 & \cdots\cdots ⑤ \\ y=3x-k & \cdots\cdots ⑥ \end{cases}$$

において，⑥を⑤に代入して整理すると，

$$10x^2-6kx+k^2-40=0 \quad \cdots\cdots ⑦$$

　　円と直線が接するのは，x についての2次方程式⑦が重解をもつときであるから，⑦の判別式を D とすると，

$$\frac{D}{4}=(-3k)^2-10\cdot(k^2-40)=0$$

これより，　　$-k^2+400=0$　　すなわち，　　$k^2=400$

したがって，　　$k=\pm 20$

よって，k，すなわち，$3x-y$ は，**最大値 20**，**最小値 -20** をとる。

参考┃ 上の 別解▶ において，$3x-y$ が最大値や最小値をとるときの x，y の値は，次のように求めることができる。

　(i) $k=20$ のとき

　　　⑦より，

$$10x^2-120x+360=0$$
$$x^2-12x+36=0$$
$$(x-6)^2=0$$

　　　よって，　　$x=6$，$y=-2$

　(ii) $k=-20$ のとき

　　　⑦より，

$$10x^2+120x+360=0$$
$$x^2+12x+36=0$$
$$(x+6)^2=0$$

　　　よって，　　$x=-6$，$y=2$

▱ **7.**

教科書 **p.106**

　x，y，r は実数で，$r>0$ とする。

　$x^2+y^2<r^2$ が $4x+3y<10$ であるための十分条件になるような r の値の範囲を求めよ。

ガイド $x^2+y^2<r^2$ の表す領域を P, $4x+3y<10$ の表す領域を Q とすると, $P{\subset}Q$ が成り立てばよい。

解答 不等式 $x^2+y^2<r^2$ の表す領域を P とすると, P は, 中心が原点 O, 半径が r の円の内部である。

不等式 $4x+3y<10$ の表す領域を Q とすると, Q は直線 $4x+3y-10=0$ の下側である。

円の中心 $(0, 0)$ と直線 $4x+3y-10=0$ の距離 d は,

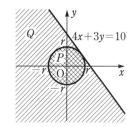

$$d=\frac{|-10|}{\sqrt{4^2+3^2}}=\frac{10}{5}=2$$

$x^2+y^2<r^2$ が $4x+3y<10$ であるための十分条件になるには,「$x^2+y^2<r^2$ であるならば, $4x+3y<10$ である。」が真であればよい。すなわち, $P{\subset}Q$ が成り立てばよい。

したがって, $r{\leqq}2$ であればよい。

よって, 求める r の値の範囲は, $\quad$ **$0<r{\leqq}2$**

B

8.
教科書
p.107

次の問いに答えよ。

(1) 3点 O$(0, 0)$, A(x_1, y_1), B(x_2, y_2) を頂点とする $\triangle$OAB がある。

点Bから直線 OA に垂線 BH を引くとき, BH の長さを求めて, $\triangle$OAB の面積 S が,

$$S=\frac{1}{2}|x_1y_2-x_2y_1|$$

で表されることを示せ。

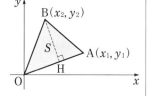

(2) 3つの直線 $2x-y=0$, $x-4y=0$, $3x+2y-14=0$ で囲まれた三角形の面積 S を求めよ。

ガイド (1) BH の長さは点と直線の距離の式を利用する。そのために直線 OA の方程式を求める。

(2) 3つの直線で囲まれた三角形の3つの頂点を求め、(1)の式を利用する。

解答 (1) $x_1 \neq 0$ のとき、2点 O(0, 0)、A(x_1, y_1) を通る直線の方程式は、

$$y - 0 = \frac{y_1 - 0}{x_1 - 0}(x - 0) \quad \text{すなわち、} \quad y_1 x - x_1 y = 0$$

これは、$x_1 = 0$ のときも成り立つ。

よって、

$$\text{BH} = \frac{|y_1 x_2 - x_1 y_2|}{\sqrt{y_1{}^2 + (-x_1)^2}} = \frac{|x_1 y_2 - x_2 y_1|}{\sqrt{x_1{}^2 + y_1{}^2}}$$

また、$\text{OA} = \sqrt{x_1{}^2 + y_1{}^2}$ であるから、

$$S = \frac{1}{2} \cdot \text{OA} \cdot \text{BH} = \frac{1}{2} \cdot \sqrt{x_1{}^2 + y_1{}^2} \cdot \frac{|x_1 y_2 - x_2 y_1|}{\sqrt{x_1{}^2 + y_1{}^2}}$$

$$= \frac{1}{2}|x_1 y_2 - x_2 y_1|$$

(2) 直線 $2x - y = 0$ の方程式を変形すると、$\quad y = 2x \quad$ ……①

直線 $x - 4y = 0$ の方程式を変形すると、$\quad y = \frac{1}{4}x \quad$ ……②

直線 $3x + 2y - 14 = 0$ の方程式を変形すると、$\quad y = -\frac{3}{2}x + 7$

……③

①、②を解いて、$\quad x = 0,\ y = 0$

②、③を解いて、$\quad x = 4,\ y = 1$

①、③を解いて、$\quad x = 2,\ y = 4$

よって、3つの直線で囲まれた三角形の頂点の座標は、(0, 0), (4, 1), (2, 4) である。

(1)の結果より、

$$S = \frac{1}{2}|4 \times 4 - 2 \times 1| = 7$$

(1)の面積の式を使うと、(2)の計算が簡単になるね。

第2章　図形と方程式

☑ 9.
教科書
p.107

2直線 $x+y=0$，$7x-y-4=0$ のなす角を2等分する直線の方程式を求めよ。

ガイド 角の二等分線は，2直線からの距離が等しい点の軌跡である。

解答 求める直線を ℓ とする。

直線 ℓ 上の点を $P(x, y)$ とすると，点 P と2直線の距離が等しい。

よって，

$$\frac{|x+y|}{\sqrt{1^2+1^2}}=\frac{|7x-y-4|}{\sqrt{7^2+(-1)^2}}$$

$$\frac{|x+y|}{\sqrt{2}}=\frac{|7x-y-4|}{5\sqrt{2}}$$

$$5|x+y|=|7x-y-4|$$

したがって，

$$7x-y-4=\pm5(x+y)$$

これを解いて，

$$\boldsymbol{x-3y-2=0}, \quad \boldsymbol{3x+y-1=0}$$

角の二等分線の図形的
性質を利用しているね。

☑ 10.
教科書
p.107

k は定数とする。直線 $y=x+k$ と円 $x^2+y^2=2$ が異なる2点 Q，R で交わるとき，線分 QR の中点を P として，次の問いに答えよ。

(1) k の値の範囲を求めよ。

(2) 点 P の座標を (x, y) として，x と y を k を用いて表せ。

(3) k の値が(1)で求めた範囲で変化するとき，点 P の軌跡を図示せよ。

ガイド (2) 直線の方程式と円の方程式を連立させて得られる x についての2次方程式で，2点 Q，R の x 座標を，それぞれ α，β として，解と係数の関係を用いる。

解答▶ (1)　連立方程式

$$\begin{cases} y = x + k & \cdots\cdots① \\ x^2 + y^2 = 2 & \cdots\cdots② \end{cases}$$

において，①を②に代入して整理すると，

$$2x^2 + 2kx + k^2 - 2 = 0 \quad \cdots\cdots③$$

直線と円が異なる2点で交わるから，

③の判別式をDとすると，

$$\frac{D}{4} = k^2 - 2\cdot(k^2 - 2) > 0$$

これより，　$-k^2 + 4 > 0$　　すなわち，　$(k+2)(k-2) < 0$

よって，　$\boldsymbol{-2 < k < 2}$

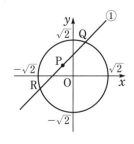

(2)　①，②の2つの交点Q，Rのx座標をそれぞれα，βとすると，

③より，

解と係数の関係から，

$$\alpha + \beta = -\frac{2k}{2} = -k$$

点P(x, y)は線分QRの中点であるから，

$$x = \frac{\alpha + \beta}{2} = \frac{-k}{2} = -\frac{k}{2}$$

また，点Pは直線 $y = x + k$ 上の点であるから，

$$y = -\frac{k}{2} + k = \frac{k}{2}$$

よって，

$$\boldsymbol{x = -\frac{k}{2}, \quad y = \frac{k}{2}}$$

(3)　(2)より，$y = \dfrac{k}{2} = -\left(-\dfrac{k}{2}\right) = -x$

また，(1)より，$-2 < k < 2$ であるから，

$$-1 < -\frac{k}{2} < 1$$

$x = -\dfrac{k}{2}$ より，　$-1 < x < 1$

よって，点Pの軌跡は直線 $y = -x$

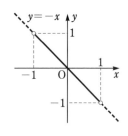

の $-1 < x < 1$ の部分で，図示すると右の図のようになる。

11. 2点 $O(0, 0)$, $A(6, 0)$ と点Pを頂点とする $\triangle OAP$ を考える。Pが円
教科書 $x^2+y^2=16$ 上を動くとき，$\triangle OAP$ の重心Gの軌跡を求めよ。
p.107

ガイド 点Gの座標を (x, y)，点Pの座標を (s, t) とおく。点Gが $\triangle OAP$ の重心であることから，x, y を s, t を用いて表す。

3点 O，A，P が一直線上にあるときは三角形ができないことに注意する。

解答 点Gの座標を (x, y)，点Pの座標を (s, t) とおく。

点Pは円 $x^2+y^2=16$ 上にあるから，$s^2+t^2=16$ ……①

点Gは $\triangle OAP$ の重心であるから，

$$x=\frac{0+6+s}{3}, \quad y=\frac{0+0+t}{3}$$

この式を s, t について解くと，

$$s=3x-6, \quad t=3y$$

これらを①に代入して，

$$(3x-6)^2+(3y)^2=16$$

$$(x-2)^2+y^2=\frac{16}{9}$$

図より，点Pが x 軸上にあるとき，すなわち，Pの座標が $(4, 0)$，$(-4, 0)$ のとき，$\triangle OAP$ はできない。

$s=4$, $t=0$ のとき，$x=\dfrac{10}{3}$, $y=0$

$s=-4$, $t=0$ のとき，$x=\dfrac{2}{3}$, $y=0$

よって，重心Gの軌跡は，

円 $(x-2)^2+y^2=\dfrac{16}{9}$ ただし，2点 $\left(\dfrac{10}{3}, 0\right)$, $\left(\dfrac{2}{3}, 0\right)$ を除く。

通らない点があるときは，
必ずそのことを書こう。

第 2 章 図形と方程式

☑**12.**
教科書
p.107

文化祭のクラス参加で，パンケーキとマドレーヌを作って販売することになった。材料の卵は 60 個，小麦粉は 6 kg 準備した。パンケーキとマドレーヌをそれぞれ1個作るために必要な量は右の表の通りである。他の材料は自由に手に入れることができ，すべて売れるとしたとき，それぞれ何個作れば利益は最大になるか。

	卵	小麦粉	利益
パンケーキ	$\frac{1}{4}$ 個	50 g	150 円
マドレーヌ	$\frac{1}{2}$ 個	25 g	100 円

ガイド　パンケーキを x 個，マドレーヌを y 個作るとして，$150x+100y$ が最大となる x，y の値を求める。

解答　パンケーキを x 個，マドレーヌを y 個作るとする。

$$\begin{cases} \dfrac{1}{4}x+\dfrac{1}{2}y\leqq 60 \\ 50x+25y\leqq 6000 \\ x\geqq 0,\ y\geqq 0 \end{cases}$$

すなわち
$$\begin{cases} x+2y\leqq 240 \\ 2x+y\leqq 240 \\ x\geqq 0,\ y\geqq 0 \end{cases}$$

この連立不等式の表す領域 D は，右の図の斜線部分で，境界線を含む。

すべて売れたときの利益を k 円とすると，

$$k=150x+100y \quad \cdots\cdots①$$

$y=-\dfrac{3}{2}x+\dfrac{k}{100}$ となり，①は，傾き $-\dfrac{3}{2}$，y 切片 $\dfrac{k}{100}$ の直線を表す。

図より，この直線が領域 D と共有点をもつとき，k の値が最大になるのは，点 $(80,\ 80)$ を通るときである。

よって，**パンケーキを 80 個，**
　　　　マドレーヌを 80 個
作るとき，利益は最大になる。

（図中）
240
$\dfrac{k}{100}$
$y=-2x+240$
120
$(80,80)$
D
$y=-\dfrac{1}{2}x+120$
240
O　120
x
$y=-\dfrac{3}{2}x+\dfrac{k}{100}$

傾きに注意して，それぞれの直線を正確にかこう。

思 考 力 を 養 う　打ち上げ花火の形　　課題学習

　打ち上げ花火は，花火が空中で爆発し，火薬が四方八方に飛び散り発光して美しく見える。花火全体は落下しながら球形を保ち，全体として美しい形になっている。花火を軌跡の手法で考えてみよう。

　花火を打ち上げるのは空間であるが，簡単のため座標平面上で考える。花火が真上に打ち上げられ最高点に達したときに爆発したとし，その点を原点 O(0, 0) とする。発光した火薬が各方向に飛び出す速さを V m/s とすると，t 秒後に発光している部分の図形の方程式は，次のように表されることが知られている。

$$x^2+\left(y+\frac{1}{2}gt^2\right)^2=(Vt)^2 \quad \cdots\cdots① \quad \left(\begin{array}{l}g \text{は重力加速度という定数で}\\ \text{およそ } 9.8\,\mathrm{m/s^2}\end{array}\right)$$

　方程式①が表す図形は，中心が $\left(0,\ -\dfrac{1}{2}gt^2\right)$ で半径が Vt の円 $C(t)$ である。

□ **Q 1**　$V=10$ として，①が表す図形 $C(t)$ を $t=1$, 2, 3 について図示してみよう。

教科書
p.108

ガイド　①に $V=10$，$g=9.8$ と，$t=1$, 2, 3 を代入する。

解答　$t=1$ のとき，
　　　$x^2+(y+4.9)^2=10^2$
　　$t=2$ のとき，
　　　$x^2+(y+19.6)^2=20^2$
　　$t=3$ のとき，
　　　$x^2+(y+44.1)^2=30^2$
　これらを表す図形 $C(1)$, $C(2)$, $C(3)$ は，右の図の実線部分である。

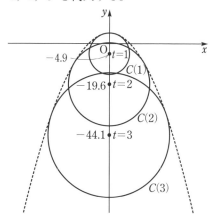

▢**Q 2**　$t \geqq 0$ で，発光している火薬が通過する領域Aは次のように表される。

教科書
p.108
$$A = \{(x,\ y) \mid ある時刻\ t \geqq 0\ で，(x,\ y)\ が本書 p.143 の①を満$$
たす$\}$

Aはどのような領域になるだろうか。Q1で求めた円周 $C(t)$ から A の概形を推測してみよう。また，コンピュータを用いてかいてみよう。

ガイド　火薬が通過する領域は，**Q** 1 で考えた円が通過していく領域である。
Q 1 の解答の図で，$t = 4$，…… のときを考えて予測する。

解答　**Q** 1 の解答の図の点線の下側（境界線を含む）

> 式だけでイメージがわからない
> ときは，実際に図をかくとわ
> かりやすくなるね。

▢**Q 3**　本書 p.143 の①を展開して整理すると，

教科書
p.108
$$\left(\frac{g^2}{4}\right)t^4 + (gy - V^2)t^2 + x^2 + y^2 = 0 \quad \cdots\cdots ②$$

$t^2 = T$ とおき換えると，②からTについての2次方程式が得られる。

$$\left(\frac{g^2}{4}\right)T^2 + (gy - V^2)T + x^2 + y^2 = 0$$

この方程式が $T \geqq 0$ となる解をもつときの点 $(x,\ y)$ の範囲が，Aである。

軌跡の考え方を用いて，領域Aを表す式を求めてみよう。

ガイド　判別式や軸，$T = 0$ のときの符号を考える。

解答　$f(T) = \left(\dfrac{g^2}{4}\right)T^2 + (gy - V^2)T + x^2 + y^2$ とおくと，Tについての2

次方程式 $f(T) = 0$ が $T \geqq 0$ となる解をもつ条件は，判別式をDとすると，

（ⅰ）　$D \geqq 0$

（ⅱ）　軸が $T \geqq 0$ の部分にある

（ⅲ）　$f(0) \geqq 0$

（ⅰ）より，2次方程式 $f(T)=0$ の判別式 D について，

$$D=(gy-V^2)^2-4\cdot\frac{g^2}{4}\cdot(x^2+y^2)\geqq0$$

$$-2gyV^2+V^4-g^2x^2\geqq0$$

$$y\leqq-\frac{g}{2V^2}x^2+\frac{V^2}{2g}\quad\cdots\cdots③$$

（ⅱ）より，

$$-\frac{gy-V^2}{2\cdot\dfrac{g^2}{4}}\geqq0$$

したがって，

$$y\leqq\frac{V^2}{g}\quad\cdots\cdots④$$

ここで，③の不等式が表す領域は，

　　2次関数 $y=-\dfrac{g}{2V^2}x^2+\dfrac{V^2}{2g}$ とその下側

④の不等式が表す領域は，

　　直線 $y=\dfrac{V^2}{g}$ とその下側

であり，$g>0$ より，$\dfrac{V^2}{2g}<\dfrac{V^2}{g}$ であるから，③の領域と④の領域の共通部分は，③の領域である。

（ⅲ）より，

$$f(0)=x^2+y^2\geqq0$$

これは，すべての実数 x，y で成り立つ。

以上より，領域 A を表す式は，

$$y\leqq-\frac{g}{2V^2}x^2+\frac{V^2}{2g}$$

である。

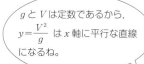

g と V は定数であるから，$y=\dfrac{V^2}{g}$ は x 軸に平行な直線になるね。

第3章　三角関数

第1節｜一般角の三角関数

1　一般角

問1　OXを始線として，次の角の動径OPを図示せよ。

教科書 **p.111**

(1)　210°　　　(2)　−120°　　　(3)　495°　　　(4)　−780°

ガイド　平面上で，点Oを中心として半直線OP
を回転させる。このとき，この半直線OP
を**動径**といい，動径の最初の位置を示す半
直線OXを**始線**という。

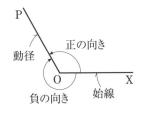

　動径OPの回転する向きについて，時計
の針の回転と逆の向きを**正の向き**，同じ向
きを**負の向き**という。

　また，正の向き，負の向きに回転したときの角を，それぞれ**正の角**，
負の角という。

　このように，動径の回転する向きと大きさを考えた角を**一般角**とい
う。

　一般角 θ に対して，始線OXから θ だけ回転したときの動径OPを
θの動径という。

解答　(1)

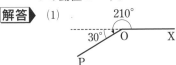

(2)

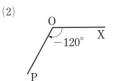

角に向きがあるんだね。

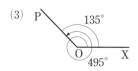

(3) 495° 135° P O X

(4) −780° O 60° X P

教科書
p.111

問2 次の角の動径の表す一般角を，$\alpha + 360° \times n$ の形で表せ。ただし，
$0° \leqq \alpha < 360°$，n は整数とする。

(1) 430°　　　　　　　　　　(2) 900°

(3) −240°　　　　　　　　　(4) −405°

- -

ガイド 一般に，動径 OP と始線 OX のなす角の1つを α とすると，

$$\theta = \alpha + 360° \times n \quad (n は整数)$$

で表される θ の動径は，α の動径と一致する。この θ を**動径 OP の表す一般角**という。

解答 (1)　　$430° = 70° + 360° \times 1$

であるから，一般角は，

$$70° + 360° \times n$$

(2)　　$900° = 180° + 360° \times 2$

であるから，一般角は，

$$180° + 360° \times n$$

(3)　　$-240° = 120° + 360° \times (-1)$

であるから，一般角は，

$$120° + 360° \times n$$

(4)　　$-405° = 315° + 360° \times (-2)$

であるから，一般角は，

$$315° + 360° \times n$$

αは $0° \leqq \alpha < 360°$ に
しよう。

第
3
章

三角関数

2 弧度法

問3 右の□に度数に対応する弧度を書き入れよ。

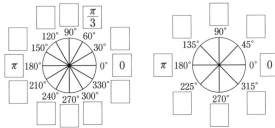

ガイド　1度(°)を単位として角の大きさを表す方法を**度数法**という。

半径1の円において，長さが1の弧に対する中心角の大きさを**1ラジアン(1弧度)**と定義する。

このようなラジアンを単位とする角の大きさの表し方を**弧度法**という。

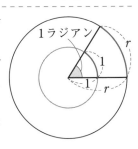

ここがポイント👉

$$180° = \pi \text{ ラジアン}, \quad 1° = \frac{\pi}{180} \text{ ラジアン},$$

$$1 \text{ ラジアン} = \left(\frac{180}{\pi}\right)° ≒ 57.3°$$

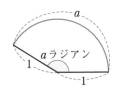

弧度法では，単位のラジアンを省略することが多い。

解答

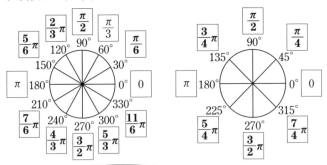

キロメートルとマイルみたいに単位がちがうんだね。

☑ **問 4**　次の角を，度数は弧度に，弧度は度数に，それぞれ書き直せ。

教科書
p.113　(1)　$75°$　　　　(2)　$126°$　　　　(3)　$\dfrac{4}{9}\pi$　　　　(4)　$-\dfrac{3}{5}\pi$

- -

ガイド　度数を弧度にするには $\dfrac{\pi}{180°}$ を掛け，弧度を度数にするには $\dfrac{180°}{\pi}$

を掛ければよい。

解答　(1)　$75° \times \dfrac{\pi}{180°} = \dfrac{5}{12}\pi$　　　　(2)　$126° \times \dfrac{\pi}{180°} = \dfrac{7}{10}\pi$

(3)　$\dfrac{4}{9}\pi \times \dfrac{180°}{\pi} = 80°$　　　　(4)　$-\dfrac{3}{5}\pi \times \dfrac{180°}{\pi} = -108°$

参考　弧度法を用いると，角 α の動径 OP の表す一般角 θ は，

$$\theta = \alpha + 2n\pi \quad (n \text{ は整数})$$

と表すことができる。

　これからは，角の大きさを表す
のに，おもに弧度法を用いること
とする。

$0 \leqq \alpha < 2\pi$ とする
ことが多いよ。

☑ **問 5**　半径 8，中心角 $\dfrac{3}{4}\pi$ の扇形の弧の長さ ℓ と面積 S を求めよ。

教科書
p.113
- -

ガイド　半径 r，中心角 θ の扇形の弧の長さ ℓ と面積 S は，

$$\ell = r\theta, \quad S = \dfrac{1}{2}r^2\theta = \dfrac{1}{2}r\ell$$

解答　半径 8，中心角 $\dfrac{3}{4}\pi$ の扇形の弧の長さ ℓ と面積 S は，

$$\ell = 8 \times \dfrac{3}{4}\pi = 6\pi$$

$$S = \dfrac{1}{2} \times 8^2 \times \dfrac{3}{4}\pi = 24\pi$$

よって，求める**弧の長さは 6π，面積は 24π**

別解　面積 S を求めるのに，$S = \dfrac{1}{2}r\ell$ を使うと，次のようになる。

$$S = \dfrac{1}{2} \times 8 \times 6\pi = 24\pi$$

3 一般角の三角関数

□ **問 6** θ が次の値のとき，$\sin\theta$，$\cos\theta$，$\tan\theta$ の値を求めよ。

教科書
p.114 (1) $\dfrac{11}{6}\pi$　　　(2) $-\dfrac{4}{3}\pi$　　　(3) $\dfrac{5}{4}\pi$　　　(4) -3π

ガイド 座標平面上で原点Oを中心とする半径 r の円を考える。x 軸の正の
部分を始線とし，一般角 θ の動径と円Oの交点を P$(x,\ y)$ とする。

> **ここがポイント** 👉 ［三角関数の定義］
>
> $$\sin\theta=\frac{y}{r}, \quad \cos\theta=\frac{x}{r}, \quad \tan\theta=\frac{y}{x}$$

$\sin\theta$，$\cos\theta$，$\tan\theta$ を，それぞれ θ の**正弦**，**余弦**，**正接**といい，これ
らは θ の関数であるから，まとめて θ の**三角関数**という。

解答 (1) 右の図のように OP＝2 とすれば，P$(\sqrt{3},\ -1)$ となるから，

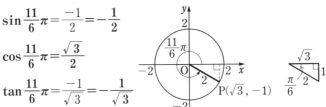

$$\sin\frac{11}{6}\pi=\frac{-1}{2}=-\frac{1}{2}$$

$$\cos\frac{11}{6}\pi=\frac{\sqrt{3}}{2}$$

$$\tan\frac{11}{6}\pi=\frac{-1}{\sqrt{3}}=-\frac{1}{\sqrt{3}}$$

(2) 右の図のように OP＝2 とすれば，P$(-1,\ \sqrt{3})$ となるから，

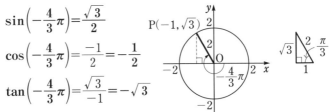

$$\sin\left(-\frac{4}{3}\pi\right)=\frac{\sqrt{3}}{2}$$

$$\cos\left(-\frac{4}{3}\pi\right)=\frac{-1}{2}=-\frac{1}{2}$$

$$\tan\left(-\frac{4}{3}\pi\right)=\frac{\sqrt{3}}{-1}=-\sqrt{3}$$

(3) 右の図のように OP＝$\sqrt{2}$ とすれば，P$(-1,\ -1)$ となるから，

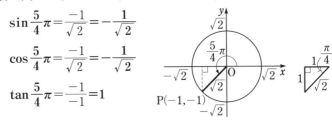

$$\sin\frac{5}{4}\pi=\frac{-1}{\sqrt{2}}=-\frac{1}{\sqrt{2}}$$

$$\cos\frac{5}{4}\pi=\frac{-1}{\sqrt{2}}=-\frac{1}{\sqrt{2}}$$

$$\tan\frac{5}{4}\pi=\frac{-1}{-1}=1$$

(4) 右の図のように OP=1 とすれば，P$(-1, 0)$ となるから，

$$\sin(-3\pi) = \frac{0}{1} = 0$$

$$\cos(-3\pi) = \frac{-1}{1} = -1$$

$$\tan(-3\pi) = \frac{0}{-1} = 0$$

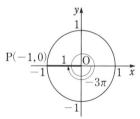

問 7 次の条件を満たすような θ の動径は，第何象限にあるか。

教科書
p.115

(1) $\sin\theta < 0$ かつ $\cos\theta < 0$ (2) $\cos\theta > 0$ かつ $\tan\theta < 0$

ガイド 原点Oを中心とする半径1の円を**単位円**という。

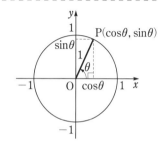

三角関数の定義で $r=1$ とすると，単位円周上の点 P(x, y) について，

$$x = \cos\theta, \quad y = \sin\theta$$

となる。

すなわち，P$(\cos\theta, \sin\theta)$ である。

ここがポイント 👉 ［三角関数のとる値の範囲］
$$-1 \leqq \sin\theta \leqq 1, \quad -1 \leqq \cos\theta \leqq 1,$$
$\tan\theta$ はすべての実数値をとる

θ の動径が第何象限にあるかによって三角関数の値の符号が決まり，図で示すと次のようになる。

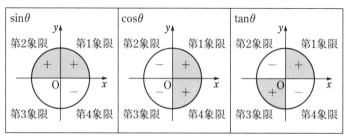

解答 (1) **第3象限**   (2) **第4象限**

第3章 三角関数

4 三角関数の相互関係

☐ **問8**
教科書
p.116

θ が第4象限の角で，$\cos\theta=\dfrac{1}{3}$ のとき，$\sin\theta$，$\tan\theta$ の値を求めよ。

ガイド

ここがポイント 👉 [三角関数の相互関係]

$\tan\theta=\dfrac{\sin\theta}{\cos\theta}$, $\sin^2\theta+\cos^2\theta=1$, $1+\tan^2\theta=\dfrac{1}{\cos^2\theta}$

θ の動径が第1象限にあるとき，θ を**第1象限の角**という。他の象限についても同様である。

解答 $\sin^2\theta+\cos^2\theta=1$ であるから，

$$\sin^2\theta=1-\cos^2\theta=1-\left(\dfrac{1}{3}\right)^2=\dfrac{8}{9}$$

θ の動径は第4象限にあるから， $\sin\theta<0$

よって， $\sin\theta=-\sqrt{\dfrac{8}{9}}=-\dfrac{2\sqrt{2}}{3}$

$$\tan\theta=\dfrac{\sin\theta}{\cos\theta}=\left(-\dfrac{2\sqrt{2}}{3}\right)\div\dfrac{1}{3}=-2\sqrt{2}$$

☐ **問9** θ が第3象限の角で，$\tan\theta=4$ のとき，$\sin\theta$，$\cos\theta$ の値を求めよ。

教科書
p.116

ガイド $1+\tan^2\theta=\dfrac{1}{\cos^2\theta}$ を利用して，まず $\cos\theta$ の値を求める。

解答 $1+\tan^2\theta=\dfrac{1}{\cos^2\theta}$ であるから，

$$\cos^2\theta=\dfrac{1}{1+\tan^2\theta}=\dfrac{1}{1+4^2}=\dfrac{1}{17}$$

θ の動径は第3象限にあるから， $\cos\theta<0$

よって， $\cos\theta=-\sqrt{\dfrac{1}{17}}=-\dfrac{\sqrt{17}}{17}$

$$\sin\theta=\cos\theta\tan\theta=\left(-\dfrac{\sqrt{17}}{17}\right)\times4=-\dfrac{4\sqrt{17}}{17}$$

参考 $\sin\theta$ の値は $\sin^2\theta+\cos^2\theta=1$ を利用して求めることもできるが，$\sin\theta=\cos\theta\tan\theta$ を利用すると，符号の確認をしなくて済む。

☑ **問10**

教科書
p.117

$\sin\theta - \cos\theta = \dfrac{1}{3}$ のとき，次の式の値を求めよ。

(1)　$\sin\theta\cos\theta$　　　　(2)　$\sin^3\theta - \cos^3\theta$　　　　(3)　$\tan\theta + \dfrac{1}{\tan\theta}$

ガイド　(1)　$\sin\theta - \cos\theta = \dfrac{1}{3}$ の両辺を2乗して，$\sin^2\theta + \cos^2\theta = 1$ を利用する。

(2)　$a^3 - b^3 = (a-b)(a^2 + ab + b^2)$ を利用する。

(3)　$\tan\theta + \dfrac{1}{\tan\theta}$ を $\sin\theta$ と $\cos\theta$ で表す。

解答　(1)　$\sin\theta - \cos\theta = \dfrac{1}{3}$ の両辺を2乗すると，

$$\sin^2\theta - 2\sin\theta\cos\theta + \cos^2\theta = \frac{1}{9}$$

したがって，　$1 - 2\sin\theta\cos\theta = \dfrac{1}{9}$

よって，　　$\sin\theta\cos\theta = \dfrac{4}{9}$

(2)　$\sin^3\theta - \cos^3\theta = (\sin\theta - \cos\theta)(\sin^2\theta + \sin\theta\cos\theta + \cos^2\theta)$

$$= (\sin\theta - \cos\theta)(1 + \sin\theta\cos\theta)$$

$$= \frac{1}{3} \times \left(1 + \frac{4}{9}\right) = \frac{13}{27}$$

(3)　$\tan\theta + \dfrac{1}{\tan\theta} = \dfrac{\sin\theta}{\cos\theta} + \dfrac{\cos\theta}{\sin\theta} = \dfrac{\sin^2\theta + \cos^2\theta}{\sin\theta\cos\theta}$

$$= \frac{1}{\sin\theta\cos\theta} = \frac{9}{4}$$

参考　(2)は，$a^3 - b^3 = (a-b)^3 + 3ab(a-b)$ を利用する方法もある。

別解　(2)　$\sin^3\theta - \cos^3\theta = (\sin\theta - \cos\theta)^3 + 3\sin\theta\cos\theta(\sin\theta - \cos\theta)$

$$= \left(\frac{1}{3}\right)^3 + 3 \times \frac{4}{9} \times \frac{1}{3}$$

$$= \frac{13}{27}$$

☑ **問11** 　等式 $\dfrac{\cos\theta}{1+\sin\theta}+\tan\theta=\dfrac{1}{\cos\theta}$ を証明せよ。

教科書
p.117

ガイド 左辺を通分して変形し，右辺と等しくなることを示す。

解答 　左辺 $=\dfrac{\cos\theta}{1+\sin\theta}+\dfrac{\sin\theta}{\cos\theta}$

$\qquad =\dfrac{\cos^2\theta+\sin\theta(1+\sin\theta)}{(1+\sin\theta)\cos\theta}$

$\qquad =\dfrac{\cos^2\theta+\sin\theta+\sin^2\theta}{(1+\sin\theta)\cos\theta}$

$\qquad =\dfrac{1+\sin\theta}{(1+\sin\theta)\cos\theta}$

$\qquad =\dfrac{1}{\cos\theta}=$ 右辺

よって，　$\dfrac{\cos\theta}{1+\sin\theta}+\tan\theta=\dfrac{1}{\cos\theta}$

☑ **問12** 　θ が次の値のとき，$\sin\theta$，$\cos\theta$，$\tan\theta$ の値を求めよ。

教科書
p.118 　(1) 7π 　　　　(2) $\dfrac{14}{3}\pi$ 　　　　(3) $-\dfrac{25}{4}\pi$

ガイド

ここがポイント 👉

[$\theta+2n\pi$ の三角関数]
①　$\sin(\theta+2n\pi)=\sin\theta$
　　$\cos(\theta+2n\pi)=\cos\theta$
　　$\tan(\theta+2n\pi)=\tan\theta$ 　　　　ただし，n は整数

[$-\theta$ の三角関数]
②　$\sin(-\theta)=-\sin\theta$
　　$\cos(-\theta)=\cos\theta$
　　$\tan(-\theta)=-\tan\theta$

解答 　(1) $\sin 7\pi=\sin(\pi+2\cdot3\pi)=\sin\pi=0$
　　　　　$\cos 7\pi=\cos(\pi+2\cdot3\pi)=\cos\pi=-1$
　　　　　$\tan 7\pi=\tan(\pi+2\cdot3\pi)=\tan\pi=0$

(2) $\sin\dfrac{14}{3}\pi=\sin\left(\dfrac{2}{3}\pi+2\cdot2\pi\right)=\sin\dfrac{2}{3}\pi=\dfrac{\sqrt{3}}{2}$

$\cos\dfrac{14}{3}\pi=\cos\left(\dfrac{2}{3}\pi+2\cdot2\pi\right)=\cos\dfrac{2}{3}\pi=-\dfrac{1}{2}$

$\tan\dfrac{14}{3}\pi=\tan\left(\dfrac{2}{3}\pi+2\cdot2\pi\right)=\tan\dfrac{2}{3}\pi=-\sqrt{3}$

(3) $\sin\left(-\dfrac{25}{4}\pi\right)=-\sin\dfrac{25}{4}\pi=-\sin\left(\dfrac{\pi}{4}+2\cdot3\pi\right)=-\sin\dfrac{\pi}{4}$

$\qquad\qquad\qquad =-\dfrac{1}{\sqrt{2}}$

$\cos\left(-\dfrac{25}{4}\pi\right)=\cos\dfrac{25}{4}\pi=\cos\left(\dfrac{\pi}{4}+2\cdot3\pi\right)=\cos\dfrac{\pi}{4}=\dfrac{1}{\sqrt{2}}$

$\tan\left(-\dfrac{25}{4}\pi\right)=-\tan\dfrac{25}{4}\pi=-\tan\left(\dfrac{\pi}{4}+2\cdot3\pi\right)=-\tan\dfrac{\pi}{4}=-1$

☑ **問13** 次の□にあてはまる鋭角を求めよ。

教科書
p.119　(1) $\sin\dfrac{11}{8}\pi=-\sin\square$　　　　(2) $\cos\left(-\dfrac{7}{3}\pi\right)=\sin\square$

- -

ガイド

ここがポイント 👉

[$\theta+\pi$ の三角関数]

③ $\sin(\theta+\pi)=-\sin\theta$

$\cos(\theta+\pi)=-\cos\theta$

$\tan(\theta+\pi)=\tan\theta$

[$\theta+\dfrac{\pi}{2}$ の三角関数]

④ $\sin\left(\theta+\dfrac{\pi}{2}\right)=\cos\theta$

$\cos\left(\theta+\dfrac{\pi}{2}\right)=-\sin\theta$

$\tan\left(\theta+\dfrac{\pi}{2}\right)=-\dfrac{1}{\tan\theta}$

さらに，次の等式が成り立つ。

$\boxed{5}$　$\sin(\pi-\theta)=\sin\theta$

$\cos(\pi-\theta)=-\cos\theta$

$\tan(\pi-\theta)=-\tan\theta$

$\boxed{6}$　$\sin\left(\dfrac{\pi}{2}-\theta\right)=\cos\theta$

$\cos\left(\dfrac{\pi}{2}-\theta\right)=\sin\theta$

$\tan\left(\dfrac{\pi}{2}-\theta\right)=\dfrac{1}{\tan\theta}$

これらの等式を用いれば，どのような角の三角関数も 0 から $\dfrac{\pi}{2}$ までの角の三角関数で表すことができる。

解答▶　(1)　$\sin\dfrac{11}{8}\pi=\sin\left(\dfrac{3}{8}\pi+\pi\right)$

$=-\sin\dfrac{3}{8}\pi$

よって，　$\dfrac{3}{8}\pi$

(2)　$\cos\left(-\dfrac{7}{3}\pi\right)=\cos\dfrac{7}{3}\pi$

$=\cos\left(\dfrac{\pi}{3}+2\pi\right)$

$=\cos\dfrac{\pi}{3}$

$=\cos\left(\dfrac{\pi}{2}-\dfrac{\pi}{6}\right)$

$=\sin\dfrac{\pi}{6}$

よって，　$\dfrac{\pi}{6}$

5 三角関数のグラフ

問14 次の関数のグラフをかけ。また，その周期を求めよ。

^{教科書}
p.124 (1) $y=\dfrac{1}{2}\sin\theta$　　　　(2) $y=-2\cos\theta$　　　　(3) $y=-\tan\theta$

- -

ガイド 関数 $y=\sin\theta$ と $y=\cos\theta$ のグラフをかくと，次のようになる。

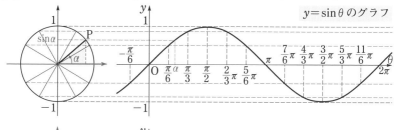

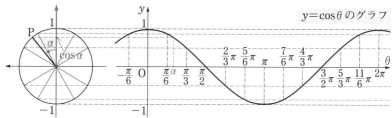

$\cos\theta=\sin\left(\theta+\dfrac{\pi}{2}\right)$ である

から，$y=\cos\theta$ のグラフは，

$y=\sin\theta$ のグラフを θ 軸方

向に $-\dfrac{\pi}{2}$ だけ平行移動した

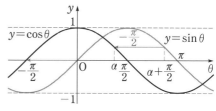

ものであり，$y=\sin\theta$ のグラフと同じ形をしている。

　$y=\sin\theta$ や $y=\cos\theta$ のグラフの形の曲線を**正弦曲線**という。

　$\sin(\theta+2\pi)=\sin\theta$，$\cos(\theta+2\pi)=\cos\theta$ であるから，$y=\sin\theta$ と
$y=\cos\theta$ のグラフは 2π ごとに同じ形が繰り返される。

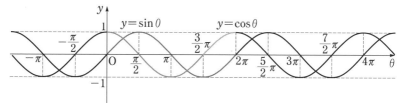

　　一般に，関数 $y=f(x)$ において，0でない定数 c に対してつねに，
　　　　$f(x+c)=f(x)$
が成り立つとき，$f(x)$ は c を**周期**とする**周期関数**であるという。

　　c が関数 $y=f(x)$ の周期であるとき，$2c$，$3c$，$-c$ なども周期となり，周期関数の周期は無数にあるが，ふつう周期といえば，正で最小のものをいう。

　　よって，$y=\sin\theta$ と $y=\cos\theta$ は周期 2π の周期関数である。

　　また，$\sin(-\theta)=-\sin\theta$，$\cos(-\theta)=\cos\theta$ であるから，
　　　$y=\sin\theta$ のグラフは原点に関して対称であり，
　　　$y=\cos\theta$ のグラフは y 軸に関して対称である。

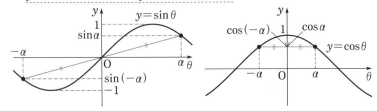

　　一般に，関数 $y=f(x)$ において，つねに，
　　　　$f(-x)=-f(x)$ が成り立つとき，$f(x)$ を**奇関数**，
　　　　$f(-x)=f(x)$ が成り立つとき，$f(x)$ を**偶関数**
という。よって，$y=\sin\theta$ は奇関数であり，$y=\cos\theta$ は偶関数である。

　　関数 $y=\tan\theta$ のグラフをかくと次のようになる。

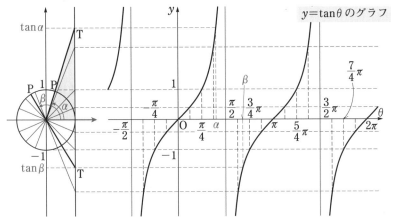

$y=\tan\theta$ のグラフは，θ の値が $\dfrac{\pi}{2}$ に限りなく近づくとき，直線 $\theta=\dfrac{\pi}{2}$ に限りなく近づく。このように，曲線が限りなく近づく直線をその曲線の**漸近線**という。$y=\tan\theta$ のグラフの漸近線は，一般に，直線 $\theta=\dfrac{\pi}{2}+n\pi$（$n$ は整数）と表すことができる。

解答▶ (1) 関数 $y=\dfrac{1}{2}\sin\theta$ のグラフは，$y=\sin\theta$ のグラフを θ 軸を基準にして y 軸方向に $\dfrac{1}{2}$ 倍に縮小したもので，**周期は 2π** である。

また，$-1\leqq\sin\theta\leqq1$ より，値域は $-\dfrac{1}{2}\leqq y\leqq\dfrac{1}{2}$ である。

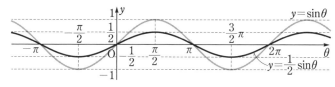

(2) 関数 $y=-2\cos\theta$ のグラフは，$y=\cos\theta$ のグラフを θ 軸に関して対称移動し，θ 軸を基準にして y 軸方向に 2 倍に拡大したもので，**周期は 2π** である。

また，$-1\leqq\cos\theta\leqq1$ より，値域は $-2\leqq y\leqq2$ である。

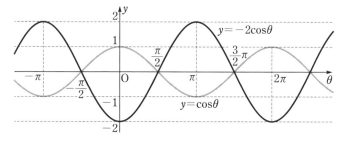

(3) 関数 $y=-\tan\theta$ のグラフは，$y=\tan\theta$ のグラフを θ 軸に関して対称移動したもので，**周期は π** である。

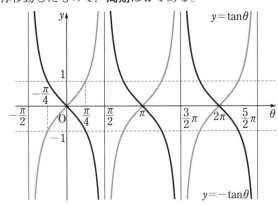

☑ **問15** 次の関数のグラフをかけ。また，その周期を求めよ。

教科書
p.124 (1) $y=\cos\left(\theta-\dfrac{\pi}{4}\right)$　　　　　(2) $y=\sin\left(\theta+\dfrac{\pi}{3}\right)$

ガイド $y=\cos\theta$ のグラフや，$y=\sin\theta$ のグラフを，θ 軸方向にそれぞれどれだけ平行移動したものかを考える。

解答 (1) 関数 $y=\cos\left(\theta-\dfrac{\pi}{4}\right)$ のグラフは，$y=\cos\theta$ のグラフを θ 軸方向に $\dfrac{\pi}{4}$ だけ平行移動したもので，**周期は 2π** である。

　　また，値域は，$-1\leqq y\leqq 1$ である。

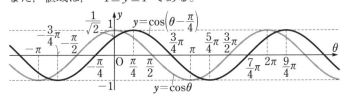

(2)　関数 $y=\sin\left(\theta+\dfrac{\pi}{3}\right)$ のグラフは，$y=\sin\theta$ のグラフを θ 軸方

向に $-\dfrac{\pi}{3}$ だけ平行移動したもので，**周期は 2π である。**

また，値域は，$-1\leqq y\leqq1$ である。

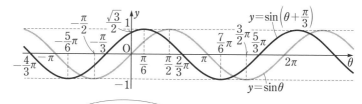

平行移動する前のグラフ
がかければ簡単だね。

問16　次の関数のグラフをかけ。また，その周期を求めよ。

教科書
p.125　(1)　$y=\cos3\theta$　　　　　　　(2)　$y=\tan\dfrac{\theta}{2}$

- -

ガイド　$y=\cos\theta$ のグラフや $y=\tan\theta$ のグラフを，y 軸を基準にして θ 軸
方向にそれぞれ何倍したものかを考える。

解答　(1)　θ の値が 0 から π まで動くとき，3θ の値は 0 から 3π まで動く。

このグラフは，$y=\cos\theta$ のグラフを y 軸を基準にして θ 軸方

向に $\dfrac{1}{3}$ 倍に縮小したもので，**周期は $\dfrac{2}{3}\pi$ であり，**値域は

$-1\leqq y\leqq1$ である。

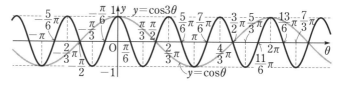

(2) θ の値が 0 から π まで動くとき，$\dfrac{\theta}{2}$ の値は 0 から $\dfrac{\pi}{2}$ まで動く。

このグラフは，$y=\tan\theta$ のグラフを y 軸を基準にして θ 軸方向に 2 倍に拡大したもので，**周期は 2π である。**

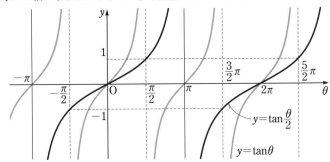

$y=\tan\dfrac{\theta}{2}$

$y=\tan\theta$

ポイント プラス ☞

一般に，$k>0$ とすると，

$y=\sin k\theta$，$y=\cos k\theta$ の周期は，$\dfrac{2\pi}{k}$

$y=\tan k\theta$ の周期は，$\dfrac{\pi}{k}$

☑ **問17** 次の関数のグラフをかけ。また，その周期を求めよ。

教科書
p.125 (1) $y=\sin\left(2\theta+\dfrac{\pi}{3}\right)$ (2) $y=\cos\left(\dfrac{\theta}{2}-\dfrac{\pi}{6}\right)$

- -

ガイド $y=\sin k\theta$ や $y=\cos k\theta$ に変形してから，θ 軸方向にそれぞれどれだけ平行移動したものかを考える。

解答 (1) $y=\sin\left(2\theta+\dfrac{\pi}{3}\right)=\sin 2\left(\theta+\dfrac{\pi}{6}\right)$ より，このグラフは，

$y=\sin 2\theta$ のグラフを θ 軸方向に $-\dfrac{\pi}{6}$ だけ平行移動したもので

ある。

また，**周期**は $y=\sin 2\theta$ の周期に等しく，**π** である。

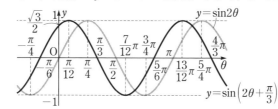

(2) $y=\cos\left(\dfrac{\theta}{2}-\dfrac{\pi}{6}\right)=\cos\dfrac{1}{2}\left(\theta-\dfrac{\pi}{3}\right)$ より，このグラフは，

$y=\cos\dfrac{\theta}{2}$ のグラフを θ 軸方向に $\dfrac{\pi}{3}$ だけ平行移動したものであ

る。

また，**周期**は $y=\cos\dfrac{\theta}{2}$ の周期に等しく，**4π** である。

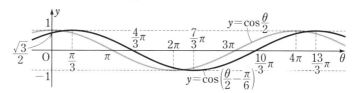

平行移動したときは，$y=0$ のときの
θ の値や $\theta=0$ のときの y の値を
間違えてしまいそう。気をつけなくちゃ。

第3章　三角関数

6 三角関数の応用

□ **問18** $0 \leqq \theta < 2\pi$ のとき，次の方程式を解け。

教科書 **p.126**

(1) $\cos\theta = -\dfrac{1}{2}$

(2) $\sin\theta + 1 = 0$

- -

ガイド 単位円を用いて，図形的に考えてみる。

解答 (1) 単位円上で x 座標が $-\dfrac{1}{2}$ である点は，

右の図の P，P′ で，この動径 OP，OP′ の
表す角が求める θ である。

よって，$0 \leqq \theta < 2\pi$ より，

$$\theta = \dfrac{2}{3}\pi, \quad \dfrac{4}{3}\pi$$

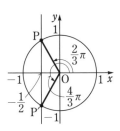

(2) $\sin\theta + 1 = 0$ より，　$\sin\theta = -1$

単位円上で y 座標が -1 である点は，右
の図のPで，この動径 OP の表す角が求め
る θ である。

よって，$0 \leqq \theta < 2\pi$ より，

$$\theta = \dfrac{3}{2}\pi$$

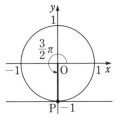

□ **問19** $0 \leqq \theta < 2\pi$ のとき，方程式 $\tan\theta = -1$ を解け。

教科書 **p.126**

- -

ガイド 単位円と直線 $x = 1$ を用いて，図形的に考えてみる。

解答 右の図のように点 T$(1, -1)$ をとり，直
線 OT と単位円の交点を P，P′ とすると，
この動径 OP，OP′ の表す角が求める θ で
ある。

よって，$0 \leqq \theta < 2\pi$ より，

$$\theta = \dfrac{3}{4}\pi, \quad \dfrac{7}{4}\pi$$

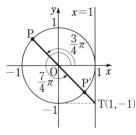

☑ **問20** 問 18，問 19 において，θ の値の範囲に制限がないときの解を求めよ。

教科書
p.126

ガイド θ の値の範囲に制限がないときは周期の整数倍を足したものが解となる。

解答 **問18** (1)

$0 \leqq \theta < 2\pi$ の範囲では，$\theta = \dfrac{2}{3}\pi$，$\dfrac{4}{3}\pi$ が解であり，$y = \cos\theta$ は周期 2π の周期関数であるから，

$$\theta = \frac{2}{3}\pi + 2n\pi, \quad \frac{4}{3}\pi + 2n\pi \quad （\boldsymbol{n}\text{は整数}）$$

問18 (2)

$0 \leqq \theta < 2\pi$ の範囲では，$\theta = \dfrac{3}{2}\pi$ が解であり，$y = \sin\theta$ は周期 2π の周期関数であるから，

$$\theta = \frac{3}{2}\pi + 2n\pi \quad （\boldsymbol{n}\text{は整数}）$$

問19

$0 \leqq \theta < \pi$ の範囲では，$\theta = \dfrac{3}{4}\pi$ が解であり，$y = \tan\theta$ は周期 π の周期関数であるから，

$$\theta = \frac{3}{4}\pi + n\pi \quad （\boldsymbol{n}\text{は整数}）$$

> 問題文に θ の値の範囲が書いてあるかどうかを確認しようね。

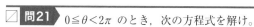

☑ **問21** $0 \leqq \theta < 2\pi$ のとき，次の方程式を解け。

教科書
p.127 (1) $\sin\left(\theta + \dfrac{5}{6}\pi\right) = \dfrac{\sqrt{3}}{2}$ （2) $\cos\left(\theta - \dfrac{\pi}{3}\right) = \dfrac{\sqrt{2}}{2}$

ガイド 括弧の中身を t とおく。t の値の範囲に注意する。

解答 (1) $\theta + \dfrac{5}{6}\pi = t$ とおくと，　$\sin t = \dfrac{\sqrt{3}}{2}$ ……①

$0 \leqq \theta < 2\pi$ であるから，　$\dfrac{5}{6}\pi \leqq t < \dfrac{17}{6}\pi$ ……②

第3章 三角関数

②の範囲で①を満たす t の値は,

$$t=\frac{7}{3}\pi, \ \frac{8}{3}\pi$$

したがって,

$$\theta+\frac{5}{6}\pi=\frac{7}{3}\pi, \ \frac{8}{3}\pi$$

よって, $\theta=\frac{3}{2}\pi, \ \frac{11}{6}\pi$

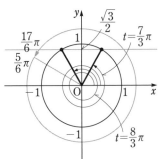

(2) $\theta-\dfrac{\pi}{3}=t$ とおくと, $\cos t=\dfrac{\sqrt{2}}{2}$ ……①

$0\leqq\theta<2\pi$ であるから, $-\dfrac{\pi}{3}\leqq t<\dfrac{5}{3}\pi$ ……②

②の範囲で①を満たす t の値は,

$$t=-\frac{\pi}{4}, \ \frac{\pi}{4}$$

したがって,

$$\theta-\frac{\pi}{3}=-\frac{\pi}{4}, \ \frac{\pi}{4}$$

よって, $\theta=\dfrac{\pi}{12}, \ \dfrac{7}{12}\pi$

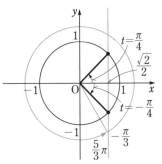

⚠️注意 θ の方程式を t の方程式に変形しているから, t の方程式を解くときには t の値の範囲で方程式を解かなければならない。そのために θ の値の範囲から t の値の範囲を求める必要がある。

 t の方程式の解を求めたら, t を θ に直して θ の値を求める。求めた θ の値がもともとの θ の値の範囲に入っているかも確認しよう。

文字のおき換えは手間に思えるかもしれないけど, 間違いは減るよ。

☐ **問22**　$0 \leqq \theta < 2\pi$ のとき，次の不等式を解け。

教科書
p.128　(1)　$\sin\theta > \dfrac{1}{2}$　　　(2)　$\cos\theta \geqq \dfrac{\sqrt{3}}{2}$　　　(3)　$\tan\theta \leqq 1$

ガイド　まず不等号を等号にした方程式を解く。

解答　(1)　$0 \leqq \theta < 2\pi$ の範囲で $\sin\theta = \dfrac{1}{2}$ を

満たす θ の値は，　$\theta = \dfrac{\pi}{6}$, $\dfrac{5}{6}\pi$

よって，求める θ の値の範囲は，

$$\dfrac{\pi}{6} < \theta < \dfrac{5}{6}\pi$$

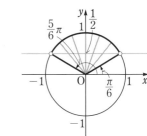

(2)　$0 \leqq \theta < 2\pi$ の範囲で $\cos\theta = \dfrac{\sqrt{3}}{2}$

を満たす θ の値は，　$\theta = \dfrac{\pi}{6}$, $\dfrac{11}{6}\pi$

よって，求める θ の値の範囲は，

$$0 \leqq \theta \leqq \dfrac{\pi}{6}, \quad \dfrac{11}{6}\pi \leqq \theta < 2\pi$$

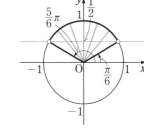

(3)　$0 \leqq \theta < 2\pi$ の範囲で $\tan\theta = 1$ を満

たす θ の値は，　$\theta = \dfrac{\pi}{4}$, $\dfrac{5}{4}\pi$

よって，求める θ の値の範囲は，

$$0 \leqq \theta \leqq \dfrac{\pi}{4}, \quad \dfrac{\pi}{2} < \theta \leqq \dfrac{5}{4}\pi,$$

$$\dfrac{3}{2}\pi < \theta < 2\pi$$

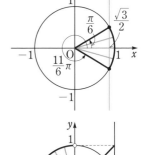

⚠注意　(2)，(3)では，θ の値の範囲が $0 \leqq \theta < 2\pi$ であることに注意しよう。

また，$\tan\theta$ は $\theta = \dfrac{\pi}{2}$, $\dfrac{3}{2}\pi$ で値をもたず，その前後で符号が変わるこ

とにも注意しよう。

参考　$y = \sin\theta$ のグラフや $y = \cos\theta$ のグラフ，$y = \tan\theta$ のグラフを利

用して解いてもよい。

☐ **問23** $0 \leqq \theta < 2\pi$ のとき，関数 $y = \cos^2\theta + \cos\theta$ の最大値と最小値を求めよ。

また，そのときの θ の値を求めよ。

ガイド $\cos\theta = t$ とおいて，y を t の2次関数として表す。t の値の範囲に注意する。

解答 $\cos\theta = t$ とおくと，$0 \leqq \theta < 2\pi$ であるから，

$$-1 \leqq t \leqq 1 \qquad \cdots\cdots ①$$

y を t で表すと，

$$y = t^2 + t = \left(t + \frac{1}{2}\right)^2 - \frac{1}{4}$$

したがって，①の範囲において y は，

$t = 1$ のとき最大値 2，$t = -\dfrac{1}{2}$ のとき最小値 $-\dfrac{1}{4}$ をとる。

よって，$0 \leqq \theta < 2\pi$ より，

$\theta = 0$ のとき最大値 2

$\theta = \dfrac{2}{3}\pi$，$\dfrac{4}{3}\pi$ のとき最小値 $-\dfrac{1}{4}$

をとる。

(グラフ: $y = t^2 + t$)

参考 $y = \cos^2\theta + \cos\theta$ を θ の関数としてグラフをかき，最大値・最小値を求めることは現段階ではできない。また，グラフをかくのに必要な予備知識や技術があったとしても，非常に手間がかかる。

解答 では，$\cos\theta = t$ とおいて，y を t の2次関数で表すことがキーとなっている。2次関数の最大・最小の問題は既習事項であるから，t の値の範囲に注意すれば，解くことができる。

このような文字のおき換えは，上手く使うと問題を解きやすくなったり，ミスが減ったりするから便利である。

2次関数の最大・最小は
数学Ⅰの教科書ガイドで
復習しよう。

節末問題

第1節｜一般角の三角関数

☑ 1
教科書
p.130
　半径 3, 弧の長さ 4 の扇形の中心角の大きさは何ラジアンか。また, この扇形の面積を求めよ。

ガイド　半径 r, 中心角 θ の扇形の弧の長さ ℓ と面積 S は,

$$\ell = r\theta, \quad S = \frac{1}{2}r^2\theta = \frac{1}{2}r\ell$$

解答　半径 3, 弧の長さ 4 の扇形の中心角の大きさを θ, 面積を S とする。
$4 = 3 \cdot \theta$ より,

$$\theta = \frac{4}{3} \text{（ラジアン）}$$

また,　$S = \dfrac{1}{2} \times 3 \times 4 = 6$

よって,　求める**中心角の大きさは $\dfrac{4}{3}$ ラジアン, 面積は 6**

☑ 2
教科書
p.130
　$\sin\theta + \cos\theta = \dfrac{2}{3}$ のとき, 次の式の値を求めよ。

(1)　$\sin\theta\cos\theta$　　　(2)　$\sin^3\theta + \cos^3\theta$　　　(3)　$\sin\theta - \cos\theta$

ガイド　(3) $(\sin\theta - \cos\theta)^2$ を考える。

解答　(1)　$\sin\theta + \cos\theta = \dfrac{2}{3}$ の両辺を 2 乗すると,

$$\sin^2\theta + 2\sin\theta\cos\theta + \cos^2\theta = \frac{4}{9}$$

したがって,　$1 + 2\sin\theta\cos\theta = \dfrac{4}{9}$

よって,　$\sin\theta\cos\theta = -\dfrac{5}{18}$

(2)　$\sin^3\theta + \cos^3\theta = (\sin\theta + \cos\theta)(\sin^2\theta - \sin\theta\cos\theta + \cos^2\theta)$

$$= \frac{2}{3} \times \left\{ 1 - \left(-\frac{5}{18} \right) \right\}$$

$$= \frac{23}{27}$$

第3章　三角関数

(3) $(\sin\theta-\cos\theta)^2=\sin^2\theta-2\sin\theta\cos\theta+\cos^2\theta$

$$=1-2\times\left(-\frac{5}{18}\right)$$

$$=\frac{14}{9}$$

よって，$\quad\sin\theta-\cos\theta=\pm\dfrac{\sqrt{14}}{3}$

参考 (2)は，$\sin^3\theta+\cos^3\theta=(\sin\theta+\cos\theta)^3-3\sin\theta\cos\theta(\sin\theta+\cos\theta)$
としても解くことができる。

(3)は符号を決めることができないね。

3
教科書
p.130

$\sin\left(\theta+\dfrac{\pi}{2}\right)\cos(\pi-\theta)-\sin(\theta+\pi)\sin(-\theta)$ を簡単にせよ。

ガイド $\sin\theta$ と $\cos\theta$ だけの式にする。

解答 $\sin\left(\theta+\dfrac{\pi}{2}\right)\cos(\pi-\theta)-\sin(\theta+\pi)\sin(-\theta)$

$=\cos\theta\cdot(-\cos\theta)-(-\sin\theta)\cdot(-\sin\theta)$

$=-\cos^2\theta-\sin^2\theta$

$=-(\sin^2\theta+\cos^2\theta)$

$=\boldsymbol{-1}$

参考 三角関数について，以下のような式も成り立つ。

$$\sin\left(\theta-\frac{\pi}{2}\right)=-\cos\theta$$

$$\cos\left(\theta-\frac{\pi}{2}\right)=\sin\theta$$

$$\tan\left(\theta-\frac{\pi}{2}\right)=-\frac{1}{\tan\theta}$$

$$\sin(\theta-\pi)=-\sin\theta$$

$$\cos(\theta-\pi)=-\cos\theta$$

$$\tan(\theta-\pi)=\tan\theta$$

☑ **4**　次の関数のグラフをかけ。また，その周期を求めよ。

教科書
p.130
(1)　$y=\sin 2\theta+1$　　　　　　(2)　$y=3\cos\dfrac{\theta}{2}$

(3)　$y=\tan\left(\theta-\dfrac{\pi}{6}\right)$　　　　(4)　$y=\sin\left(2\theta-\dfrac{2}{3}\pi\right)$

ガイド　$k>0$ とすると，$y=\sin k\theta$，$y=\cos k\theta$ の周期は $\dfrac{2\pi}{k}$，

$y=\tan k\theta$ の周期は $\dfrac{\pi}{k}$ である。

(4)　$y=\sin 2\left(\theta-\dfrac{\pi}{3}\right)$ と考える。

解答　(1)　関数 $y=\sin 2\theta+1$ のグラフは，$y=\sin 2\theta$ のグラフを y 軸方
向に 1 だけ平行移動したものである。

また，**周期**は $y=\sin 2\theta$ の周期に等しく，**π** である。

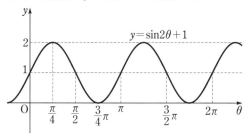

(2)　関数 $y=3\cos\dfrac{\theta}{2}$ のグラフは，$y=\cos\dfrac{\theta}{2}$ のグラフを θ 軸を基
準にして y 軸方向に 3 倍に拡大したものである。

また，**周期**は $y=\cos\dfrac{\theta}{2}$ の周期に等しく，**4π** である。

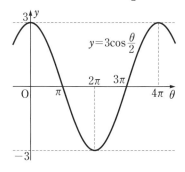

第3章 三角関数

(3) 関数 $y=\tan\left(\theta-\dfrac{\pi}{6}\right)$ のグラフは，$y=\tan\theta$ のグラフを θ 軸方

向に $\dfrac{\pi}{6}$ だけ平行移動したものである。

また，**周期**は $y=\tan\theta$ の周期に等しく，π である。

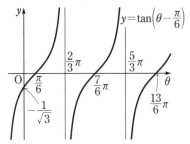

(4) $y=\sin\left(2\theta-\dfrac{2}{3}\pi\right)=\sin 2\left(\theta-\dfrac{\pi}{3}\right)$ で，関数 $y=\sin 2\left(\theta-\dfrac{\pi}{3}\right)$ の

グラフは，$y=\sin 2\theta$ のグラフを θ 軸方向に $\dfrac{\pi}{3}$ だけ平行移動し

たものである。

また，$y=\sin 2\left(\theta-\dfrac{\pi}{3}\right)$ の**周期**は $y=\sin 2\theta$ の周期に等しく，

π である。

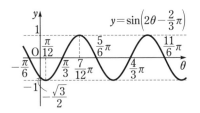

本書 p.157〜160 の 問14 などでは y 軸と
θ 軸の縮尺を同じにしたけど，θ 軸の縮尺
を小さくしてグラフをかいてもいいよ。

□5

教科書
p.130

$0 \leqq \theta < 2\pi$ のとき，次の方程式，不等式を解け。

(1) $\sqrt{2} \tan\theta + \sqrt{6} = 0$

(2) $2\cos\left(\theta - \dfrac{\pi}{4}\right) = 1$

(3) $2\sin\theta - \sqrt{2} \leqq 0$

(4) $-1 < \tan\theta < \sqrt{3}$

ガイド (2) $\theta - \dfrac{\pi}{4} = t$ とおく。ただし，t の値の範囲に注意する。

(4) $-1 < \tan\theta$ かつ $\tan\theta < \sqrt{3}$ を満たす θ の値の範囲を求める。

解答 (1) $\sqrt{2}\tan\theta + \sqrt{6} = 0$ より，

$\qquad \tan\theta = -\sqrt{3}$

右の図のように，点 $\mathrm{T}(1,\ -\sqrt{3})$
をとり，直線 OT と単位円の交点を
P，P′ とすると，この動径 OP,
OP′ の表す角が求める θ である。

よって，$0 \leqq \theta < 2\pi$ より，

$$\theta = \frac{2}{3}\pi,\ \frac{5}{3}\pi$$

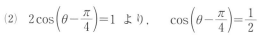

(2) $2\cos\left(\theta - \dfrac{\pi}{4}\right) = 1$ より，$\quad \cos\left(\theta - \dfrac{\pi}{4}\right) = \dfrac{1}{2}$

$\theta - \dfrac{\pi}{4} = t$ とおくと，$\quad \cos t = \dfrac{1}{2}$ ……①

$0 \leqq \theta < 2\pi$ であるから，$\quad -\dfrac{\pi}{4} \leqq t < \dfrac{7}{4}\pi$ ……②

②の範囲で①を満たす t の値は，

$$t = \frac{\pi}{3},\ \frac{5}{3}\pi$$

したがって，

$$\theta - \frac{\pi}{4} = \frac{\pi}{3},\ \frac{5}{3}\pi$$

よって，$\quad \theta = \dfrac{7}{12}\pi,\ \dfrac{23}{12}\pi$

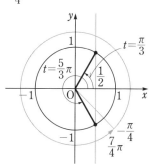

(3) $2\sin\theta - \sqrt{2} \leqq 0$ より, $\sin\theta \leqq \dfrac{\sqrt{2}}{2}$

$0 \leqq \theta < 2\pi$ の範囲で $\sin\theta = \dfrac{\sqrt{2}}{2}$

を満たす θ の値は, $\theta = \dfrac{\pi}{4}, \ \dfrac{3}{4}\pi$

よって,求める θ の値の範囲は,

$0 \leqq \theta \leqq \dfrac{\pi}{4}, \ \dfrac{3}{4}\pi \leqq \theta < 2\pi$

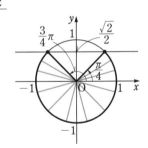

(4) (i) $-1 < \tan\theta$, すなわち, $\tan\theta > -1$ のとき

　　$0 \leqq \theta < 2\pi$ の範囲で $\tan\theta = -1$

　　を満たす θ の値は,

　　　$\theta = \dfrac{3}{4}\pi, \ \dfrac{7}{4}\pi$

　　よって,求める θ の値の範囲は,

　　　$0 \leqq \theta < \dfrac{\pi}{2}, \ \dfrac{3}{4}\pi < \theta < \dfrac{3}{2}\pi,$

　　　$\dfrac{7}{4}\pi < \theta < 2\pi$

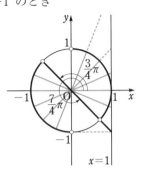

(ii) $\tan\theta < \sqrt{3}$ のとき

　　$0 \leqq \theta < 2\pi$ の範囲で $\tan\theta = \sqrt{3}$

　　を満たす θ の値は,

　　　$\theta = \dfrac{\pi}{3}, \ \dfrac{4}{3}\pi$

　　よって,求める θ の値の範囲は,

　　　$0 \leqq \theta < \dfrac{\pi}{3}, \ \dfrac{\pi}{2} < \theta < \dfrac{4}{3}\pi,$

　　　$\dfrac{3}{2}\pi < \theta < 2\pi$

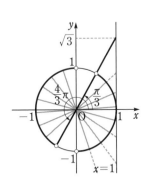

(i), (ii)の共通範囲を考えて,

　$0 \leqq \theta < \dfrac{\pi}{3}, \ \dfrac{3}{4}\pi < \theta < \dfrac{4}{3}\pi, \ \dfrac{7}{4}\pi < \theta < 2\pi$

共通範囲を考えるときに
間違えないようにね。

☐ **6**

教科書
p.130

$0 \leq \theta < 2\pi$ のとき，次の関数の最大値と最小値を求めよ。また，その
ときの θ の値を求めよ。

(1) $y = -\sin\theta + 2$ 　　　　　(2) $y = \sin^2\theta + \cos\theta$

ガイド (2) $\cos\theta$ だけの式に変形して，$\cos\theta = t$ とおく。t の値の範囲に
注意する。

解答 (1) $0 \leq \theta < 2\pi$ であるから，

$$-1 \leq \sin\theta \leq 1$$

したがって，y は，$\sin\theta = -1$ のとき最大値 3，

$\sin\theta = 1$ のとき最小値 1 をとる。

よって，$0 \leq \theta < 2\pi$ より，

$$\theta = \frac{3}{2}\pi \ \textbf{のとき，最大値 3}$$

$$\theta = \frac{\pi}{2} \ \textbf{のとき，最小値 1}$$

をとる。

(2) $y = \sin^2\theta + \cos\theta$

$\quad = (1 - \cos^2\theta) + \cos\theta$

$\quad = -\cos^2\theta + \cos\theta + 1$

$\cos\theta = t$ とおくと，$0 \leq \theta < 2\pi$
であるから，

$$-1 \leq t \leq 1 \quad \cdots\cdots①$$

y を t で表すと，

$$y = -t^2 + t + 1$$

$$\quad = -\left(t - \frac{1}{2}\right)^2 + \frac{5}{4}$$

したがって，①の範囲において

y は，$t = \frac{1}{2}$ のとき最大値 $\frac{5}{4}$，

$t = -1$ のとき最小値 -1 をとる。

よって，$0 \leq \theta < 2\pi$ より，

$$\theta = \frac{\pi}{3}, \ \frac{5}{3}\pi \ \textbf{のとき，最大値} \ \frac{5}{4}$$

$$\theta = \pi \ \textbf{のとき，最小値} \ -1$$

をとる。

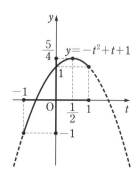

第3章 三角関数

第2節 三角関数の加法定理

1 三角関数の加法定理

☑ **問24**　等式 $\cos(\alpha+\beta)=\cos\alpha\cos\beta-\sin\alpha\sin\beta$ が

教科書 **p.131**　$\cos(\alpha-\beta)=\cos\alpha\cos\beta+\sin\alpha\sin\beta$ から導かれることを確かめよ。

ガイド　β を $-\beta$ におき換えて整理する。

解答　
$$\cos(\alpha+\beta)=\cos\{\alpha-(-\beta)\}$$
$$=\cos\alpha\cos(-\beta)+\sin\alpha\sin(-\beta)$$
$$=\cos\alpha\cos\beta+\sin\alpha(-\sin\beta)$$
$$=\cos\alpha\cos\beta-\sin\alpha\sin\beta$$

☑ **問25**　等式 $\sin(\alpha-\beta)=\sin\alpha\cos\beta-\cos\alpha\sin\beta$ が

教科書 **p.132**　$\sin(\alpha+\beta)=\sin\alpha\cos\beta+\cos\alpha\sin\beta$ から導かれることを確かめよ。

ガイド　β を $-\beta$ におき換えて整理する。

解答　
$$\sin(\alpha-\beta)=\sin\{\alpha+(-\beta)\}$$
$$=\sin\alpha\cos(-\beta)+\cos\alpha\sin(-\beta)$$
$$=\sin\alpha\cos\beta+\cos\alpha(-\sin\beta)$$
$$=\sin\alpha\cos\beta-\cos\alpha\sin\beta$$

$0,\ \dfrac{\pi}{6},\ \dfrac{\pi}{4},\ \cdots\cdots$ などの三角関数の値がわかっている角以外の角についても三角関数の値がわかるかも。

☑ **問26**　次の値を求めよ。

教科書 **p.132**　(1) $\cos 75°$　　　　(2) $\sin 15°$　　　　(3) $\cos 15°$

ガイド

ここがポイント 🖝 [正弦・余弦の加法定理]

① $\sin(\alpha+\beta)=\sin\alpha\cos\beta+\cos\alpha\sin\beta$

$\sin(\alpha-\beta)=\sin\alpha\cos\beta-\cos\alpha\sin\beta$

② $\cos(\alpha+\beta)=\cos\alpha\cos\beta-\sin\alpha\sin\beta$

$\cos(\alpha-\beta)=\cos\alpha\cos\beta+\sin\alpha\sin\beta$

$75°=45°+30°$, $15°=45°-30°$ を利用する。

解答▶

(1) $\cos 75°=\cos(45°+30°)$

$\qquad =\cos 45°\cos 30°-\sin 45°\sin 30°$

$\qquad =\dfrac{\sqrt{2}}{2}\cdot\dfrac{\sqrt{3}}{2}-\dfrac{\sqrt{2}}{2}\cdot\dfrac{1}{2}=\dfrac{\sqrt{6}-\sqrt{2}}{4}$

(2) $\sin 15°=\sin(45°-30°)$

$\qquad =\sin 45°\cos 30°-\cos 45°\sin 30°$

$\qquad =\dfrac{\sqrt{2}}{2}\cdot\dfrac{\sqrt{3}}{2}-\dfrac{\sqrt{2}}{2}\cdot\dfrac{1}{2}=\dfrac{\sqrt{6}-\sqrt{2}}{4}$

(3) $\cos 15°=\cos(45°-30°)$

$\qquad =\cos 45°\cos 30°+\sin 45°\sin 30°$

$\qquad =\dfrac{\sqrt{2}}{2}\cdot\dfrac{\sqrt{3}}{2}+\dfrac{\sqrt{2}}{2}\cdot\dfrac{1}{2}=\dfrac{\sqrt{6}+\sqrt{2}}{4}$

参考▮ $75°=120°-45°=135°-60°$

$15°=60°-45°=135°-120°=150°-135°$

などの組み合わせもある。どの組み合わせで求めても同じ結果が得られる。

さらに，(2)，(3)は，(1)や教科書 p.132 の例13 の結果を用いて次のようにしてもよい。

(2) $\sin 15°=\sin(90°-75°)$

$\qquad =\cos 75°$

$\qquad =\dfrac{\sqrt{6}-\sqrt{2}}{4}$

(3) $\cos 15°=\cos(90°-75°)$

$\qquad =\sin 75°$

$\qquad =\dfrac{\sqrt{6}+\sqrt{2}}{4}$

第 3 章

三角関数

☑ **問27**
教科書 **p.132**

$\dfrac{7}{12}\pi=\dfrac{\pi}{3}+\dfrac{\pi}{4}$ であることを用いて，$\sin\dfrac{7}{12}\pi$, $\cos\dfrac{7}{12}\pi$ の値を求めよ。

ガイド 正弦・余弦の加法定理を用いる。

解答
$$\sin\dfrac{7}{12}\pi=\sin\left(\dfrac{\pi}{3}+\dfrac{\pi}{4}\right)$$
$$=\sin\dfrac{\pi}{3}\cos\dfrac{\pi}{4}+\cos\dfrac{\pi}{3}\sin\dfrac{\pi}{4}$$
$$=\dfrac{\sqrt{3}}{2}\cdot\dfrac{\sqrt{2}}{2}+\dfrac{1}{2}\cdot\dfrac{\sqrt{2}}{2}=\dfrac{\sqrt{6}+\sqrt{2}}{4}$$
$$\cos\dfrac{7}{12}\pi=\cos\left(\dfrac{\pi}{3}+\dfrac{\pi}{4}\right)$$
$$=\cos\dfrac{\pi}{3}\cos\dfrac{\pi}{4}-\sin\dfrac{\pi}{3}\sin\dfrac{\pi}{4}$$
$$=\dfrac{1}{2}\cdot\dfrac{\sqrt{2}}{2}-\dfrac{\sqrt{3}}{2}\cdot\dfrac{\sqrt{2}}{2}=\dfrac{\sqrt{2}-\sqrt{6}}{4}$$

☑ **問28**
教科書 **p.133**

α が第2象限，β が第4象限の角で，$\sin\alpha=\dfrac{1}{3}$, $\cos\beta=\dfrac{1}{5}$ のとき，$\sin(\alpha+\beta)$, $\cos(\alpha-\beta)$ の値を求めよ。

ガイド まず $\cos\alpha$ と $\sin\beta$ を求める。

解答 α は第2象限の角であるから，　$\cos\alpha<0$

よって，　$\cos\alpha=-\sqrt{1-\sin^2\alpha}=-\sqrt{1-\left(\dfrac{1}{3}\right)^2}=-\dfrac{2\sqrt{2}}{3}$

β は第4象限の角であるから，　$\sin\beta<0$

よって，　$\sin\beta=-\sqrt{1-\cos^2\beta}=-\sqrt{1-\left(\dfrac{1}{5}\right)^2}=-\dfrac{2\sqrt{6}}{5}$

以上から，
$$\sin(\alpha+\beta)=\sin\alpha\cos\beta+\cos\alpha\sin\beta$$
$$=\dfrac{1}{3}\cdot\dfrac{1}{5}+\left(-\dfrac{2\sqrt{2}}{3}\right)\cdot\left(-\dfrac{2\sqrt{6}}{5}\right)$$
$$=\dfrac{1+8\sqrt{3}}{15}$$

$$\cos(\alpha-\beta)=\cos\alpha\cos\beta+\sin\alpha\sin\beta$$
$$=\left(-\frac{2\sqrt{2}}{3}\right)\cdot\frac{1}{5}+\frac{1}{3}\cdot\left(-\frac{2\sqrt{6}}{5}\right)$$
$$=-\frac{2\sqrt{2}+2\sqrt{6}}{15}$$

☑ **問29**

教科書 **p.134**

等式 $\tan(\alpha-\beta)=\dfrac{\tan\alpha-\tan\beta}{1+\tan\alpha\tan\beta}$ が $\tan(\alpha+\beta)=\dfrac{\tan\alpha+\tan\beta}{1-\tan\alpha\tan\beta}$ から導かれることを確かめよ。

ガイド β を $-\beta$ におき換えて整理する。

解答 $\tan(\alpha-\beta)=\tan\{\alpha+(-\beta)\}=\dfrac{\tan\alpha+\tan(-\beta)}{1-\tan\alpha\tan(-\beta)}$

$=\dfrac{\tan\alpha+(-\tan\beta)}{1-\tan\alpha(-\tan\beta)}=\dfrac{\tan\alpha-\tan\beta}{1+\tan\alpha\tan\beta}$

☑ **問30** $\tan15°$，$\tan105°$ の値を求めよ。

教科書 **p.134**

ガイド

ここがポイント ☞ ［正接の加法定理］

$\boxed{3}$ $\tan(\alpha+\beta)=\dfrac{\tan\alpha+\tan\beta}{1-\tan\alpha\tan\beta}$

$\tan(\alpha-\beta)=\dfrac{\tan\alpha-\tan\beta}{1+\tan\alpha\tan\beta}$

この問題では，$15°=45°-30°$，$105°=60°+45°$ を利用する。

解答 $\tan15°=\tan(45°-30°)=\dfrac{\tan45°-\tan30°}{1+\tan45°\tan30°}=\dfrac{1-\dfrac{1}{\sqrt{3}}}{1+1\cdot\dfrac{1}{\sqrt{3}}}$

$=\dfrac{\sqrt{3}-1}{\sqrt{3}+1}=\dfrac{(\sqrt{3}-1)^2}{(\sqrt{3}+1)(\sqrt{3}-1)}=\dfrac{4-2\sqrt{3}}{2}=2-\sqrt{3}$

$\tan105°=\tan(60°+45°)=\dfrac{\tan60°+\tan45°}{1-\tan60°\tan45°}=\dfrac{\sqrt{3}+1}{1-\sqrt{3}\cdot1}$

$=-\dfrac{\sqrt{3}+1}{\sqrt{3}-1}=-\dfrac{(\sqrt{3}+1)^2}{(\sqrt{3}-1)(\sqrt{3}+1)}=-\dfrac{4+2\sqrt{3}}{2}$

$=-2-\sqrt{3}$

第 3 章

三角関数

問31

教科書
p.135

2直線 $y=-\dfrac{1}{3}x+2$, $y=\dfrac{1}{2}x+4$ のなす角 θ を求めよ。ただし，$0\leqq\theta\leqq\dfrac{\pi}{2}$ とする。

ガイド　右の図のような2直線

$y=m_1x+n_1$, $y=m_2x+n_2$ のなす角

θ は，2直線 $y=m_1x$, $y=m_2x$ の

なす角 $\alpha-\beta$ に等しく，$\tan\alpha=m_1$,

$\tan\beta=m_2$ であるから，$m_1m_2\neq-1$

のとき，$\tan\theta=\dfrac{m_1-m_2}{1+m_1m_2}$ と表すこと

ができる。

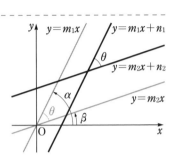

　2直線のなす角 θ は $0\leqq\theta\leqq\dfrac{\pi}{2}$ の範囲で考えることが多く，この計

算で $\tan\theta<0$，すなわち，$\dfrac{\pi}{2}<\theta\leqq\pi$ となる場合は，$\pi-\theta$ を2直線の

なす角とすればよい。

解答　2直線 $y=-\dfrac{1}{3}x+2$, $y=\dfrac{1}{2}x+4$ のなす角は，2直線 $y=-\dfrac{1}{3}x$,

$y=\dfrac{1}{2}x$ のなす角に等しい。

　2直線 $y=-\dfrac{1}{3}x$, $y=\dfrac{1}{2}x$ と x 軸

の正の向きとのなす角を，それぞれ α,

β とすると，右の図から，

　　$\theta'=\alpha-\beta$

$\tan\alpha=-\dfrac{1}{3}$, $\tan\beta=\dfrac{1}{2}$ であるから，

　　$\tan\theta'=\tan(\alpha-\beta)$

　　　$=\dfrac{\tan\alpha-\tan\beta}{1+\tan\alpha\tan\beta}=\dfrac{-\dfrac{1}{3}-\dfrac{1}{2}}{1+\left(-\dfrac{1}{3}\right)\cdot\dfrac{1}{2}}=\dfrac{-\dfrac{5}{6}}{\dfrac{5}{6}}=-1$

$0 \leqq \theta' < \pi$ の範囲では，　　$\theta' = \dfrac{3}{4}\pi$

$0 \leqq \theta \leqq \dfrac{\pi}{2}$ より，なす角 θ をこの範囲で考えると，

$$\theta = \pi - \theta' = \pi - \dfrac{3}{4}\pi = \dfrac{\pi}{4}$$

研究 点の回転

問題

教科書
p.136　点 P$(4, 2\sqrt{3}\,)$ を，原点 O を中心にして $\dfrac{\pi}{3}$ だけ回転させたときに移る点 R の座標を求めよ。

ガイド まず，OP$=r$ とし，動径 OP と x 軸の正の向きとのなす角を α として，三角関数の定義から，点 P の座標を r，α を使った式で表す。

解答 OP$=r$ とし，動径 OP と x 軸の正の向きとのなす角を α とすると，三角関数の定義より，

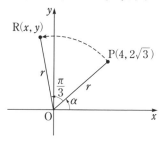

$$4 = r\cos\alpha,\ 2\sqrt{3} = r\sin\alpha$$

また，R の座標を $(x,\ y)$ とすると，OR$=r$ であり，動径 OR と x 軸の正の向きとのなす角は $\alpha + \dfrac{\pi}{3}$ であるから，

$$x = r\cos\left(\alpha + \dfrac{\pi}{3}\right)$$

$$y = r\sin\left(\alpha + \dfrac{\pi}{3}\right)$$

加法定理により，

$$x = r\cos\alpha\cos\dfrac{\pi}{3} - r\sin\alpha\sin\dfrac{\pi}{3} = 4 \cdot \dfrac{1}{2} - 2\sqrt{3} \cdot \dfrac{\sqrt{3}}{2} = -1$$

$$y = r\sin\alpha\cos\dfrac{\pi}{3} + r\cos\alpha\sin\dfrac{\pi}{3} = 2\sqrt{3} \cdot \dfrac{1}{2} + 4 \cdot \dfrac{\sqrt{3}}{2} = 3\sqrt{3}$$

よって，点 R の座標は，　　$(-1,\ 3\sqrt{3}\,)$

⚠注意 r や α の値を具体的に求めずに，点 R の座標を求める。

2　2倍角・半角の公式

☐ 問32　$\dfrac{\pi}{2}<\alpha<\pi$ で，$\cos\alpha=-\dfrac{\sqrt{5}}{3}$ のとき，次の値を求めよ。

教科書
p.137　　(1)　$\sin 2\alpha$　　　　(2)　$\cos 2\alpha$　　　　(3)　$\tan 2\alpha$

ガイド

ここがポイント ☞ ［2倍角の公式］

　① $\sin 2\alpha = 2\sin\alpha\cos\alpha$

　② $\cos 2\alpha = \cos^2\alpha - \sin^2\alpha = 2\cos^2\alpha - 1 = 1 - 2\sin^2\alpha$

　③ $\tan 2\alpha = \dfrac{2\tan\alpha}{1-\tan^2\alpha}$

(1)　まず $\sin\alpha$ を求める。

(3)　まず $\tan\alpha$ を求める。

解答　$\dfrac{\pi}{2}<\alpha<\pi$ より $\sin\alpha>0$ であるから，

$$\sin\alpha = \sqrt{1-\left(-\dfrac{\sqrt{5}}{3}\right)^2} = \dfrac{2}{3}$$

(1)　$\sin 2\alpha = 2\sin\alpha\cos\alpha = 2\cdot\dfrac{2}{3}\cdot\left(-\dfrac{\sqrt{5}}{3}\right) = -\dfrac{4\sqrt{5}}{9}$

(2)　$\cos 2\alpha = 2\cos^2\alpha - 1 = 2\cdot\left(-\dfrac{\sqrt{5}}{3}\right)^2 - 1 = \dfrac{1}{9}$

(3)　$\tan\alpha = \dfrac{\sin\alpha}{\cos\alpha} = \dfrac{2}{3} \div \left(-\dfrac{\sqrt{5}}{3}\right) = -\dfrac{2}{\sqrt{5}} = -\dfrac{2\sqrt{5}}{5}$ より，

$$\tan 2\alpha = \dfrac{2\tan\alpha}{1-\tan^2\alpha} = \dfrac{2\cdot\left(-\dfrac{2\sqrt{5}}{5}\right)}{1-\left(-\dfrac{2\sqrt{5}}{5}\right)^2} = -4\sqrt{5}$$

参考　(3)は $\tan 2\alpha = \dfrac{\sin 2\alpha}{\cos 2\alpha}$ としてもよい。

> $\beta=\alpha$ とおくと，加法定理
> から簡単に2倍角の公式を
> 導けるね。

問33 $3\alpha=2\alpha+\alpha$ として，次の等式を証明せよ。(3倍角の公式)

教科書
p.137
(1)　$\sin 3\alpha=3\sin\alpha-4\sin^3\alpha$　　　(2)　$\cos 3\alpha=4\cos^3\alpha-3\cos\alpha$

- -

ガイド　正弦・余弦の加法定理，2倍角の公式などを使って左辺を変形する。

解答　(1)　$\sin 3\alpha=\sin(2\alpha+\alpha)$

$$=\sin 2\alpha\cos\alpha+\cos 2\alpha\sin\alpha$$
$$=2\sin\alpha\cos^2\alpha+(1-2\sin^2\alpha)\sin\alpha$$
$$=2\sin\alpha(1-\sin^2\alpha)+\sin\alpha-2\sin^3\alpha$$
$$=2\sin\alpha-2\sin^3\alpha+\sin\alpha-2\sin^3\alpha$$
$$=3\sin\alpha-4\sin^3\alpha$$

(2)　$\cos 3\alpha=\cos(2\alpha+\alpha)$

$$=\cos 2\alpha\cos\alpha-\sin 2\alpha\sin\alpha$$
$$=(2\cos^2\alpha-1)\cos\alpha-2\sin^2\alpha\cos\alpha$$
$$=2\cos^3\alpha-\cos\alpha-2(1-\cos^2\alpha)\cos\alpha$$
$$=2\cos^3\alpha-\cos\alpha-2\cos\alpha+2\cos^3\alpha$$
$$=4\cos^3\alpha-3\cos\alpha$$

参考　同様にして，4倍角の公式も導くことができる。

$$\sin 4\alpha=\sin(2\cdot 2\alpha)$$
$$=2\sin 2\alpha\cos 2\alpha$$
$$=4\sin\alpha\cos\alpha(1-2\sin^2\alpha)$$
$$=4\sin\alpha\cos\alpha-8\sin^3\alpha\cos\alpha$$

$$\cos 4\alpha=\cos(2\cdot 2\alpha)$$
$$=2\cos^2 2\alpha-1$$
$$=2(2\cos^2\alpha-1)^2-1$$
$$=2(4\cos^4\alpha-4\cos^2\alpha+1)-1$$
$$=8\cos^4\alpha-8\cos^2\alpha+1$$

第3章

三角関数

□ **問34**　正弦・余弦の半角の公式から，正接の半角の公式が導かれることを確

教科書
p.138　かめよ。

ガイド　2倍角の公式

$$\cos 2\alpha = 1 - 2\sin^2\alpha \ \text{より，}\quad \sin^2\alpha = \frac{1-\cos 2\alpha}{2}$$

$$\cos 2\alpha = 2\cos^2\alpha - 1 \ \text{より，}\quad \cos^2\alpha = \frac{1+\cos 2\alpha}{2}$$

ここで，α を $\dfrac{\alpha}{2}$ におき換えると，次の正弦・余弦の**半角の公式**が得

られる。これらと $\tan\theta = \dfrac{\sin\theta}{\cos\theta}$ であることを用いて，正接の半角の

公式を導くことができる。

ここがポイント 👉 [半角の公式]

1　$\sin^2\dfrac{\alpha}{2} = \dfrac{1-\cos\alpha}{2}$

2　$\cos^2\dfrac{\alpha}{2} = \dfrac{1+\cos\alpha}{2}$

3　$\tan^2\dfrac{\alpha}{2} = \dfrac{1-\cos\alpha}{1+\cos\alpha}$

解答　$\tan^2\dfrac{\alpha}{2} = \left(\dfrac{\sin\dfrac{\alpha}{2}}{\cos\dfrac{\alpha}{2}}\right)^2 = \dfrac{\sin^2\dfrac{\alpha}{2}}{\cos^2\dfrac{\alpha}{2}}$

$$= \dfrac{\dfrac{1-\cos\alpha}{2}}{\dfrac{1+\cos\alpha}{2}} = \dfrac{1-\cos\alpha}{1+\cos\alpha}$$

三角関数の正接の半角の公式は，正弦・
余弦の半角の公式から導き出せるね。

☐ **問35** 次の値を求めよ。

教科書 **p.138**
(1) $\sin\dfrac{\pi}{8}$　　　　　　　　　(2) $\cos\dfrac{5}{8}\pi$

- -

ガイド 半角の公式を利用する。

$0<\dfrac{\pi}{8}<\dfrac{\pi}{2}$ より，$\sin\dfrac{\pi}{8}>0$,

$\dfrac{\pi}{2}<\dfrac{5}{8}\pi<\pi$ より，$\cos\dfrac{5}{8}\pi<0$ である。

解答 (1) $\sin^2\dfrac{\pi}{8}=\dfrac{1-\cos\dfrac{\pi}{4}}{2}=\dfrac{1-\dfrac{1}{\sqrt{2}}}{2}=\dfrac{2-\sqrt{2}}{4}$

$\sin\dfrac{\pi}{8}>0$ であるから，　$\sin\dfrac{\pi}{8}=\sqrt{\dfrac{2-\sqrt{2}}{4}}=\dfrac{\sqrt{2-\sqrt{2}}}{2}$

(2) $\cos^2\dfrac{5}{8}\pi=\dfrac{1+\cos\dfrac{5}{4}\pi}{2}=\dfrac{1+\left(-\dfrac{1}{\sqrt{2}}\right)}{2}=\dfrac{2-\sqrt{2}}{4}$

$\cos\dfrac{5}{8}\pi<0$ であるから，

$\cos\dfrac{5}{8}\pi=-\sqrt{\dfrac{2-\sqrt{2}}{4}}=-\dfrac{\sqrt{2-\sqrt{2}}}{2}$

- -

☐ **問36**

教科書 **p.138**
$\pi<\alpha<\dfrac{3}{2}\pi$ で，$\cos\alpha=-\dfrac{3}{5}$ のとき，次の値を求めよ。

(1) $\sin\dfrac{\alpha}{2}$　　　　　(2) $\cos\dfrac{\alpha}{2}$　　　　　(3) $\tan\dfrac{\alpha}{2}$

- -

ガイド 半角の公式を利用する。$\dfrac{\alpha}{2}$ の値の範囲に注意する。

解答 $\pi<\alpha<\dfrac{3}{2}\pi$ より，$\dfrac{\pi}{2}<\dfrac{\alpha}{2}<\dfrac{3}{4}\pi$ であるから，

$\sin\dfrac{\alpha}{2}>0$, $\cos\dfrac{\alpha}{2}<0$, $\tan\dfrac{\alpha}{2}<0$

第3章 三角関数

(1) $\sin^2\dfrac{\alpha}{2}=\dfrac{1-\cos\alpha}{2}=\dfrac{1-\left(-\dfrac{3}{5}\right)}{2}=\dfrac{4}{5}$

$\sin\dfrac{\alpha}{2}>0$ であるから，　$\sin\dfrac{\alpha}{2}=\sqrt{\dfrac{4}{5}}=\dfrac{2\sqrt{5}}{5}$

(2) $\cos^2\dfrac{\alpha}{2}=\dfrac{1+\cos\alpha}{2}=\dfrac{1+\left(-\dfrac{3}{5}\right)}{2}=\dfrac{1}{5}$

$\cos\dfrac{\alpha}{2}<0$ であるから，　$\cos\dfrac{\alpha}{2}=-\sqrt{\dfrac{1}{5}}=-\dfrac{\sqrt{5}}{5}$

(3) $\tan^2\dfrac{\alpha}{2}=\dfrac{1-\cos\alpha}{1+\cos\alpha}=\dfrac{1-\left(-\dfrac{3}{5}\right)}{1+\left(-\dfrac{3}{5}\right)}=4$

$\tan\dfrac{\alpha}{2}<0$ であるから，　$\tan\dfrac{\alpha}{2}=-\sqrt{4}=-2$

☐ **問37** $0\leqq\theta<2\pi$ のとき，次の方程式，不等式を解け。

教科書 **p.139**

(1) $\cos2\theta-\sin\theta-1=0$

(2) $\sin2\theta=\cos\theta$

(3) $\cos2\theta+\cos\theta<0$

- -

ガイド 2倍角の公式を用いて，$\sin\theta$ や $\cos\theta$ の式で表す。

解答 (1) $\cos2\theta=1-2\sin^2\theta$ より，

$(1-2\sin^2\theta)-\sin\theta-1=0$

$2\sin^2\theta+\sin\theta=0$

$\sin\theta(2\sin\theta+1)=0$

$\sin\theta=0,\ -\dfrac{1}{2}$

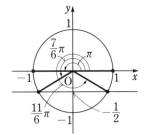

$0\leqq\theta<2\pi$ より，

$\sin\theta=0$ を満たす θ の値は，$\theta=0,\ \pi$

$\sin\theta=-\dfrac{1}{2}$ を満たす θ の値は，$\theta=\dfrac{7}{6}\pi,\ \dfrac{11}{6}\pi$

よって，　$\theta=0,\ \pi,\ \dfrac{7}{6}\pi,\ \dfrac{11}{6}\pi$

(2)　$\sin 2\theta = 2\sin\theta\cos\theta$ より，

　　$2\sin\theta\cos\theta = \cos\theta$

　　$\cos\theta(2\sin\theta - 1) = 0$

　　$\cos\theta = 0$，または，$\sin\theta = \dfrac{1}{2}$

$0 \leqq \theta < 2\pi$ より，

　　$\cos\theta = 0$ を満たす θ の値は，$\theta = \dfrac{\pi}{2}$，$\dfrac{3}{2}\pi$

　　$\sin\theta = \dfrac{1}{2}$ を満たす θ の値は，$\theta = \dfrac{\pi}{6}$，$\dfrac{5}{6}\pi$

よって，　$\theta = \dfrac{\pi}{6}$，$\dfrac{\pi}{2}$，$\dfrac{5}{6}\pi$，$\dfrac{3}{2}\pi$

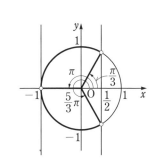

(3)　$\cos 2\theta = 2\cos^2\theta - 1$ より，

　　$(2\cos^2\theta - 1) + \cos\theta < 0$

　　$2\cos^2\theta + \cos\theta - 1 < 0$

　　$(\cos\theta + 1)(2\cos\theta - 1) < 0$

　　$-1 < \cos\theta < \dfrac{1}{2}$

$0 \leqq \theta < 2\pi$ より，

　　$\dfrac{\pi}{3} < \theta < \pi$，$\pi < \theta < \dfrac{5}{3}\pi$

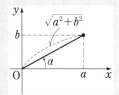

3　三角関数の合成

☐ **問38**　次の式を $r\sin(\theta + \alpha)$ の形に表せ。ただし，$r > 0$，$-\pi < \alpha < \pi$ とする。

教科書
p.140　(1)　$\sin\theta + \cos\theta$　　　　　　(2)　$-\sqrt{3}\sin\theta + \cos\theta$

ガイド

ここがポイント 👉 ［三角関数の合成］

$a\sin\theta + b\cos\theta = \sqrt{a^2 + b^2}\sin(\theta + \alpha)$

ただし，

$$\cos\alpha = \dfrac{a}{\sqrt{a^2 + b^2}}$$

$$\sin\alpha = \dfrac{b}{\sqrt{a^2 + b^2}}$$

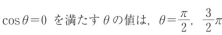

解答 (1) 点 P(1, 1) をとると,

$$OP=\sqrt{1^2+1^2}=\sqrt{2}$$

線分 OP と x 軸の正の向きとのなす

角 α は, $\dfrac{\pi}{4}$

よって,

$$\sin\theta+\cos\theta=\sqrt{2}\,\sin\left(\theta+\frac{\pi}{4}\right)$$

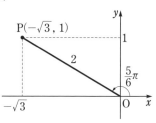

(2) 点 P($-\sqrt{3}$, 1) をとると,

$$OP=\sqrt{(-\sqrt{3})^2+1^2}=2$$

線分 OP と x 軸の正の向きとの

なす角 α は, $\dfrac{5}{6}\pi$

よって,

$$-\sqrt{3}\,\sin\theta+\cos\theta=2\sin\left(\theta+\frac{5}{6}\pi\right)$$

参考 三角関数の合成の式は, 加法定理の式

$$\sin(\theta+\alpha)=\sin\theta\cos\alpha+\cos\theta\sin\alpha$$

$$=\frac{a}{\sqrt{a^2+b^2}}\sin\theta+\frac{b}{\sqrt{a^2+b^2}}\cos\theta$$

の両辺に $\sqrt{a^2+b^2}$ を掛けたものである。

問39 次の式を $r\sin(\theta+\alpha)$ の形に表せ。ただし, $r>0$ とする。

教科書
p.141
(1) $12\sin\theta+5\cos\theta$　　　　　(2) $\sin\theta-2\cos\theta$

ガイド 三角関数の合成を利用する。値のわからない角は α とおく。

解答 (1) 点 P(12, 5) をとると,

$$OP=\sqrt{12^2+5^2}=13 \text{ であるから,}$$

$$12\sin\theta+5\cos\theta=13\sin(\theta+\alpha)$$

ただし, α は,

$$\cos\alpha=\frac{12}{13},\quad \sin\alpha=\frac{5}{13}$$

を満たす角である。

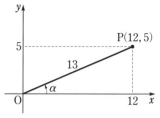

(2)　点 P$(1, -2)$ をとると，

OP$=\sqrt{1^2+(-2)^2}=\sqrt{5}$ であるから，

$\sin\theta-2\cos\theta=\sqrt{5}\sin(\theta+\alpha)$

ただし，α は，

$$\cos\alpha=\frac{1}{\sqrt{5}},\quad \sin\alpha=-\frac{2}{\sqrt{5}}$$

を満たす角である。

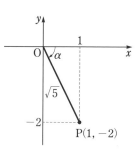

問40　$0\leqq\theta<2\pi$ のとき，次の方程式を解け。

教科書
p.142
(1)　$\sin\theta\ \cos\theta=\dfrac{\sqrt{6}}{2}$　　　　　(2)　$\sin\theta+\sqrt{3}\cos\theta=-1$

ガイド　左辺を合成して，$r\sin(\theta+\alpha)$ の形に表す。合成した後の角の値の範囲に注意する。

解答　(1)　$\sin\theta-\cos\theta=\dfrac{\sqrt{6}}{2}$ より，

$$\sqrt{2}\sin\left(\theta-\frac{\pi}{4}\right)=\frac{\sqrt{6}}{2}$$

すなわち，

$$\sin\left(\theta-\frac{\pi}{4}\right)=\frac{\sqrt{3}}{2}\quad\cdots\cdots①$$

$0\leqq\theta<2\pi$ であるから，

$$-\frac{\pi}{4}\leqq\theta-\frac{\pi}{4}<\frac{7}{4}\pi$$

この範囲で①を満たす $\theta-\dfrac{\pi}{4}$

の値は，

$$\theta-\frac{\pi}{4}=\frac{\pi}{3},\ \frac{2}{3}\pi$$

よって，　$\theta=\dfrac{7}{12}\pi,\ \dfrac{11}{12}\pi$

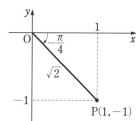

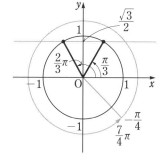

(2)　$\sin\theta+\sqrt{3}\cos\theta=-1$ より，

$$2\sin\left(\theta+\frac{\pi}{3}\right)=-1$$

すなわち，

$$\sin\left(\theta+\frac{\pi}{3}\right)=-\frac{1}{2}\quad\cdots\cdots①$$

$0\leqq\theta<2\pi$ であるから，

$$\frac{\pi}{3}\leqq\theta+\frac{\pi}{3}<\frac{7}{3}\pi$$

この範囲で①を満たす $\theta+\dfrac{\pi}{3}$

の値は，

$$\theta+\frac{\pi}{3}=\frac{7}{6}\pi,\ \ \frac{11}{6}\pi$$

よって，　　$\theta=\dfrac{5}{6}\pi,\ \ \dfrac{3}{2}\pi$

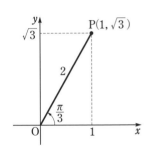

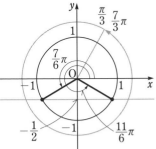

参考　(1)の①の式で $\theta-\dfrac{\pi}{4}=t$ とおいて，$\sin t=\dfrac{\sqrt{3}}{2}$ を $y=\sin t$ のグ

ラフを利用して解き，θ の値を求めることもできる。

☐ **問41**　$0\leqq\theta<2\pi$ のとき，次の関数の最大値と最小値を求めよ。また，そのと

教科書
p.143　　きの θ の値を求めよ。

(1)　$y=\sqrt{3}\sin\theta+3\cos\theta$　　　　　　(2)　$y=\sqrt{3}\sin\theta-\cos\theta$

- -

ガイド　合成して，$0\leqq\theta<2\pi$ における最大値，最小値を考える。

解答　(1)　$y=\sqrt{3}\sin\theta+3\cos\theta=2\sqrt{3}\sin\left(\theta+\dfrac{\pi}{3}\right)$　$\cdots\cdots①$

$0\leqq\theta<2\pi$ より，

$\dfrac{\pi}{3}\leqq\theta+\dfrac{\pi}{3}<\dfrac{7}{3}\pi$ であるから，

$$-1\leqq\sin\left(\theta+\frac{\pi}{3}\right)\leqq1$$

よって，　　$-2\sqrt{3}\leqq y\leqq2\sqrt{3}$

$y=2\sqrt{3}$ となるとき，

$$\sin\left(\theta+\frac{\pi}{3}\right)=1$$

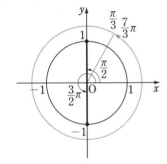

より $\theta+\dfrac{\pi}{3}=\dfrac{\pi}{2}$ であるから，　　　$\theta=\dfrac{\pi}{6}$

$y=-2\sqrt{3}$ となるとき，

$$\sin\left(\theta+\dfrac{\pi}{3}\right)=-1$$

より $\theta+\dfrac{\pi}{3}=\dfrac{3}{2}\pi$ であるから，　　　$\theta=\dfrac{7}{6}\pi$

よって，$\theta=\dfrac{\pi}{6}$ のとき最大値 $2\sqrt{3}$，$\theta=\dfrac{7}{6}\pi$ のとき最小値

$-2\sqrt{3}$ をとる。

(2)　$y=\sqrt{3}\sin\theta-\cos\theta=2\sin\left(\theta-\dfrac{\pi}{6}\right)$

$0\leqq\theta<2\pi$ より，

$-\dfrac{\pi}{6}\leqq\theta-\dfrac{\pi}{6}<\dfrac{11}{6}\pi$ であるから，

$$-1\leqq\sin\left(\theta-\dfrac{\pi}{6}\right)\leqq1$$

よって，　$-2\leqq y\leqq2$

$y=2$ となるとき，

$$\sin\left(\theta-\dfrac{\pi}{6}\right)=1$$

より $\theta-\dfrac{\pi}{6}=\dfrac{\pi}{2}$ であるから，　　　$\theta=\dfrac{2}{3}\pi$

$y=-2$ となるとき，

$$\sin\left(\theta-\dfrac{\pi}{6}\right)=-1$$

より $\theta-\dfrac{\pi}{6}=\dfrac{3}{2}\pi$ であるから，　　　$\theta=\dfrac{5}{3}\pi$

よって，$\theta=\dfrac{2}{3}\pi$ のとき最大値 2，$\theta=\dfrac{5}{3}\pi$ のとき最小値 -2

をとる。

参考　(1)の①の式で $\theta+\dfrac{\pi}{3}=t$ とおいて，$y=2\sqrt{3}\sin t$ のグラフを利用

して解くこともできる。

節 末 問 題

第2節 | 三角関数の加法定理

☑ **1**
教科書
p.144

> α は鋭角，β は鈍角で，$\cos\alpha=\dfrac{11}{14}$，$\sin\beta=\dfrac{1}{7}$ のとき，次の値を求めよ。
>
> (1)　$\sin(\alpha+\beta)$　　　　　　　(2)　$\alpha+\beta$

ガイド (2)　$\alpha+\beta$ の値の範囲に注意する。条件から $\alpha+\beta$ の値の範囲を求める。

解答 (1)　α は鋭角であるから，　　$\sin\alpha>0$

$$\sin\alpha=\sqrt{1-\cos^2\alpha}=\sqrt{1-\left(\frac{11}{14}\right)^2}=\frac{5\sqrt{3}}{14}$$

β は鈍角であるから，　　$\cos\beta<0$

$$\cos\beta=-\sqrt{1-\sin^2\beta}=-\sqrt{1-\left(\frac{1}{7}\right)^2}=-\frac{4\sqrt{3}}{7}$$

よって，

$$\sin(\alpha+\beta)=\sin\alpha\cos\beta+\cos\alpha\sin\beta$$
$$=\frac{5\sqrt{3}}{14}\cdot\left(-\frac{4\sqrt{3}}{7}\right)+\frac{11}{14}\cdot\frac{1}{7}=-\frac{1}{2}$$

(2)　$0<\alpha<\dfrac{\pi}{2}$，$\dfrac{\pi}{2}<\beta<\pi$ より，

$$\frac{\pi}{2}<\alpha+\beta<\frac{3}{2}\pi$$

この範囲で $\sin(\alpha+\beta)=-\dfrac{1}{2}$ を満たす $\alpha+\beta$ の値は，

$$\alpha+\beta=\frac{7}{6}\pi$$

参考 ある値の範囲にある2つの角の和の値の範囲を求めるときは，2つの角のそれぞれの上限，下限の値の和を求めればよい。

これは角に限らず，一般の数についても同様である。

角の値の範囲はいつも
気にしていないといけないね。

2
教科書
p.144

$\tan\alpha=2$, $\tan\beta=3$, $\tan\gamma=4$ のとき，次の値を求めよ。

(1) $\tan(\alpha+\beta)$　　　　(2) $\tan(\alpha+\beta+\gamma)$

ガイド (2) $\tan(\alpha+\beta+\gamma)=\tan\{(\alpha+\beta)+\gamma\}$ と考え，(1)を利用する。

解答 (1) $\tan(\alpha+\beta)=\dfrac{\tan\alpha+\tan\beta}{1-\tan\alpha\tan\beta}=\dfrac{2+3}{1-2\cdot3}=-1$

(2) $\tan(\alpha+\beta+\gamma)=\tan\{(\alpha+\beta)+\gamma\}$

$=\dfrac{\tan(\alpha+\beta)+\tan\gamma}{1-\tan(\alpha+\beta)\tan\gamma}=\dfrac{-1+4}{1-(-1)\cdot4}=\dfrac{3}{5}$

3
教科書
p.144

2直線 $y=mx+5$, $y=3x-6$ のなす角が $\dfrac{\pi}{4}$ のとき，定数 m の値を求めよ。

ガイド 2直線のなす角は，$\dfrac{\pi}{4}$ のときと $\dfrac{3}{4}\pi$ のときがある。

解答 2直線 $y=mx+5$, $y=3x-6$ のなす角は，2直線 $y=mx$, $y=3x$ のなす角に等しい。

また，2直線のなす角 θ は，$\dfrac{\pi}{4}$ のときと $\pi-\dfrac{\pi}{4}=\dfrac{3}{4}\pi$ のときがある。

2直線 $y=mx$, $y=3x$ と x 軸の正の向きとのなす角を，それぞれ α, β とすると，$\theta=\alpha-\beta$

$\tan\alpha=m$, $\tan\beta=3$ であるから，

$\tan\theta=\tan(\alpha-\beta)=\dfrac{\tan\alpha-\tan\beta}{1+\tan\alpha\tan\beta}=\dfrac{m-3}{1+3m}$

(ⅰ) $\theta=\dfrac{\pi}{4}$ のとき

$\dfrac{m-3}{1+3m}=1$ を解いて，$m=-2$

(ⅱ) $\theta=\dfrac{3}{4}\pi$ のとき

$\dfrac{m-3}{1+3m}=-1$ を解いて，$m=\dfrac{1}{2}$

よって，$m=-2$, $\dfrac{1}{2}$

第3章 三角関数

参考 3直線 $y=-2x$, $y=\dfrac{1}{2}x$, $y=3x$

を図示すると，右の図のようになる。

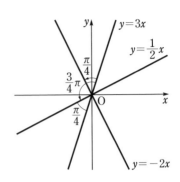

$\boxed{4}$
教科書
p.144

$\pi<\alpha<\dfrac{3}{2}\pi$ で，$\sin\alpha=-\dfrac{4}{5}$ のとき，次の値を求めよ。

(1) $\sin 2\alpha$ (2) $\cos\dfrac{\alpha}{2}$ (3) $\tan\dfrac{\alpha}{2}$

ガイド (2)(3) $\dfrac{\alpha}{2}$ の値の範囲に注意する。

解答 (1) $\pi<\alpha<\dfrac{3}{2}\pi$ より $\cos\alpha<0$ であるから，

$$\cos\alpha=-\sqrt{1-\left(-\dfrac{4}{5}\right)^2}=-\dfrac{3}{5}$$

よって，$\sin 2\alpha=2\sin\alpha\cos\alpha=2\cdot\left(-\dfrac{4}{5}\right)\cdot\left(-\dfrac{3}{5}\right)=\dfrac{24}{25}$

(2) $\cos^2\dfrac{\alpha}{2}=\dfrac{1+\cos\alpha}{2}=\dfrac{1+\left(-\dfrac{3}{5}\right)}{2}=\dfrac{1}{5}$

$\pi<\alpha<\dfrac{3}{2}\pi$ より $\dfrac{\pi}{2}<\dfrac{\alpha}{2}<\dfrac{3}{4}\pi$ であるから，$\cos\dfrac{\alpha}{2}<0$

よって，$\cos\dfrac{\alpha}{2}=-\sqrt{\dfrac{1}{5}}=-\dfrac{\sqrt{5}}{5}$

(3) $\tan^2\dfrac{\alpha}{2}=\dfrac{1-\cos\alpha}{1+\cos\alpha}=\dfrac{1-\left(-\dfrac{3}{5}\right)}{1+\left(-\dfrac{3}{5}\right)}=4$

$\dfrac{\pi}{2}<\dfrac{\alpha}{2}<\dfrac{3}{4}\pi$ であるから，$\tan\dfrac{\alpha}{2}<0$

よって，$\tan\dfrac{\alpha}{2}=-\sqrt{4}=-2$

□ 5

教科書
p.144

$0 \leqq \theta < 2\pi$ のとき，次の方程式，不等式を解け。

(1) $\sin\theta + 2\cos\left(\theta + \dfrac{\pi}{6}\right) = \dfrac{\sqrt{6}}{2}$　　(2) $\cos 4\theta - 6\sin^2\theta + 2 = 0$

(3) $\sqrt{3}\,\sin\theta - \cos\theta < 1$

ガイド (1) $\cos(\alpha+\beta) = \cos\alpha\cos\beta - \sin\alpha\sin\beta$ を使って，$\sin\theta$ と $\cos\theta$ の式で表す。

(2) 2倍角の公式や半角の公式を利用して，$\cos 2\theta$ についての方程式に変形する。

(3) 三角関数の合成を利用する。

解答 (1) $\sin\theta + 2\cos\left(\theta + \dfrac{\pi}{6}\right) = \dfrac{\sqrt{6}}{2}$

$\sin\theta + 2\left(\cos\theta\cos\dfrac{\pi}{6} - \sin\theta\sin\dfrac{\pi}{6}\right) = \dfrac{\sqrt{6}}{2}$

$\sin\theta + 2\left(\cos\theta \cdot \dfrac{\sqrt{3}}{2} - \sin\theta \cdot \dfrac{1}{2}\right) = \dfrac{\sqrt{6}}{2}$

$\sin\theta + \sqrt{3}\cos\theta - \sin\theta = \dfrac{\sqrt{6}}{2}$

$\cos\theta = \dfrac{\sqrt{2}}{2}$

$0 \leqq \theta < 2\pi$ より，　$\theta = \dfrac{\pi}{4},\ \dfrac{7}{4}\pi$

$\sin\theta$ と $\cos\theta$ の式で表そう。

第
3
章

三角関数

(2) $\cos 4\theta - 6\sin^2\theta + 2 = 0$

$(2\cos^2 2\theta - 1) - 6 \cdot \dfrac{1 - \cos 2\theta}{2} + 2 = 0$

$2\cos^2 2\theta + 3\cos 2\theta - 2 = 0$

$(2\cos 2\theta - 1)(\cos 2\theta + 2) = 0$

$-1 \leqq \cos 2\theta \leqq 1$ より, $\cos 2\theta = \dfrac{1}{2}$ ……①

$0 \leqq \theta < 2\pi$ であるから, $0 \leqq 2\theta < 4\pi$

この範囲で①を満たす 2θ の値は,

$$2\theta = \dfrac{\pi}{3}, \ \dfrac{5}{3}\pi, \ \dfrac{7}{3}\pi, \ \dfrac{11}{3}\pi$$

よって, $\theta = \dfrac{\pi}{6}, \ \dfrac{5}{6}\pi, \ \dfrac{7}{6}\pi, \ \dfrac{11}{6}\pi$

(3) $\sqrt{3}\sin\theta - \cos\theta < 1$ より,

$$2\sin\left(\theta - \dfrac{\pi}{6}\right) < 1$$

すなわち,

$$\sin\left(\theta - \dfrac{\pi}{6}\right) < \dfrac{1}{2} \quad \cdots\cdots ①$$

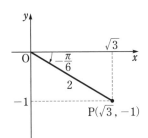

$0 \leqq \theta < 2\pi$ であるから,

$$-\dfrac{\pi}{6} \leqq \theta - \dfrac{\pi}{6} < \dfrac{11}{6}\pi$$

この範囲で①を満たす $\theta - \dfrac{\pi}{6}$

の値の範囲は,

$$-\dfrac{\pi}{6} \leqq \theta - \dfrac{\pi}{6} < \dfrac{\pi}{6},$$

$$\dfrac{5}{6}\pi < \theta - \dfrac{\pi}{6} < \dfrac{11}{6}\pi$$

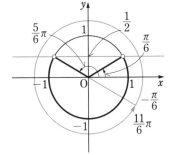

よって, $0 \leqq \theta < \dfrac{\pi}{3}, \ \pi < \theta < 2\pi$

6

教科書
p.144

$0 \leqq \theta \leqq \pi$ のとき，次の関数の最大値と最小値を求めよ。また，そのときの θ の値を求めよ。

(1) $y = \cos 2\theta - 2\sin \theta$　　　　(2) $y = \sqrt{2}\sin\theta - \sqrt{6}\cos\theta$

ガイド　(1)　$\sin\theta$ だけの式に変形し，$\sin\theta$ についての2次関数の最大・最小を考える。

(2)　三角関数の合成を使って式を変形する。

解答　(1)　$y = \cos 2\theta - 2\sin\theta = (1 - 2\sin^2\theta) - 2\sin\theta$

$= -2\sin^2\theta - 2\sin\theta + 1$

$\sin\theta = t$ とおくと，$0 \leqq \theta \leqq \pi$ であるから，

$0 \leqq t \leqq 1$　……①

y を t で表すと，

$y = -2t^2 - 2t + 1$

$= -2\left(t + \dfrac{1}{2}\right)^2 + \dfrac{3}{2}$

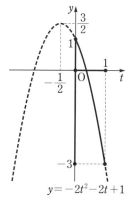

$y = -2t^2 - 2t + 1$

したがって，①の範囲において y は，$t = 0$ のとき最大値 1，$t = 1$ のとき最小値 -3 をとる。

よって，$0 \leqq \theta \leqq \pi$ より，$\theta = 0$，π のとき，**最大値1**，$\theta = \dfrac{\pi}{2}$ の**とき，最小値 -3** をとる。

(2)　$y = \sqrt{2}\sin\theta - \sqrt{6}\cos\theta$

$= 2\sqrt{2}\sin\left(\theta - \dfrac{\pi}{3}\right)$

$0 \leqq \theta \leqq \pi$ であるから，

$-\dfrac{\pi}{3} \leqq \theta - \dfrac{\pi}{3} \leqq \dfrac{2}{3}\pi$

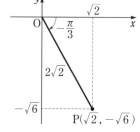

P$(\sqrt{2}, -\sqrt{6})$

したがって，$-\dfrac{\sqrt{3}}{2} \leqq \sin\left(\theta - \dfrac{\pi}{3}\right) \leqq 1$

であるから，$-\sqrt{6} \leqq y \leqq 2\sqrt{2}$

よって，$\theta - \dfrac{\pi}{3} = \dfrac{\pi}{2}$，すなわち，$\theta = \dfrac{5}{6}\pi$ のとき，**最大値 $2\sqrt{2}$**，

$\theta - \dfrac{\pi}{3} = -\dfrac{\pi}{3}$，すなわち，$\theta = 0$ のとき，**最小値 $-\sqrt{6}$** をとる。

第3章　三角関数

研究 ＞ 積を和，和を積に直す公式 発展 (数学Ⅲ)

問題 $0 \leqq \theta < 2\pi$ のとき，方程式 $\sin 3\theta + \sin \theta = 0$ を解け。

教科書
p.145

ガイド 三角関数においては，加法定理の和や差を考えることで，次の公式を導くことができる。

$$\sin\alpha\cos\beta = \frac{1}{2}\{\sin(\alpha+\beta)+\sin(\alpha-\beta)\} \quad \cdots\cdots ①$$

$$\cos\alpha\sin\beta = \frac{1}{2}\{\sin(\alpha+\beta)-\sin(\alpha-\beta)\}$$

$$\cos\alpha\cos\beta = \frac{1}{2}\{\cos(\alpha+\beta)+\cos(\alpha-\beta)\}$$

$$\sin\alpha\sin\beta = -\frac{1}{2}\{\cos(\alpha+\beta)-\cos(\alpha-\beta)\}$$

例えば，①を導くには，

$$\sin(\alpha+\beta) = \sin\alpha\cos\beta + \cos\alpha\sin\beta \quad \cdots\cdots ②$$
$$\sin(\alpha-\beta) = \sin\alpha\cos\beta - \cos\alpha\sin\beta \quad \cdots\cdots ③$$

とすると，②+③ より，

$$\sin(\alpha+\beta) + \sin(\alpha-\beta) = 2\sin\alpha\cos\beta$$

よって，　$\sin\alpha\cos\beta = \frac{1}{2}\{\sin(\alpha+\beta)+\sin(\alpha-\beta)\}$

また，上の4つの式で $\alpha+\beta=A$，$\alpha-\beta=B$ とおくと，$\alpha=\dfrac{A+B}{2}$，$\beta=\dfrac{A-B}{2}$ であるから，左辺と右辺を入れ換えて，両辺に2または -2 を掛けると，次の公式を導くことができる。

$$\sin A + \sin B = 2\sin\frac{A+B}{2}\cos\frac{A-B}{2}$$

$$\sin A - \sin B = 2\cos\frac{A+B}{2}\sin\frac{A-B}{2}$$

$$\cos A + \cos B = 2\cos\frac{A+B}{2}\cos\frac{A-B}{2}$$

$$\cos A - \cos B = -2\sin\frac{A+B}{2}\sin\frac{A-B}{2}$$

解答▶ 左辺を変形して，

$$2\sin\frac{3\theta+\theta}{2}\cos\frac{3\theta-\theta}{2}=0$$

すなわち，$2\sin2\theta\cos\theta=0$ より，

$\sin2\theta=0$ または $\cos\theta=0$

(i) $\sin2\theta=0$ のとき，$0\leqq2\theta<4\pi$ より，

$2\theta=0,\ \pi,\ 2\pi,\ 3\pi$

すなわち，　$\theta=0,\ \dfrac{\pi}{2},\ \pi,\ \dfrac{3}{2}\pi$

(ii) $\cos\theta=0$ のとき，$0\leqq\theta<2\pi$ より，

$\theta=\dfrac{\pi}{2},\ \dfrac{3}{2}\pi$

よって，(i), (ii)より，　$\theta=0,\ \dfrac{\pi}{2},\ \pi,\ \dfrac{3}{2}\pi$

別解▶ $2\sin2\theta\cos\theta=0$ で，2倍角の公式を使うと，

$2\sin2\theta\cos\theta=0$

$2\cdot2\sin\theta\cos\theta\cdot\cos\theta=0$

$4\sin\theta\cos^2\theta=0$

したがって，$\sin\theta=0$ または $\cos^2\theta=0$

(i) $\sin\theta=0$ のとき，$0\leqq\theta<2\pi$ より，

$\theta=0,\ \pi$

(ii) $\cos^2\theta=0$ すなわち，$\cos\theta=0$ のとき，

$\theta=\dfrac{\pi}{2},\ \dfrac{3}{2}\pi$

よって，(i), (ii)より，　$\theta=0,\ \dfrac{\pi}{2},\ \pi,\ \dfrac{3}{2}\pi$

第3章 三角関数

章 末 問 題

A

□ **1.**
教科書
p.146

右の図は関数 $y=r\sin(k\theta-\alpha)$ の グラフをかいたものである。正の定数 r, k, α の値を求めよ。ただし, $0\leqq\alpha<2\pi$ とする。

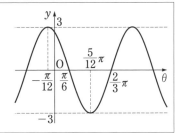

ガイド 最大値・最小値, 周期などに着目する。r, k, α の順に求めるとよい。

解答 最大値 3, 最小値 -3 であることから,　$r=3$

最大値をとるときの角が $\theta=-\dfrac{\pi}{12}$ で, そこから y の値が減少して

初めて最小値をとるときの角が $\theta=\dfrac{5}{12}\pi$ であることから, 周期は,

$$\left\{\dfrac{5}{12}\pi-\left(-\dfrac{\pi}{12}\right)\right\}\times 2=\pi$$

よって, $\dfrac{2\pi}{k}=\pi$ より,　$k=2$

点 $\left(\dfrac{5}{12}\pi,\ -3\right)$ を通るから,

$$-3=3\sin\left(2\times\dfrac{5}{12}\pi-\alpha\right)$$

$$\sin\left(\dfrac{5}{6}\pi-\alpha\right)=-1$$

$\dfrac{5}{6}\pi-\alpha=\dfrac{3}{2}\pi+2n\pi$（$n$ は整数）であるから,

$$\alpha=-\dfrac{2}{3}\pi-2n\pi$$

$0\leqq\alpha<2\pi$ より,

$$\alpha=\dfrac{4}{3}\pi$$

☐ **2.**
教科書
p.146

$\sin\alpha-\sin\beta=\dfrac{3}{2}$, $\cos\alpha-\cos\beta=\dfrac{1}{3}$ のとき，$\cos(\alpha-\beta)$ の値を求めよ。

ガイド 与えられた2つの式の両辺を，それぞれ2乗する。

解答 $\sin\alpha-\sin\beta=\dfrac{3}{2}$ の両辺を2乗して，

$$\sin^2\alpha-2\sin\alpha\sin\beta+\sin^2\beta=\dfrac{9}{4} \quad\cdots\cdots①$$

$\cos\alpha-\cos\beta=\dfrac{1}{3}$ の両辺を2乗して，

$$\cos^2\alpha-2\cos\alpha\cos\beta+\cos^2\beta=\dfrac{1}{9} \quad\cdots\cdots②$$

①＋②より，

$$(\sin^2\alpha+\cos^2\alpha)-2(\cos\alpha\cos\beta+\sin\alpha\sin\beta)+(\sin^2\beta+\cos^2\beta)$$
$$=\dfrac{85}{36}$$

$$1-2\cos(\alpha-\beta)+1=\dfrac{85}{36}$$

よって，　$\cos(\alpha-\beta)=-\dfrac{13}{72}$

☐ **3.**
教科書
p.146

$\tan\dfrac{\theta}{2}=t$ とするとき，次の等式が成り立つことを示せ。

(1) $\tan\theta=\dfrac{2t}{1-t^2}$　　　(2) $\cos\theta=\dfrac{1-t^2}{1+t^2}$　　　(3) $\sin\theta=\dfrac{2t}{1+t^2}$

ガイド (1) $\theta=2\times\dfrac{\theta}{2}$ と考えて，2倍角の公式を用いる。

(3) (1), (2)を用いて，等式が成り立つことを示す。

解答 (1) 正接の2倍角の公式 $\tan2\alpha=\dfrac{2\tan\alpha}{1-\tan^2\alpha}$ において，$\alpha=\dfrac{\theta}{2}$ と考えると，

$$\tan\theta=\dfrac{2\tan\dfrac{\theta}{2}}{1-\tan^2\dfrac{\theta}{2}}=\dfrac{2t}{1-t^2}$$

(2) 正接の半角の公式より,

$$\tan^2\frac{\theta}{2}=\frac{1-\cos\theta}{1+\cos\theta}$$

$$t^2=\frac{1-\cos\theta}{1+\cos\theta}$$

$$t^2(1+\cos\theta)=1-\cos\theta$$

$$(1+t^2)\cos\theta=1-t^2$$

よって, $\cos\theta=\dfrac{1-t^2}{1+t^2}$

(3) (1), (2)より,

$$\sin\theta=\cos\theta\tan\theta=\frac{1-t^2}{1+t^2}\cdot\frac{2t}{1-t^2}=\frac{2t}{1+t^2}$$

☐ **4.**
教科書
p.146

次の問いに答えよ。

(1) $\sin\theta\cos\theta$ を $\sin2\theta$ で表し, $y=\sin\theta\cos\theta$ のグラフをかけ。

(2) $y=\cos^2\theta$ のグラフをかけ。

ガイド (2) $\cos^2\theta=\dfrac{1}{2}\cos2\theta+\dfrac{1}{2}$ となるから, $y=\dfrac{1}{2}\cos2\theta$ のグラフを y

軸方向に $\dfrac{1}{2}$ だけ平行移動したグラフになる。

解答▶ (1) $\sin2\theta=2\sin\theta\cos\theta$ より, $\sin\theta\cos\theta=\dfrac{1}{2}\sin2\theta$

$y=\sin2\theta$ のグラフは $y=\sin\theta$ のグラフを y 軸を基準にして

θ 軸方向に $\dfrac{1}{2}$ 倍に縮小したもので, 周期は π である。

関数 $y=\dfrac{1}{2}\sin2\theta$ のグラフは, $y=\sin2\theta$ のグラフを θ 軸を

基準にして y 軸方向に $\dfrac{1}{2}$ 倍に縮小したもので,

$-1\leqq\sin2\theta\leqq1$ より, 値域は $-\dfrac{1}{2}\leqq y\leqq\dfrac{1}{2}$ である。

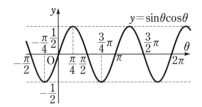

(2) $y=\cos^2\theta=\dfrac{1+\cos 2\theta}{2}=\dfrac{1}{2}\cos 2\theta+\dfrac{1}{2}$

(1)と同様に考えると，$y=\dfrac{1}{2}\cos 2\theta$ のグラフは，周期は π で，

値域は $-\dfrac{1}{2}\leqq y\leqq\dfrac{1}{2}$ である。

また，$y=\dfrac{1}{2}\cos 2\theta+\dfrac{1}{2}$ のグラフは，$y=\dfrac{1}{2}\cos 2\theta$ のグラフを

y 軸方向に $\dfrac{1}{2}$ だけ平行移動したグラフになる。

よって，値域は $0\leqq y\leqq 1$ となる。

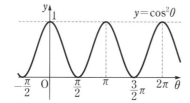

□ **5.**

教科書
p.146

> $0\leqq\theta<2\pi$ のとき，次の方程式，不等式を解け。
>
> (1) $3\tan^2\theta-2\sqrt{3}\tan\theta-3=0$ (2) $2\sin\left(2\theta-\dfrac{\pi}{2}\right)=\sqrt{2}$
>
> (3) $\cos\left(2\theta+\dfrac{\pi}{4}\right)>\dfrac{1}{2}$ (4) $1\leqq\sin\theta+\cos\theta<\sqrt{2}$

ガイド (2) $2\theta-\dfrac{\pi}{2}$ の値の範囲に注意する。

(4) 三角関数の合成を利用する。

解答 (1) $3\tan^2\theta-2\sqrt{3}\tan\theta-3=0$

$(\tan\theta-\sqrt{3})(3\tan\theta+\sqrt{3})=0$

よって，　$\tan\theta=\sqrt{3}$，$-\dfrac{\sqrt{3}}{3}$

$0\leqq\theta<2\pi$ より，

$\theta=\dfrac{\pi}{3}$，$\dfrac{5}{6}\pi$，$\dfrac{4}{3}\pi$，$\dfrac{11}{6}\pi$

(2)　$2\sin\left(2\theta - \dfrac{\pi}{2}\right) = \sqrt{2}$ より，　$\sin\left(2\theta - \dfrac{\pi}{2}\right) = \dfrac{\sqrt{2}}{2}$

$2\theta - \dfrac{\pi}{2} = t$ とおくと，

$\qquad \sin t = \dfrac{\sqrt{2}}{2}$　　……①

$0 \leqq \theta < 2\pi$ であるから，

$\qquad -\dfrac{\pi}{2} \leqq t < \dfrac{7}{2}\pi$　　……②

②の範囲で①を満たす t の値は，

$\qquad t = \dfrac{\pi}{4},\ \dfrac{3}{4}\pi,\ \dfrac{9}{4}\pi,\ \dfrac{11}{4}\pi$

したがって，　$2\theta - \dfrac{\pi}{2} = \dfrac{\pi}{4},\ \dfrac{3}{4}\pi,\ \dfrac{9}{4}\pi,\ \dfrac{11}{4}\pi$

よって，　$\theta = \dfrac{3}{8}\pi,\ \dfrac{5}{8}\pi,\ \dfrac{11}{8}\pi,\ \dfrac{13}{8}\pi$

(3)　$\cos\left(2\theta + \dfrac{\pi}{4}\right) > \dfrac{1}{2}$

$2\theta + \dfrac{\pi}{4} = t$ とおくと，　$\cos t > \dfrac{1}{2}$　……①

$0 \leqq \theta < 2\pi$ であるから，

$\qquad \dfrac{\pi}{4} \leqq t < \dfrac{17}{4}\pi$　　……②

②の範囲で①を満たす t の値の範囲は，

$\qquad \dfrac{\pi}{4} \leqq t < \dfrac{\pi}{3},\ \dfrac{5}{3}\pi < t < \dfrac{7}{3}\pi,\ \dfrac{11}{3}\pi < t < \dfrac{17}{4}\pi$

したがって，

$\qquad \dfrac{\pi}{4} \leqq 2\theta + \dfrac{\pi}{4} < \dfrac{\pi}{3},\ \dfrac{5}{3}\pi < 2\theta + \dfrac{\pi}{4} < \dfrac{7}{3}\pi,$

$\qquad \dfrac{11}{3}\pi < 2\theta + \dfrac{\pi}{4} < \dfrac{17}{4}\pi$

よって，　$0 \leqq \theta < \dfrac{\pi}{24},\ \dfrac{17}{24}\pi < \theta < \dfrac{25}{24}\pi,\ \dfrac{41}{24}\pi < \theta < 2\pi$

(4) $\sin\theta+\cos\theta=\sqrt{2}\sin\left(\theta+\dfrac{\pi}{4}\right)$ より,

$$1\leqq\sqrt{2}\sin\left(\theta+\dfrac{\pi}{4}\right)<\sqrt{2}$$

$$\dfrac{1}{\sqrt{2}}\leqq\sin\left(\theta+\dfrac{\pi}{4}\right)<1 \quad\cdots\cdots①$$

$0\leqq\theta<2\pi$ であるから,

$$\dfrac{\pi}{4}\leqq\theta+\dfrac{\pi}{4}<\dfrac{9}{4}\pi \quad\cdots\cdots②$$

②の範囲で①を満たす $\theta+\dfrac{\pi}{4}$ の

値の範囲は,

$$\dfrac{\pi}{4}\leqq\theta+\dfrac{\pi}{4}<\dfrac{\pi}{2},$$

$$\dfrac{\pi}{2}<\theta+\dfrac{\pi}{4}\leqq\dfrac{3}{4}\pi$$

よって,

$$0\leqq\theta<\dfrac{\pi}{4}, \quad \dfrac{\pi}{4}<\theta\leqq\dfrac{\pi}{2}$$

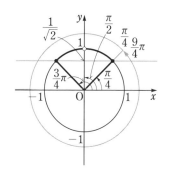

第3章

三角関数

☑ **6.**
教科書
p.146
点Pが，長さ1の線分 AB を直径とする半円周上を動くとき，3AP＋4BP の最大値を求めよ。ただし，P が2点 A，B と一致する場合を除く。

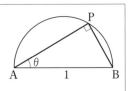

ガイド ∠PAB＝θ とおくと，AP＝$\cos\theta$，BP＝$\sin\theta$ となる。

解答 ∠PAB＝θ とおくと，$0<\theta<\dfrac{\pi}{2}$

AP＝AB$\cos\theta$＝$\cos\theta$，BP＝AB$\sin\theta$＝$\sin\theta$ であるから，

$$3AP＋4BP＝3\cos\theta＋4\sin\theta$$

右の図のように，座標平面において，点 Q(4, 3) をとると，

OQ＝$\sqrt{4^2＋3^2}$＝5 であるから，

$$3\cos\theta＋4\sin\theta＝5\sin(\theta＋\alpha)$$

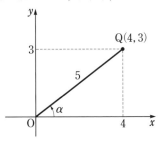

ただし，α は，

$$\cos\alpha＝\frac{4}{5}, \quad \sin\alpha＝\frac{3}{5}$$

を満たす角で，$0<\alpha<\dfrac{\pi}{2}$ とする。

ここで，$0<\theta<\dfrac{\pi}{2}$ より，

$$\alpha<\theta＋\alpha<\alpha＋\frac{\pi}{2}$$

したがって，$0<\alpha<\dfrac{\pi}{2}$ より，$\alpha<\dfrac{\pi}{2}$ かつ $\dfrac{\pi}{2}<\alpha＋\dfrac{\pi}{2}$ であるから，

$\theta＋\alpha＝\dfrac{\pi}{2}$ を満たす θ が存在し，$\theta＋\alpha＝\dfrac{\pi}{2}$ のとき，$\sin(\theta＋\alpha)$ は最大値1をとる。

よって，求める最大値は **5**

B

□ **7.**
教科書
p.147

　ある高校では，フェンスで運動場の一部を扇形の形に囲む計画をしていて，囲むフェンスの全長はすでに決まっている。このとき，扇形の面積が最大となるときの中心角は何ラジアンかを求めよ。ただし，このフェンスはどの部分でも折り曲げることができるものとする。

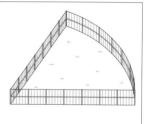

ガイド　扇形の中心角を θ，半径を r，全長を a とすると，$a=2r+r\theta$ と表される。

解答　扇形の中心角を θ，半径を r，全長を a とすると，

$$a=2r+r\theta$$

$$\theta=\frac{a-2r}{r} \quad \cdots\cdots①$$

扇形の面積を S とすると，

$$S=\frac{1}{2}r^2\theta=\frac{1}{2}\cdot r^2\cdot\frac{a-2r}{r}$$

$$=-r^2+\frac{1}{2}ar$$

$$=-\left(r-\frac{1}{4}a\right)^2+\frac{1}{16}a^2$$

$0<r<\dfrac{a}{2}$ であるから，S は $r=\dfrac{1}{4}a$ のとき，最大値 $\dfrac{1}{16}a^2$ をとる。

①に $r=\dfrac{1}{4}a$ を代入すると，

$$\theta=\frac{a-2\cdot\dfrac{1}{4}a}{\dfrac{1}{4}a}=2$$

よって，扇形の面積が最大となるときの中心角は **2 ラジアン**

第
3
章

三角関数

□ **8.**
教科書
p.147

$\alpha = \dfrac{\pi}{5}$ のとき，次の問いに答えよ。

(1) $\sin 3\alpha = \sin 2\alpha$ が成り立つことを示せ。

(2) $\cos \dfrac{\pi}{5}$ の値を求めよ。

ガイド (1) $5\alpha = \pi$，$\sin 3\alpha = \sin(5\alpha - 2\alpha)$ を使って左辺を変形する。

(2) 2倍角の公式，3倍角の公式を使って $\sin 3\alpha = \sin 2\alpha$ を変形する。3倍角の公式は，$\sin 3\alpha = 3\sin\alpha - 4\sin^3\alpha$ である（教科書 p.137，本書 p.183 参照）。

解答 (1) $\alpha = \dfrac{\pi}{5}$ より，$5\alpha = \pi$ であるから，

$$\sin 3\alpha = \sin(5\alpha - 2\alpha) = \sin(\pi - 2\alpha) = \sin 2\alpha$$

よって，　$\sin 3\alpha = \sin 2\alpha$

(2) $\sin 3\alpha = 3\sin\alpha - 4\sin^3\alpha$，$\sin 2\alpha = 2\sin\alpha\cos\alpha$ であり，(1)より，$\sin 3\alpha = \sin 2\alpha$ であるから，

$$3\sin\alpha - 4\sin^3\alpha = 2\sin\alpha\cos\alpha$$

$\alpha = \dfrac{\pi}{5}$ より，$\sin\alpha \neq 0$ であるから，両辺を $\sin\alpha$ で割ると，

$$3 - 4\sin^2\alpha = 2\cos\alpha$$
$$3 - 4(1 - \cos^2\alpha) = 2\cos\alpha$$
$$4\cos^2\alpha - 2\cos\alpha - 1 = 0$$
$$\cos\alpha = \frac{1 \pm \sqrt{5}}{4}$$

$0 < \dfrac{\pi}{5} < \dfrac{\pi}{2}$ より，$0 < \cos\alpha < 1$ であるから，　$\cos\alpha = \dfrac{1 + \sqrt{5}}{4}$

よって，　$\cos\dfrac{\pi}{5} = \dfrac{1 + \sqrt{5}}{4}$

3倍角の公式の導き方は本書 p.183 で復習しておこう。

▢ **9.** 　　$0 \leqq \theta < 2\pi$ のとき，次の方程式，不等式を解け。

教科書
p.147　(1) 　$\sin 2\theta - \sqrt{3}\cos 2\theta = 1$

　　　(2) 　$\sin 2\theta \geqq \cos \theta$

ガイド (1) 2θ について三角関数の合成を行う。

(2) $\cos \theta (2\sin \theta - 1) \geqq 0$ と変形できる。

これより，

$$\begin{cases} \cos \theta \geqq 0 \\ \sin \theta \geqq \dfrac{1}{2} \end{cases} \text{または} \begin{cases} \cos \theta \leqq 0 \\ \sin \theta \leqq \dfrac{1}{2} \end{cases}$$

を満たす θ の値の範囲を求める。

解答 (1) $\sin 2\theta - \sqrt{3}\cos 2\theta = 1$ より，

$$2\sin\left(2\theta - \frac{\pi}{3}\right) = 1$$

すなわち，

$$\sin\left(2\theta - \frac{\pi}{3}\right) = \frac{1}{2} \qquad \cdots\cdots ①$$

$0 \leqq \theta < 2\pi$ であるから，

$$-\frac{\pi}{3} \leqq 2\theta - \frac{\pi}{3} < \frac{11}{3}\pi$$

この範囲で①を満たす $2\theta - \dfrac{\pi}{3}$ の値は，

$$2\theta - \frac{\pi}{3} = \frac{\pi}{6}, \ \frac{5}{6}\pi, \ \frac{13}{6}\pi, \ \frac{17}{6}\pi$$

よって，　$\theta = \dfrac{\pi}{4}, \ \dfrac{7}{12}\pi, \ \dfrac{5}{4}\pi, \ \dfrac{19}{12}\pi$

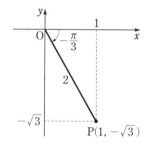

$P(1, -\sqrt{3})$

第 3 章

三角関数

(2) $\sin 2\theta = 2\sin\theta\cos\theta$ より不等式は,

$$2\sin\theta\cos\theta \geqq \cos\theta$$
$$2\sin\theta\cos\theta - \cos\theta \geqq 0$$
$$\cos\theta(2\sin\theta - 1) \geqq 0$$

よって,

$$\begin{cases} \cos\theta \geqq 0 \\ \sin\theta \geqq \dfrac{1}{2} \end{cases} \text{または} \begin{cases} \cos\theta \leqq 0 \\ \sin\theta \leqq \dfrac{1}{2} \end{cases}$$

(i) $\cos\theta \geqq 0$ かつ $\sin\theta \geqq \dfrac{1}{2}$ のとき

$0 \leqq \theta < 2\pi$ の範囲で, $\cos\theta \geqq 0$ を満たす θ の値の範囲は,

$$0 \leqq \theta \leqq \frac{\pi}{2}, \ \frac{3}{2}\pi \leqq \theta < 2\pi$$

$0 \leqq \theta < 2\pi$ の範囲で, $\sin\theta \geqq \dfrac{1}{2}$ を満たす θ の値の範囲は,

$$\frac{\pi}{6} \leqq \theta \leqq \frac{5}{6}\pi$$

よって, $\dfrac{\pi}{6} \leqq \theta \leqq \dfrac{\pi}{2}$

(ii) $\cos\theta \leqq 0$ かつ $\sin\theta \leqq \dfrac{1}{2}$ のとき

$0 \leqq \theta < 2\pi$ の範囲で, $\cos\theta \leqq 0$ を満たす θ の値の範囲は,

$$\frac{\pi}{2} \leqq \theta \leqq \frac{3}{2}\pi$$

$0 \leqq \theta < 2\pi$ の範囲で, $\sin\theta \leqq \dfrac{1}{2}$ を満たす θ の値の範囲は,

$$0 \leqq \theta \leqq \frac{\pi}{6}, \ \frac{5}{6}\pi \leqq \theta < 2\pi$$

よって, $\dfrac{5}{6}\pi \leqq \theta \leqq \dfrac{3}{2}\pi$

したがって, $\dfrac{\pi}{6} \leqq \theta \leqq \dfrac{\pi}{2}, \ \dfrac{5}{6}\pi \leqq \theta \leqq \dfrac{3}{2}\pi$

☐**10.**
教科書 **p.147**

関数 $y=\sin 2\theta+2(\sin\theta+\cos\theta)-1$ について，$\sin\theta+\cos\theta=t$ とおくとき，次の問いに答えよ。ただし，$0\leqq\theta<2\pi$ とする。

(1) y を t の式で表せ。

(2) t のとり得る値の範囲を求めよ。

(3) y の最大値と最小値を求めよ。また，そのときの θ の値を求めよ。

ガイド (1) $t^2=1+2\sin\theta\cos\theta$ を使う。

(2) 三角関数の合成を使って考える。

解答 (1) $\sin\theta+\cos\theta=t$ より，
$$t^2=\sin^2\theta+2\sin\theta\cos\theta+\cos^2\theta$$
$$=1+2\sin\theta\cos\theta=1+\sin 2\theta$$
よって，　$\sin 2\theta=t^2-1$
したがって，
$$y=\sin 2\theta+2(\sin\theta+\cos\theta)-1$$
$$=(t^2-1)+2t-1=t^2+2t-2$$

(2) $t=\sin\theta+\cos\theta=\sqrt{2}\,\sin\left(\theta+\dfrac{\pi}{4}\right)$

$0\leqq\theta<2\pi$ より，

$$\frac{\pi}{4}\leqq\theta+\frac{\pi}{4}<\frac{9}{4}\pi \quad\cdots\cdots①$$

したがって，$-1\leqq\sin\left(\theta+\dfrac{\pi}{4}\right)\leqq 1$

であるから，　$-\sqrt{2}\leqq t\leqq\sqrt{2}$ $\quad\cdots\cdots②$

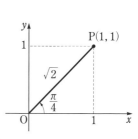

(3) $y=t^2+2t-2=(t+1)^2-3$

したがって，②の範囲において y は，
$t=\sqrt{2}$ のとき最大値 $2\sqrt{2}$，$t=-1$ の
とき最小値 -3 をとる。

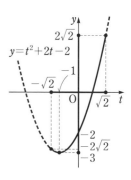

よって，①より，$\theta+\dfrac{\pi}{4}=\dfrac{\pi}{2}$，すなわち，

$\theta=\dfrac{\pi}{4}$ **のとき，最大値** $2\sqrt{2}$，

$\theta+\dfrac{\pi}{4}=\dfrac{5}{4}\pi$，$\dfrac{7}{4}\pi$，すなわち，

$\theta=\pi$，$\dfrac{3}{2}\pi$ **のとき，最小値** -3 **をとる。**

第3章

三角関数

□ **11.**
教科書
p.147

次の関数を $y=a\sin 2\theta+b\cos 2\theta+c$ の形に表し，$0\leqq\theta<2\pi$ のとき
の最大値と最小値を求めよ。また，そのときの θ の値を求めよ。
$$y=\sin^2\theta+4\sin\theta\cos\theta+5\cos^2\theta$$

ガイド　2倍角の公式，半角の公式を使って変形し，三角関数の合成を使っ
て最大・最小を考える。

解答　$y=\sin^2\theta+4\sin\theta\cos\theta+5\cos^2\theta$

$\quad =2\sin 2\theta+4\cos^2\theta+1$

$\quad =2\sin 2\theta+4\cdot\dfrac{1+\cos 2\theta}{2}+1$

$\quad =2\sin 2\theta+2\cos 2\theta+3$

さらに変形すると，

$\qquad y=2\sqrt{2}\sin\left(2\theta+\dfrac{\pi}{4}\right)+3$

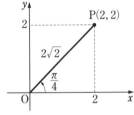

$0\leqq\theta<2\pi$ より，

$\qquad \dfrac{\pi}{4}\leqq 2\theta+\dfrac{\pi}{4}<\dfrac{17}{4}\pi$

したがって，$-1\leqq\sin\left(2\theta+\dfrac{\pi}{4}\right)\leqq 1$ であるから，

$\quad -2\sqrt{2}\leqq 2\sqrt{2}\sin\left(2\theta+\dfrac{\pi}{4}\right)\leqq 2\sqrt{2}$

$\quad -2\sqrt{2}+3\leqq 2\sqrt{2}\sin\left(2\theta+\dfrac{\pi}{4}\right)+3\leqq 2\sqrt{2}+3$

よって，y は，

$\quad 2\theta+\dfrac{\pi}{4}=\dfrac{\pi}{2}$, $\dfrac{5}{2}\pi$, すなわち，$\theta=\dfrac{\pi}{8}$, $\dfrac{9}{8}\pi$ **のとき，最大値**

$2\sqrt{2}+3$

$\quad 2\theta+\dfrac{\pi}{4}=\dfrac{3}{2}\pi$, $\dfrac{7}{2}\pi$, すなわち，$\theta=\dfrac{5}{8}\pi$, $\dfrac{13}{8}\pi$ **のとき，最小値**

$-2\sqrt{2}+3$

をとる。

思 考 力 を 養 う　富士山が見える時間は？　課題学習

☑**Q1**

教科書
p.148

　観覧車のフレームを半径30 m の円とみて，キャビンに乗っている乗客の目の位置Pが，この円上を反時計回りに一定の速さで移動し，ちょうど12分で1周するものとする。Pが地上に最も近い位置をP_0とし，P_0の地上からの高さを10 mとして，Pが地上から55 m

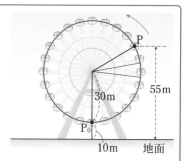

以上の高さにあるとき，富士山が見えるとする。

　PがP₀を出発してから2分後のPの地上からの高さを求めてみよう。また，5分後の高さも求めてみよう。

ガイド　図をかいて考える。2分後と5分後では，観覧車の中心とキャビンの位置関係が変わることに注意する。

解答　観覧車のフレームの中心をO，中心OとP₀を結ぶ直線と地面との交点をQとする。

　2分後のPの位置は，右の図のようになる。

　このときのPの回転角 $\angle POP_0$ は，Pが12分で1周することから，

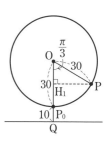

$$\angle POP_0 = \frac{\pi}{6} \times 2 = \frac{\pi}{3}$$

Pから直線OP₀に下ろした垂線と直線OP₀との交点をH₁とすると，Pの地上からの高さはQH₁と等しい。

$$QH_1 = OQ - OH_1$$
$$OQ = 30 + 10 = 40$$

$$OH_1 = OP \cos \angle POH_1 = 30 \cos \frac{\pi}{3} = 15$$

したがって，　$QH_1 = 40 - 15 = 25$

よって，**2分後のPの地上からの高さは25 m**

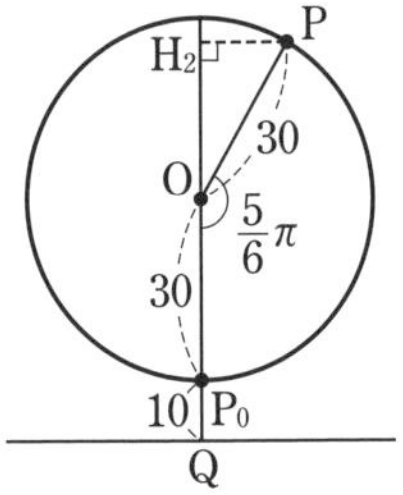

また，5分後のPの位置は，右の図のように
なる。

このときのPの回転角 ∠POP₀ は，

$$\angle \mathrm{POP_0}=\frac{\pi}{6}\times 5=\frac{5}{6}\pi$$

Pから直線 OP₀ に下ろした垂線と直線 OP₀
との交点を H₂ とすると，Pの地上からの高さ
は QH₂ と等しい。

$$\mathrm{QH_2}=\mathrm{OQ}+\mathrm{OH_2}$$

$$\mathrm{OQ}=40$$

$$\mathrm{OH_2}=\mathrm{OP}\cos\angle\mathrm{POH_2}=30\cos\left(\pi-\frac{5}{6}\pi\right)=30\cos\frac{\pi}{6}=15\sqrt{3}$$

したがって，　$\mathrm{QH_2}=40+15\sqrt{3}$

よって，**5分後のPの地上からの高さは $40+15\sqrt{3}$（m）**

□Q 2　　PがP₀を出発してから t 分後のPの地上からの高さを t を用いて表
教科書　してみよう。また，その式をもとに観覧車が1周する間に富士山が何分
p.148　間見えるか求めてみよう。

- -

ガイド　点Pの位置から場合分けをして考える。

解答　t 分後のPの位置から直線 OP₀ に下ろした垂線と直線 OP₀ との交
点を H_t とすると，Pの地上からの高さは QH_t と等しい。

t 分後のPの回転角 ∠POP₀ は，　　$\angle\mathrm{POP_0}=\dfrac{\pi}{6}t$

(ⅰ) $0\le t<3$ $\left(0\le\dfrac{\pi}{6}t<\dfrac{\pi}{2}\right)$ のとき，　$\mathrm{QH}_t=\mathrm{OQ}-\mathrm{OH}_t$

　$t\ne 0$ のとき，$\mathrm{OH}_t=\mathrm{OP}\cos\angle\mathrm{POH}_t=30\cos\dfrac{\pi}{6}t$ であるから，

　　$\mathrm{QH}_t=40-30\cos\dfrac{\pi}{6}t$

　この式は，$t=0$ のとき $\mathrm{QH}_t=10$ となるから，$t=0$ のとき
も満たす。

(ⅱ) $3\le t<6$ $\left(\dfrac{\pi}{2}\le\dfrac{\pi}{6}t<\pi\right)$ のとき，

　　$\mathrm{QH}_t=\mathrm{OQ}+\mathrm{OH}_t$

$t \neq 3$ のとき，

$$\mathrm{OH}_t = \mathrm{OP}\cos\angle\mathrm{POH}_t = 30\cos\left(\pi - \frac{\pi}{6}t\right) = -30\cos\frac{\pi}{6}t$$

であるから，

$$\mathrm{QH}_t = 40 - 30\cos\frac{\pi}{6}t$$

この式は，$t=3$ のとき $\mathrm{QH}_t = 40$ となるから，
$t=3$ のときも満たす。

(iii) $6 \leq t < 9$ $\left(\pi \leq \frac{\pi}{6}t < \frac{3}{2}\pi\right)$ のとき，

$$\mathrm{QH}_t = \mathrm{OQ} + \mathrm{OH}_t$$

$t \neq 6$ のとき，

$$\mathrm{OH}_t = \mathrm{OP}\cos\angle\mathrm{POH}_t = 30\cos\left(\frac{\pi}{6}t - \pi\right) = -30\cos\frac{\pi}{6}t$$

であるから，

$$\mathrm{QH}_t = 40 - 30\cos\frac{\pi}{6}t$$

この式は，$t=6$ のとき $\mathrm{QH}_t = 70$ となるから，
$t=6$ のときも満たす。

(iv) $9 \leq t \leq 12$ $\left(\frac{3}{2}\pi \leq \frac{\pi}{6}t \leq 2\pi\right)$ のとき，

$$\mathrm{QH}_t = \mathrm{OQ} - \mathrm{OH}_t$$

$t \neq 9,\ 12$ のとき，

$$\mathrm{OH}_t = \mathrm{OP}\cos\angle\mathrm{POH}_t = 30\cos\left(2\pi - \frac{\pi}{6}t\right) = 30\cos\frac{\pi}{6}t$$

であるから，

$$\mathrm{QH}_t = 40 - 30\cos\frac{\pi}{6}t$$

この式は，$t=9$ のとき $\mathrm{QH}_t = 40$，$t=12$ のとき $\mathrm{QH}_t = 10$ と
なるから，$t=9$，$t=12$ のときも満たす。

(i)～(iv)より，$0 \leq t \leq 12$ のとき，P の地上からの高さは，t を用いて
$40 - 30\cos\dfrac{\pi}{6}t\ \mathrm{(m)}$ と表される。

P は 12 分で 1 周するから，$t \geq 12$ のときも同様となる。
よって，P の地上からの高さは，

$$40 - 30\cos\frac{\pi}{6}t\ \mathrm{(m)}$$

第
3
章

三角関数

したがって，観覧車が 1 周する間に P の地上からの高さが 55 m 以上となるとき，　$40-30\cos\dfrac{\pi}{6}t \geqq 55$　$(0 \leqq t \leqq 12)$

$40-30\cos\dfrac{\pi}{6}t \geqq 55$　より，

$$\cos\dfrac{\pi}{6}t \leqq -\dfrac{1}{2} \quad \cdots\cdots①$$

$0 \leqq t \leqq 12$　であるから，

$$0 \leqq \dfrac{\pi}{6}t \leqq 2\pi$$

この範囲で①を満たす $\dfrac{\pi}{6}t$ の値の範囲は，

$$\dfrac{2}{3}\pi \leqq \dfrac{\pi}{6}t \leqq \dfrac{4}{3}\pi$$

したがって，

$$4 \leqq t \leqq 8$$

よって，観覧車が 1 周する間に富士山が見える時間は，出発して 4 分後から 8 分後までの **4 分間**である。

別解　右の図のように，座標平面上で，観覧車のフレーム（半径 30 m の円）の中心 O を原点として考える。

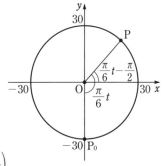

$\angle POP_0 = \dfrac{\pi}{6}t$ より，点 P の y 座標は次のように表すことができる。

$$30\sin\left(\dfrac{\pi}{6}t - \dfrac{\pi}{2}\right)$$
$$=30\left(\sin\dfrac{\pi}{6}t\cos\dfrac{\pi}{2} - \cos\dfrac{\pi}{6}t\sin\dfrac{\pi}{2}\right)$$
$$=-30\cos\dfrac{\pi}{6}t$$

もともと点 O は地上から 40 m の位置にあるから，点 P の地上からの高さを求めるには，y 軸方向に ＋40 m の平行移動を考えればよい。

よって，点 P の地上からの高さは，

$$40-30\cos\dfrac{\pi}{6}t \,(\text{m})$$

と表すことができる。

▢ **Q 3**　　観覧車に1時間乗り続けるとき富士山を見ることができる合計時間や，

教科書
p.148　別々のキャビンに乗っている人の目の位置が同じ高さになる時間など，

条件を変えて，いろいろな問題を作って考えてみよう。

ガイド　　観覧車に1時間乗り続けるとき富士山を見ることができる合計時間
は，**Q 2** を利用して考える。

別々のキャビンに乗っている人の目の位置が同じ高さになる時間を
問う問題は，具体的に条件を設定して問題を作る。

解答　　観覧車に1時間乗り続けるとき富士山を見ることができる合計時間
を求める場合，次のようになる。

観覧車は12分で1周するから，1時間だと $60 \div 12 = 5$ で，5周する
ことになる。

2周目から5周目で，富士山が見えるPの位置は，1周目と同じで
ある。

Q 2 より，観覧車が1周する間に富士山が見える時間は，出発し
て4分後から8分後までの4分間であるから，富士山が見える時間は，
次のようになる。

　　　2周目…出発して16分後から20分後までの4分間

　　　3周目…出発して28分後から32分後までの4分間

　　　4周目…出発して40分後から44分後までの4分間

　　　5周目…出発して52分後から56分後までの4分間

よって，観覧車に1時間乗り続けるとき富士山を見ることができる
合計時間は，

　　　$4 \times 5 = 20$（分間）

また，別々のキャビンに乗っている人の目の位置が同じ高さになる
時間を求める問題を作る場合，例えば次のような問題が考えられる。

Aさんが観覧車に乗りこんでから4分後に，Bさんが観覧車に乗り
こむ。このとき，AさんとBさんの目の位置がはじめて同じ高さにな
るのは，Aさんが乗りこんでから何分後か。

その他，**Q 2** で考えたことを利用して，どのようなことが考えら
れるか，という視点で問題を作ってもよい。

第3章　三角関数

第4章 指数関数と対数関数

第1節 指数と指数関数

1 指数が 0 や負の整数の場合

□ 問1 次の値を求めよ。

教科書
p.150　(1)　10^0　　　(2)　3^{-2}　　　(3)　4^{-1}　　　(4)　$(-2)^{-3}$

ガイド m, n を正の整数とするとき，次の**指数法則**が成り立つ。

　　① $a^m a^n = a^{m+n}$　　② $(a^m)^n = a^{mn}$　　③ $(ab)^n = a^n b^n$

$a \neq 0$ のとき，この指数法則が，指数が 0 や負の整数の場合にも成り立つように，指数が 0 や負の整数のときの累乗を，次のように定める。

ここがポイント 【a^0 と a^{-n} の定義】

$a \neq 0$ で，n が正の整数のとき，

$$a^0 = 1, \quad a^{-n} = \frac{1}{a^n} \quad 特に， \quad a^{-1} = \frac{1}{a}$$

$a^{-n} = \dfrac{1}{a^n}$ は，n が 0 または負の整数のときも成り立つ。

解答 (1)　$10^0 = 1$

(2)　$3^{-2} = \dfrac{1}{3^2} = \dfrac{1}{9}$

(3)　$4^{-1} = \dfrac{1}{4}$

(4)　$(-2)^{-3} = \dfrac{1}{(-2)^3} = \dfrac{1}{-8} = -\dfrac{1}{8}$

指数が負の整数だと逆数になるんだね。

☐ **問 2** 次の計算をせよ。

教科書
p.151

(1) $a^{-3}a^7$

(2) $(a^{-2}b)^3 \times (a^2b^{-1})^2$

(3) $3^2 \times 3^{-8} \times 3^4$

(4) $10^{-6} \times (10^2)^4 \div 10^3$

ガイド

ここがポイント 👉 **[指数法則]**

$a \neq 0,\ b \neq 0$ で，$m,\ n$ が整数のとき，

☐1 $a^m a^n = a^{m+n}$　　☐2 $(a^m)^n = a^{mn}$　　☐3 $(ab)^n = a^n b^n$

☐1′ $a^m \div a^n = a^{m-n}$　　　　　　　　　　☐3′ $\left(\dfrac{a}{b}\right)^n = \dfrac{a^n}{b^n}$

解答

(1) $a^{-3}a^7 = a^{(-3)+7} = \boldsymbol{a^4}$

(2) $(a^{-2}b)^3 \times (a^2b^{-1})^2 = a^{-6} \times b^3 \times a^4 \times b^{-2} = a^{(-6)+4}b^{3+(-2)}$
$= \boldsymbol{a^{-2}b}$

(3) $3^2 \times 3^{-8} \times 3^4 = 3^{2+(-8)+4} = 3^{-2} = \dfrac{1}{3^2} = \boldsymbol{\dfrac{1}{9}}$

(4) $10^{-6} \times (10^2)^4 \div 10^3 = 10^{-6} \times 10^8 \div 10^3 = 10^{(-6)+8-3} = 10^{-1} = \boldsymbol{\dfrac{1}{10}}$

☐2 指数の拡張

☐ **問 3** 次の値を求めよ。

教科書
p.152

(1) $\sqrt[3]{27}$　　　(2) $\sqrt[5]{32}$　　　(3) $\sqrt[3]{-125}$　　　(4) $\sqrt[4]{0.0001}$

ガイド　n が正の整数のとき，n 乗して a になる数，すなわち，$x^n = a$ を満たす x の値を a の**n乗根**（じょうこん）といい，a の2乗根（平方根），a の3乗根（立方根），a の4乗根，……を総称して，a の**累乗根**という。

n が奇数のとき，a の n 乗根はただ1つあり，$\sqrt[n]{a}$ と書く。

n が偶数のとき，正の数 a の n 乗根は正，負1つずつある。これらをそれぞれ，$\sqrt[n]{a}$，$-\sqrt[n]{a}$ と書く。負の数の n 乗根は存在しない。

$\sqrt[2]{a}$ は $\sqrt{a}$ と書く。また，$\sqrt[n]{0} = 0$ である。

解答

(1) $\sqrt[3]{27} = \sqrt[3]{3^3} = \boldsymbol{3}$

(2) $\sqrt[5]{32} = \sqrt[5]{2^5} = \boldsymbol{2}$

(3) $\sqrt[3]{-125} = \sqrt[3]{(-5)^3} = \boldsymbol{-5}$

(4) $\sqrt[4]{0.0001} = \sqrt[4]{0.1^4} = \boldsymbol{0.1}$

□ **問 4** 教科書 p.153 の累乗根の性質①の証明にならって，下の累乗根の性質

教科書
p.153 ②，③，④が成り立つことを証明せよ。

ガイド $a>0$ のとき，$\sqrt[n]{a}$ は a のただ1つの正の n 乗根であり，

$(\sqrt[n]{a})^n=a$，$\sqrt[n]{a^n}=a$ である。

> **ここがポイント** ☞ [累乗根の性質]
>
> $a>0$，$b>0$ で，m，n が正の整数のとき，
>
> ① $\sqrt[n]{a}\sqrt[n]{b}=\sqrt[n]{ab}$ ② $\dfrac{\sqrt[n]{a}}{\sqrt[n]{b}}=\sqrt[n]{\dfrac{a}{b}}$
>
> ③ $(\sqrt[n]{a})^m=\sqrt[n]{a^m}$ ④ $\sqrt[m]{\sqrt[n]{a}}=\sqrt[mn]{a}$

解答 ② $\left(\dfrac{\sqrt[n]{a}}{\sqrt[n]{b}}\right)^n=\dfrac{(\sqrt[n]{a})^n}{(\sqrt[n]{b})^n}=\dfrac{a}{b}$

$\sqrt[n]{a}>0$，$\sqrt[n]{b}>0$ であるから， $\dfrac{\sqrt[n]{a}}{\sqrt[n]{b}}>0$

よって，$\dfrac{\sqrt[n]{a}}{\sqrt[n]{b}}$ は n 乗して $\dfrac{a}{b}$ となる正の数であるから，

$\dfrac{\sqrt[n]{a}}{\sqrt[n]{b}}=\sqrt[n]{\dfrac{a}{b}}$

③ $\{(\sqrt[n]{a})^m\}^n=(\sqrt[n]{a})^{mn}=\{(\sqrt[n]{a})^n\}^m=a^m$

$\sqrt[n]{a}>0$ であるから， $(\sqrt[n]{a})^m>0$

よって，$(\sqrt[n]{a})^m$ は n 乗して a^m となる正の数であるから，

$(\sqrt[n]{a})^m=\sqrt[n]{a^m}$

④ $(\sqrt[m]{\sqrt[n]{a}})^{mn}=\{(\sqrt[m]{\sqrt[n]{a}})^m\}^n=(\sqrt[n]{a})^n=a$

$\sqrt[n]{a}>0$ であるから， $\sqrt[m]{\sqrt[n]{a}}>0$

よって，$\sqrt[m]{\sqrt[n]{a}}$ は mn 乗して a となる正の数であるから，

$\sqrt[m]{\sqrt[n]{a}}=\sqrt[mn]{a}$

□ **問 5** 次の計算をせよ。

教科書
p.153 (1) $\sqrt[3]{4}\sqrt[3]{16}$ (2) $\dfrac{\sqrt[4]{2}}{\sqrt[4]{32}}$

(3) $(\sqrt[5]{9})^3$ (4) $\sqrt[3]{\sqrt{729}}$

ガイド　累乗根の性質を用いる。

解答

(1) $\sqrt[3]{4}\,\sqrt[3]{16}=\sqrt[3]{4\times16}=\sqrt[3]{4\times4^2}=\sqrt[3]{4^3}=4$

(2) $\dfrac{\sqrt[4]{2}}{\sqrt[4]{32}}=\sqrt[4]{\dfrac{2}{32}}=\sqrt[4]{\dfrac{1}{16}}=\sqrt[4]{\left(\dfrac{1}{2}\right)^4}=\dfrac{1}{2}$

(3) $(\sqrt[5]{9})^3=\sqrt[5]{9^3}=\sqrt[5]{3^6}=\sqrt[5]{3^5\cdot3}=\sqrt[5]{3^5}\,\sqrt[5]{3}=3\sqrt[5]{3}$

(4) $\sqrt[3]{\sqrt[2]{729}}=\sqrt[3\times2]{729}=\sqrt[6]{729}=\sqrt[6]{3^6}=3$

□ 問 6　次の値を累乗根の形で表せ。

教科書 **p.154** (1) $2^{\frac{2}{3}}$　　　　(2) $3^{\frac{1}{2}}$　　　　(3) $5^{-\frac{3}{4}}$

ガイド

ここがポイント 👉 [有理数の指数]

$a>0$ で，m，n が正の整数，r が正の有理数のとき，

$$a^{\frac{m}{n}}=\sqrt[n]{a^m}=(\sqrt[n]{a})^m \qquad a^{-r}=\dfrac{1}{a^r}$$

このことから，$a^{\frac{1}{2}}=\sqrt{a}$，$a^{\frac{1}{n}}=\sqrt[n]{a}$ である。

解答

(1) $2^{\frac{2}{3}}=\sqrt[3]{2^2}=\sqrt[3]{4}$

(2) $3^{\frac{1}{2}}=\sqrt{3}$

(3) $5^{-\frac{3}{4}}=\dfrac{1}{5^{\frac{3}{4}}}=\dfrac{1}{\sqrt[4]{5^3}}=\dfrac{1}{\sqrt[4]{125}}$

□ 問 7　次の式を $a^{\frac{m}{n}}$ の形で表せ。ただし，$a>0$ とする。

教科書 **p.154** (1) $\sqrt[3]{a^2}$　　　　(2) $\sqrt[4]{a}$　　　　(3) $\dfrac{1}{\sqrt{a}}$

ガイド　**問 6** の **ここがポイント 👉** を利用する。

解答

(1) $\sqrt[3]{a^2}=a^{\frac{2}{3}}$

(2) $\sqrt[4]{a}=a^{\frac{1}{4}}$

(3) $\dfrac{1}{\sqrt{a}}=\dfrac{1}{a^{\frac{1}{2}}}=a^{-\frac{1}{2}}$

別解

(3) $\dfrac{1}{\sqrt{a}}=(\sqrt{a})^{-1}=(a^{\frac{1}{2}})^{-1}=a^{-\frac{1}{2}}$

☑ **問8** 次の計算をせよ。

教科書
p.155　(1) $8^{\frac{1}{2}}\times 8^{-\frac{4}{3}}\times 8^{\frac{3}{2}}$　　(2) $(27^{\frac{1}{2}})^{-\frac{4}{3}}$　　(3) $9^{\frac{5}{6}}\times 9^{-\frac{1}{2}}\div 9^{\frac{1}{3}}$

ガイド

ここがポイント ☞ ［指数法則］

$a>0$, $b>0$ で, p, q が有理数のとき,

$\boxed{1}$　$a^p a^q=a^{p+q}$　　$\boxed{2}$　$(a^p)^q=a^{pq}$　　$\boxed{3}$　$(ab)^p=a^p b^p$

$\boxed{1}'$　$a^p\div a^q=a^{p-q}$　　　　　　　　$\boxed{3}'$　$\left(\dfrac{a}{b}\right)^p=\dfrac{a^p}{b^p}$

解答　(1) $8^{\frac{1}{2}}\times 8^{-\frac{4}{3}}\times 8^{\frac{3}{2}}=8^{\frac{1}{2}+\left(-\frac{4}{3}\right)+\frac{3}{2}}=8^{\frac{2}{3}}=(2^3)^{\frac{2}{3}}=2^{3\times\frac{2}{3}}=2^2=4$

　　　(2) $(27^{\frac{1}{2}})^{-\frac{4}{3}}=\{(3^3)^{\frac{1}{2}}\}^{-\frac{4}{3}}=(3^{3\times\frac{1}{2}})^{-\frac{4}{3}}=(3^{\frac{3}{2}})^{-\frac{4}{3}}=3^{\frac{3}{2}\times\left(-\frac{4}{3}\right)}=3^{-2}=\dfrac{1}{9}$

　　　(3) $9^{\frac{5}{6}}\times 9^{-\frac{1}{2}}\div 9^{\frac{1}{3}}=9^{\frac{5}{6}+\left(-\frac{1}{2}\right)-\frac{1}{3}}=9^0=1$

☑ **問9** 次の計算をせよ。

教科書
p.155　(1) $\sqrt[4]{3}\div\sqrt{3}\times\sqrt[4]{3^3}$　　　　(2) $\sqrt[3]{4}\times\sqrt[4]{8}\div\sqrt[12]{32}$

ガイド 指数法則を利用する。分数の指数で表して計算する。

解答　(1) $\sqrt[4]{3}\div\sqrt{3}\times\sqrt[4]{3^3}=3^{\frac{1}{4}}\div 3^{\frac{1}{2}}\times 3^{\frac{3}{4}}=3^{\frac{1}{4}-\frac{1}{2}+\frac{3}{4}}=3^{\frac{1}{2}}=\sqrt{3}$

　　　(2) $\sqrt[3]{4}\times\sqrt[4]{8}\div\sqrt[12]{32}=\sqrt[3]{2^2}\times\sqrt[4]{2^3}\div\sqrt[12]{2^5}=2^{\frac{2}{3}}\times 2^{\frac{3}{4}}\div 2^{\frac{5}{12}}=2^{\frac{2}{3}+\frac{3}{4}-\frac{5}{12}}$
　　　　　 $=2^1=2$

☑ **問10** $a>0$ のとき, 次の計算をせよ。

教科書
p.155　(1) $\sqrt[3]{a}\times\sqrt[4]{a}\div\sqrt{a}$　　　　(2) $a\times\sqrt[4]{a}\div\sqrt[3]{\sqrt{a^3}}$

ガイド **問9** と同様に計算する。

解答　(1) $\sqrt[3]{a}\times\sqrt[4]{a}\div\sqrt{a}=a^{\frac{1}{3}}\times a^{\frac{1}{4}}\div a^{\frac{1}{2}}=a^{\frac{1}{3}+\frac{1}{4}-\frac{1}{2}}=a^{\frac{1}{12}}$ $(\sqrt[12]{a})$

　　　(2) $a\times\sqrt[4]{a}\div\sqrt[3]{\sqrt{a^3}}=a\times\sqrt[4]{a}\div\sqrt[3\times 2]{a^3}=a\times\sqrt[4]{a}\div\sqrt[6]{a^3}=a\times a^{\frac{1}{4}}\div a^{\frac{3}{6}}$
　　　　　 $=a\times a^{\frac{1}{4}}\div a^{\frac{1}{2}}=a^{1+\frac{1}{4}-\frac{1}{2}}=a^{\frac{3}{4}}$ $(\sqrt[4]{a^3})$

3　指数関数

□ **問11**　次の指数関数のグラフを，同じ座標平面上にかけ。

教科書
p.157 (1)　$y=3^x$　　　　　　(2)　$y=\left(\dfrac{1}{3}\right)^x$

ガイド　一般に，a が1でない正の定数のとき，$y=a^x$ で表される関数を，a を**底**とする**指数関数**という。

指数関数 $y=a^x$ のグラフは，次のような形になる。

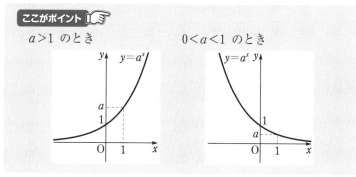

ここがポイント

$a>1$ のとき　　　　$0<a<1$ のとき

解答　グラフは右の図のようになる。

(1)のグラフと(2)のグラフはy軸に関して対称だね。

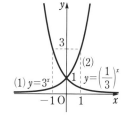

□ **問12**　次の数の大小を比較せよ。

教科書
p.158 (1)　$\sqrt[3]{2}$，$4^{-\frac{3}{4}}$，$\sqrt[5]{8}$　　　　(2)　0.1^2，0.1^{-3}，10^{-4}

ガイド　x の値が増加すると y の値も増加する関数を**増加関数**といい，x の値が増加すると y の値が減少する関数を**減少関数**という。

ここがポイント 👈 ［指数関数 $y=a^x$ $(a>0,\ a\neq1)$ の性質］

① **定義域は実数全体，値域は正の実数全体**である。

② **グラフは定点 $(0,\ 1)$ を通り，x 軸が漸近線である。**

③ $a>1$ **のとき**，増加関数である。すなわち，次が成り立つ。

$$p<q \iff a^p<a^q$$

$0<a<1$ **のとき**，減少関数である。すなわち，次が成り立つ。

$$p<q \iff a^p>a^q$$

④ $p=q \iff a^p=a^q$ が成り立つ。

この問題では，底をそろえて，指数を比較する。

解答▶

(1) $\sqrt[3]{2}=2^{\frac{1}{3}}$, $4^{-\frac{3}{4}}=(2^2)^{-\frac{3}{4}}=2^{-\frac{3}{2}}$, $\sqrt[5]{8}=\sqrt[5]{2^3}=2^{\frac{3}{5}}$

指数を比較して，

$$-\frac{3}{2}<\frac{1}{3}<\frac{3}{5}$$

底は 2 で 1 より大きいから，

$$2^{-\frac{3}{2}}<2^{\frac{1}{3}}<2^{\frac{3}{5}}$$

よって， $4^{-\frac{3}{4}}<\sqrt[3]{2}<\sqrt[5]{8}$

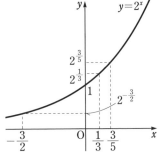

(2) 0.1^2, 0.1^{-3},

$10^{-4}=(10^{-1})^4=0.1^4$

指数を比較して，

$$-3<2<4$$

底は 0.1 で 1 より小さいから，

$$0.1^4<0.1^2<0.1^{-3}$$

よって， $10^{-4}<0.1^2<0.1^{-3}$

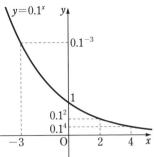

☑ **問13** 次の方程式を解け。

教科書
p.159　(1)　$16^x = 2$　　　　　　　　　(2)　$25^x = 5^{2-x}$

ガイド 両辺の底をそろえる。

解答 (1)　$16^x = (2^4)^x = 2^{4x}$ より，与えられた方程式は，　$2^{4x} = 2^1$

　　　　よって，$4x = 1$ より，　$x = \dfrac{1}{4}$

　　(2)　$25^x = (5^2)^x = 5^{2x}$ より，与えられた方程式は，　$5^{2x} = 5^{2-x}$

　　　　よって，$2x = 2 - x$ より，　$x = \dfrac{2}{3}$

☑ **問14** 次の不等式を解け。

教科書
p.159　(1)　$27^x \geqq 9^{1-x}$　　　　　　　(2)　$\left(\dfrac{1}{8}\right)^x > \dfrac{1}{4}$

ガイド 両辺の底をそろえる。底と1の大小関係に注意する。

　　　　底を a とすると，

　　　　　$a > 1$ のとき，　　$a^p < a^q \iff p < q$

　　　　　$0 < a < 1$ のとき，　$a^p < a^q \iff p > q$

　　　$0 < a < 1$ のとき，不等号の向きが変わるから注意する。

解答 (1)　$27^x = (3^3)^x = 3^{3x}$，$9^{1-x} = (3^2)^{1-x} = 3^{2(1-x)}$ より，与えられた不等式は，

　　　　　$3^{3x} \geqq 3^{2(1-x)}$

　　　　底は3で1より大きいから，　$3x \geqq 2(1-x)$

　　　　よって，　$x \geqq \dfrac{2}{5}$

　　(2)　$\left(\dfrac{1}{8}\right)^x = \left\{\left(\dfrac{1}{2}\right)^3\right\}^x = \left(\dfrac{1}{2}\right)^{3x}$ より，与えられた不等式は，

　　　　　$\left(\dfrac{1}{2}\right)^{3x} > \left(\dfrac{1}{2}\right)^2$

　　　　底は $\dfrac{1}{2}$ で1より小さいから，　$3x < 2$

　　　　よって，　$x < \dfrac{2}{3}$

第
4
章

指数関数と対数関数

┃**参考**┃ (2)は，両辺の底を2にそろえて解くこともできる。

┃**別解**┣ (2) $\left(\dfrac{1}{8}\right)^x=(2^{-3})^x=2^{-3x}$ より，与えられた不等式は，

$$2^{-3x}>2^{-2}$$

底は2で1より大きいから，　$-3x>-2$

よって，　$x<\dfrac{2}{3}$

> 底を1より大きい数に
> そろえると，不等号の
> 向きが一致するから楽
> になるよ。

☐ ┃**問15**┣ 次の方程式を解け。

教科書
p.160
(1) $9^x+6\cdot3^x-27=0$　　　　(2) $4^x-3\cdot2^x+2=0$

┃**ガイド**┣ (1) 9^x を 3^x を用いて表し，$3^x=t$ とおく。

(2) 4^x を 2^x を用いて表し，$2^x=t$ とおく。

(1)，(2)とも，t のとり得る値の範囲に注意する。

┃**解答**┣ (1) $9^x=(3^2)^x=(3^x)^2$ より，与えられた方程式は，

$$(3^x)^2+6\cdot3^x-27=0$$

$3^x=t$ とおくと，$t>0$ であり，

$$t^2+6t-27=0$$
$$(t+9)(t-3)=0$$

$t>0$ であるから，　$t=3$

よって，$3^x=3$ より，　$x=1$

(2) $4^x=(2^2)^x=(2^x)^2$ より，与えられた方程式は，

$$(2^x)^2-3\cdot2^x+2=0$$

$2^x=t$ とおくと，$t>0$ であり，

$$t^2-3t+2=0$$
$$(t-1)(t-2)=0$$

$t>0$ であるから，　$t=1, 2$

よって，$2^x=1, 2$ より，　$x=0, 1$

☐ **問16** 次の不等式を解け。

教科書 **p.160**
(1) $4^x - 3 \cdot 2^x - 4 > 0$ 　　　　　 (2) $9^x - 8 \cdot 3^x - 9 \leqq 0$

ガイド **問15** と同様に，(1)では $2^x = t$，(2)では $3^x = t$ とおく。

　　　 t のとり得る値の範囲だけでなく，底と1の大小関係にも注意する。

解答 (1) $4^x = (2^2)^x = (2^x)^2$ より，与えられた不等式は，

　　　　 $(2^x)^2 - 3 \cdot 2^x - 4 > 0$

　　　 $2^x = t$ とおくと，$t > 0$ であり，

　　　　 $t^2 - 3t - 4 > 0$

　　　　 $(t+1)(t-4) > 0$

　　　 これより，　$t < -1,\ 4 < t$

　　　 $t > 0$ であるから，　$t > 4$

　　　 したがって，　$2^x > 2^2$

　　　 底は2で1より大きいから，　**$x > 2$**

　 (2) $9^x = (3^2)^x = (3^x)^2$ より，与えられた不等式は，

　　　　 $(3^x)^2 - 8 \cdot 3^x - 9 \leqq 0$

　　　 $3^x = t$ とおくと，$t > 0$ であり，

　　　　 $t^2 - 8t - 9 \leqq 0$

　　　　 $(t+1)(t-9) \leqq 0$

　　　 これより，　$-1 \leqq t \leqq 9$

　　　 $t > 0$ であるから，　$0 < t \leqq 9$

　　　 したがって，　$0 < 3^x \leqq 3^2$

　　　 底は3で1より大きいから，　**$x \leqq 2$**

注意 (2) $3^x > 0$ はすべての実数 x で成り立つ。

節 末 問 題

☐ **1**

教科書
p.161

次の計算をせよ。ただし，$a>0$，$b>0$ とする。

(1) $2^8 \times 3^5 \times 6^{-6}$

(2) $(8^{\frac{1}{2}})^{\frac{4}{3}} \times 16^{-0.25}$

(3) $\left(\dfrac{b}{a}\right)^3 \times (a^2 b)^{-2}$

(4) $\sqrt[3]{a} \div \sqrt[6]{a^5} \times \sqrt[5]{a}$

(5) $\sqrt[4]{32} - 3\sqrt[4]{2}$

(6) $\sqrt[3]{54} + \sqrt[3]{16} - \sqrt[3]{2}$

ガイド 累乗根の性質や有理数の指数，指数法則を利用する。

解答

(1) $2^8 \times 3^5 \times 6^{-6} = 2^8 \times 3^5 \times (2 \times 3)^{-6} = 2^8 \times 3^5 \times 2^{-6} \times 3^{-6}$

$\qquad = 2^{8+(-6)} \times 3^{5+(-6)} = 2^2 \times 3^{-1} = \dfrac{4}{3}$

(2) $(8^{\frac{1}{2}})^{\frac{4}{3}} \times 16^{-0.25} = \{(2^3)^{\frac{1}{2}}\}^{\frac{4}{3}} \times (2^4)^{-\frac{1}{4}} = (2^{3 \times \frac{1}{2}})^{\frac{4}{3}} \times (2^4)^{-\frac{1}{4}}$

$\qquad = (2^{\frac{3}{2}})^{\frac{4}{3}} \times (2^4)^{-\frac{1}{4}} = 2^{\frac{3}{2} \times \frac{4}{3}} \times 2^{4 \times \left(-\frac{1}{4}\right)}$

$\qquad = 2^2 \times 2^{-1} = 2^{2+(-1)} = 2^1 = \mathbf{2}$

(3) $\left(\dfrac{b}{a}\right)^3 \times (a^2 b)^{-2} = (a^{-1} b)^3 \times (a^2 b)^{-2}$

$\qquad = a^{(-1) \times 3} \times b^{1 \times 3} \times a^{2 \times (-2)} \times b^{1 \times (-2)}$

$\qquad = a^{-3} \times b^3 \times a^{-4} \times b^{-2} = a^{(-3)+(-4)} b^{3+(-2)}$

$\qquad = \boldsymbol{a^{-7} b} \ \left(\dfrac{\boldsymbol{b}}{\boldsymbol{a^7}}\right)$

(4) $\sqrt[3]{a} \div \sqrt[6]{a^5} \times \sqrt[5]{a} = a^{\frac{1}{3}} \div a^{\frac{5}{6}} \times a^{\frac{1}{5}} = a^{\frac{1}{3} - \frac{5}{6} + \frac{1}{5}} = \boldsymbol{a^{-\frac{3}{10}}} \ \left(\dfrac{\mathbf{1}}{\sqrt[10]{\boldsymbol{a^3}}}\right)$

(5) $\sqrt[4]{32} - 3\sqrt[4]{2} = \sqrt[4]{2^5} - 3\sqrt[4]{2} = \sqrt[4]{2^4 \cdot 2} - 3\sqrt[4]{2} = \sqrt[4]{2^4}\sqrt[4]{2} - 3\sqrt[4]{2}$

$\qquad = 2\sqrt[4]{2} - 3\sqrt[4]{2} = \boldsymbol{-\sqrt[4]{2}}$

(6) $\sqrt[3]{54} + \sqrt[3]{16} - \sqrt[3]{2} = \sqrt[3]{2 \cdot 3^3} + \sqrt[3]{2^4} - \sqrt[3]{2}$

$\qquad = \sqrt[3]{3^3 \cdot 2} + \sqrt[3]{2^3 \cdot 2} - \sqrt[3]{2}$

$\qquad = \sqrt[3]{3^3}\sqrt[3]{2} + \sqrt[3]{2^3}\sqrt[3]{2} - \sqrt[3]{2}$

$\qquad = 3\sqrt[3]{2} + 2\sqrt[3]{2} - \sqrt[3]{2}$

$\qquad = \boldsymbol{4\sqrt[3]{2}}$

別解 (3) $\left(\dfrac{b}{a}\right)^3 \times (a^2 b)^{-2} = \left(\dfrac{b}{a}\right)^3 \times \dfrac{1}{(a^2 b)^2} = \dfrac{b^3}{a^3} \times \dfrac{1}{a^4 b^2} = \dfrac{\boldsymbol{b}}{\boldsymbol{a^7}}$

□2

教科書
p.161

$a>0$，$b>0$ のとき，次の式を計算せよ。

(1) $(a^{\frac{1}{2}}+a^{-\frac{1}{2}})^2$　　　　(2) $(a^{\frac{1}{3}}-b^{\frac{1}{3}})(a^{\frac{2}{3}}+a^{\frac{1}{3}}b^{\frac{1}{3}}+b^{\frac{2}{3}})$

ガイド　(1)　$(a+b)^2=a^2+2ab+b^2$ を利用する。

(2)　$(a-b)(a^2+ab+b^2)=a^3-b^3$ を利用する。

解答　(1)　$(a^{\frac{1}{2}}+a^{-\frac{1}{2}})^2=(a^{\frac{1}{2}})^2+2\times a^{\frac{1}{2}}\times a^{-\frac{1}{2}}+(a^{-\frac{1}{2}})^2$

$$=a^{\frac{1}{2}\times2}+2a^{\frac{1}{2}+\left(-\frac{1}{2}\right)}+a^{\left(-\frac{1}{2}\right)\times2}$$

$$=a^1+2a^0+a^{-1}$$

$$=\boldsymbol{a}+2+\frac{1}{\boldsymbol{a}}$$

(2)　$(a^{\frac{1}{3}}-b^{\frac{1}{3}})(a^{\frac{2}{3}}+a^{\frac{1}{3}}b^{\frac{1}{3}}+b^{\frac{2}{3}})=(a^{\frac{1}{3}}-b^{\frac{1}{3}})\{(a^{\frac{1}{3}})^2+a^{\frac{1}{3}}b^{\frac{1}{3}}+(b^{\frac{1}{3}})^2\}$

$$=(a^{\frac{1}{3}})^3-(b^{\frac{1}{3}})^3=a^{\frac{1}{3}\times3}-b^{\frac{1}{3}\times3}$$

$$=a^1-b^1$$

$$=\boldsymbol{a}-\boldsymbol{b}$$

□3

教科書
p.161

$a>0$ で，$a^{2p}=3$ のとき，$\dfrac{a^{2p}-a^{-2p}}{a^p+a^{-p}}$ の値を求めよ。

ガイド　$a^{2p}=3$ より，$(a^p)^2=3$ であり，これと $a>0$ から a^p の値を求める。

解答　$a>0$ で $a^p>0$ であるから，$a^{2p}=(a^p)^2=3$ より，　$a^p=\sqrt{3}$

このとき，与えられた式は，

$$\frac{a^{2p}-a^{-2p}}{a^p+a^{-p}}=\frac{(a^p)^2-(a^{-p})^2}{a^p+a^{-p}}$$

$$=\frac{(a^p+a^{-p})(a^p-a^{-p})}{a^p+a^{-p}}$$

$$=a^p-a^{-p}=a^p-\frac{1}{a^p}$$

$$=\sqrt{3}-\frac{1}{\sqrt{3}}=\sqrt{3}-\frac{\sqrt{3}}{3}$$

$$=\frac{2\sqrt{3}}{3}$$

第4章　指数関数と対数関数

☑ **4**
教科書
p.161
　関数 $y=4\cdot2^x$ のグラフは，関数 $y=2^x$ のグラフを平行移動したものである。どのように平行移動したものか。

ガイド　$y=4\cdot2^x=2^{x+2}=2^{x-(-2)}$ と変形する。

解答　$y=4\cdot2^x=2^2\cdot2^x=2^{x+2}=2^{x-(-2)}$
　　　したがって，関数 $y=4\cdot2^x$ のグラフは，
　関数 $y=2^x$ のグラフを **x 軸方向に -2 だけ**
　平行移動したものである。

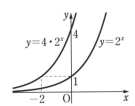

☑ **5**
教科書
p.161
　次の方程式，不等式を解け。
(1) $8^x=4\cdot2^x$　　　　　　(2) $\left(\dfrac{1}{16}\right)^{2-x}>\left(\dfrac{1}{4}\right)^2$

ガイド　両辺の底をそろえる。
　　　　(2)では，底と 1 の大小関係に注意する。

解答　(1) $8^x=(2^3)^x=2^{3x}$，$4\cdot2^x=2^2\cdot2^x=2^{x+2}$ より，与えられた方程式は，
　　　　　$2^{3x}=2^{x+2}$
　　　　よって，$3x=x+2$ より，　$x=1$

(2) $\left(\dfrac{1}{16}\right)^{2-x}=\left\{\left(\dfrac{1}{4}\right)^2\right\}^{2-x}=\left(\dfrac{1}{4}\right)^{2(2-x)}$ より，与えられた不等式は，

$\left(\dfrac{1}{4}\right)^{2(2-x)}>\left(\dfrac{1}{4}\right)^2$

底は $\dfrac{1}{4}$ で 1 より小さいから，　$2(2-x)<2$

よって，　$x>1$

参考　(2)は，$\dfrac{1}{4^{2(2-x)}}>\dfrac{1}{4^2}$ と変形し，$4^{2(2-x)}<4^2$ を解いてもよい。

☑ **6**
教科書
p.161
　次の方程式，不等式を解け。
(1) $2^{2x+1}+7\cdot2^x-4=0$　　　　(2) $3\left(\dfrac{1}{9}\right)^x-4\left(\dfrac{1}{3}\right)^x+1<0$

ガイド (1) $2^x=t$ とおく。t のとり得る値の範囲に注意する。

(2) $\left(\dfrac{1}{3}\right)^x=t$ とおく。t のとり得る値の範囲や底と 1 の大小関係に注意する。

解答 (1) $2^{2x+1}=2\cdot 2^{2x}=2(2^x)^2$ より，与えられた方程式は，
$$2(2^x)^2+7\cdot 2^x-4=0$$
$2^x=t$ とおくと，$t>0$ であり，
$$2t^2+7t-4=0$$
$$(t+4)(2t-1)=0$$
$t>0$ であるから，　$t=\dfrac{1}{2}$

よって，$2^x=\dfrac{1}{2}$ より，　$\boldsymbol{x=-1}$

(2) $3\left(\dfrac{1}{9}\right)^x=3\left\{\left(\dfrac{1}{3}\right)^2\right\}^x=3\left\{\left(\dfrac{1}{3}\right)^x\right\}^2$ より，与えられた不等式は，
$$3\left\{\left(\dfrac{1}{3}\right)^x\right\}^2-4\left(\dfrac{1}{3}\right)^x+1<0$$
$\left(\dfrac{1}{3}\right)^x=t$ とおくと，$t>0$ であり，
$$3t^2-4t+1<0$$
$$(3t-1)(t-1)<0$$
これより，　$\dfrac{1}{3}<t<1$

これは，$t>0$ を満たしている。

したがって，　$\left(\dfrac{1}{3}\right)^1<\left(\dfrac{1}{3}\right)^x<\left(\dfrac{1}{3}\right)^0$

底は $\dfrac{1}{3}$ で 1 より小さいから，　$\boldsymbol{0<x<1}$

参考 (2)は，不等式の両辺に $9^x\ (>0)$ を掛けて，
$$9^x-4\cdot 3^x+3<0$$
とし，$3^x=t$ とおいて解いてもよい。

底は $\dfrac{1}{3}$ で 1 より小さいから，最後に不等号の向きが逆になっているね。

（右側欄外）第4章　指数関数と対数関数

第2節　対数と対数関数

1 対　数

□ **問17** 次の式を $p=\log_a M$ の形に書き換えよ。

教科書
p.163 (1) $3^4=81$　　　　(2) $25^{\frac{1}{2}}=5$　　　　(3) $10^{-3}=0.001$

- -

ガイド　指数関数 $y=a^x$ のグラフからわかるように，どんな正の数 M に対しても，$a^p=M$ となる p の値がただ1つ決まる。

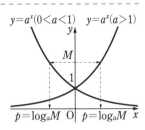

$y=a^x(0<a<1)$　$y=a^x(a>1)$

　この p を $\log_a M$ と書き，**a を底とする M の対数**という。

　また，M を $\log_a M$ の**真数**(しんすう)という。

　真数はつねに正である。

> **ここがポイント** ☞ [指数と対数の関係]
>
> $a>0$, $a\ne1$, $M>0$ のとき，
>
> $$a^p=M \iff p=\log_a M$$

解答　(1) $3^4=81$ より，　$4=\log_3 81$

　　(2) $25^{\frac{1}{2}}=5$ より，　$\dfrac{1}{2}=\log_{25} 5$

　　(3) $10^{-3}=0.001$ より，　$-3=\log_{10} 0.001$

- -

□ **問18** 次の式を $a^p=M$ の形に書き換えよ。

教科書
p.163 (1) $\log_2 16=4$　　　(2) $\log_3 \dfrac{1}{9}=-2$　　　(3) $\log_5 \sqrt[4]{5}=\dfrac{1}{4}$

- -

ガイド　**問17** と逆の操作を行う。

解答　(1) $\log_2 16=4$ より，　$2^4=16$

　　(2) $\log_3 \dfrac{1}{9}=-2$ より，　$3^{-2}=\dfrac{1}{9}$

　　(3) $\log_5 \sqrt[4]{5}=\dfrac{1}{4}$ より，　$5^{\frac{1}{4}}=\sqrt[4]{5}$

☑ **問19** 次の値を求めよ。

教科書
p.163
(1) $\log_5 25$　　　　(2) $\log_2 \sqrt[3]{2}$　　　　(3) $\log_{10} \dfrac{1}{100}$

(4) $\log_{0.1} 0.01$　　　(5) $\log_3 3$　　　　(6) $\log_6 1$

- -

ガイド $a^p = M$ のとき，$\log_a M = p$ であるから，$\boldsymbol{\log_a a^p = p}$ である。

解答 (1) $\log_5 25 = \log_5 5^2 = \boldsymbol{2}$

(2) $\log_2 \sqrt[3]{2} = \log_2 2^{\frac{1}{3}} = \boldsymbol{\dfrac{1}{3}}$

(3) $\log_{10} \dfrac{1}{100} = \log_{10} 10^{-2} = \boldsymbol{-2}$

(4) $\log_{0.1} 0.01 = \log_{0.1} 0.1^2 = \boldsymbol{2}$

(5) $\log_3 3 = \log_3 3^1 = \boldsymbol{1}$

(6) $\log_6 1 = \log_6 6^0 = \boldsymbol{0}$

☑ **問20** $\log_a M = p$，$\log_a N = q$ とおいて，下の②，③が成り立つことを証明せよ。

教科書
p.163

ガイド $a^0 = 1$，$a^1 = a$ より，$\log_a 1 = 0$，$\log_a a = 1$ である。

> **ここがポイント** ☞ **[対数の性質]**
>
> $a > 0$，$a \neq 1$，$M > 0$，$N > 0$ で，r が実数のとき，
>
> ① $\log_a MN = \log_a M + \log_a N$
>
> ② $\log_a \dfrac{M}{N} = \log_a M - \log_a N$
>
> ③ $\log_a M^r = r \log_a M$

解答 ② $\log_a M = p$，$\log_a N = q$ とおくと，

$M = a^p$，$N = a^q$

したがって，　$\dfrac{M}{N} = \dfrac{a^p}{a^q} = a^{p-q}$

よって，　$\log_a \dfrac{M}{N} = p - q = \log_a M - \log_a N$

$\boxed{3}$　$\log_a M = p$ とおくと，

$$M = a^p$$

したがって，　$M^r = (a^p)^r = a^{pr}$

よって，　$\log_a M^r = pr = r\log_a M$

参考　これらの対数の性質から，$\log_a \dfrac{1}{N} = -\log_a N$ が成り立つ。

問21　次の計算をせよ。

教科書 **p.164**

(1)　$\log_4 2 + \log_4 8$

(2)　$\dfrac{1}{2}\log_3 36 - \log_3 2$

(3)　$2\log_5 3 + \log_5 \dfrac{\sqrt{5}}{9}$

(4)　$\log_3 \sqrt{6} - \log_3 \dfrac{2}{3} + \log_3 \sqrt{2}$

- -

ガイド　対数の性質を利用する。

解答

(1)　$\log_4 2 + \log_4 8 = \log_4 (2 \times 8)$

$$= \log_4 16$$
$$= \log_4 4^2 = \mathbf{2}$$

(2)　$\dfrac{1}{2}\log_3 36 - \log_3 2 = \log_3 36^{\frac{1}{2}} - \log_3 2$

$$= \log_3 6 - \log_3 2$$
$$= \log_3 \dfrac{6}{2}$$
$$= \log_3 3$$
$$= \mathbf{1}$$

(3)　$2\log_5 3 + \log_5 \dfrac{\sqrt{5}}{9} = \log_5 3^2 + \log_5 \dfrac{\sqrt{5}}{9}$

$$= \log_5 9 + \log_5 \dfrac{\sqrt{5}}{9}$$
$$= \log_5 \left(9 \times \dfrac{\sqrt{5}}{9} \right)$$
$$= \log_5 \sqrt{5}$$
$$= \log_5 5^{\frac{1}{2}}$$
$$= \dfrac{\mathbf{1}}{\mathbf{2}}$$

(4)　$\log_3 \sqrt{6} - \log_3 \dfrac{2}{3} + \log_3 \sqrt{2} = \log_3 \dfrac{\sqrt{6} \times \sqrt{2}}{\dfrac{2}{3}}$

$\qquad\qquad\qquad\qquad\qquad\qquad\qquad = \log_3 3\sqrt{3}$

$\qquad\qquad\qquad\qquad\qquad\qquad\qquad = \log_3 3^{\frac{3}{2}}$

$\qquad\qquad\qquad\qquad\qquad\qquad\qquad = \dfrac{3}{2}$

問22　次の式を簡単にせよ。

教科書 **p.165**
(1)　$\log_8 32$　　　　　　　　　(2)　$\log_9 \sqrt{27}$

ガイド

ここがポイント ☞ ［底の変換公式］

$a,\ b,\ c$ が正の数で，$a \neq 1$，$c \neq 1$ のとき，

$$\log_a b = \frac{\log_c b}{\log_c a}$$

解答　(1)　$\log_8 32 = \dfrac{\log_2 32}{\log_2 8} = \dfrac{\log_2 2^5}{\log_2 2^3} = \dfrac{5}{3}$

$\qquad$(2)　$\log_9 \sqrt{27} = \dfrac{\log_3 \sqrt{27}}{\log_3 9} = \dfrac{\log_3 3^{\frac{3}{2}}}{\log_3 3^2}$

$\qquad\qquad\qquad\qquad = \dfrac{3}{2} \div 2 = \dfrac{3}{4}$

問23　次の計算をせよ。

教科書 **p.165**
(1)　$\log_2 3 \times \log_3 4$　　　　　　　(2)　$\log_3 6 - \log_9 12$

ガイド　底の変換公式を利用して，底をそろえる。

解答　(1)　$\log_2 3 \times \log_3 4 = \log_2 3 \times \dfrac{\log_2 4}{\log_2 3}$

$\qquad\qquad\qquad\qquad\qquad = \log_2 4$

$\qquad\qquad\qquad\qquad\qquad = \log_2 2^2$

$\qquad\qquad\qquad\qquad\qquad = 2$

第4章　指数関数と対数関数

(2)　$\log_3 6 - \log_9 12 = \log_3 6 - \dfrac{\log_3 12}{\log_3 9}$

$= \log_3 6 - \dfrac{\log_3 12}{\log_3 3^2}$

$= \log_3 6 - \dfrac{1}{2}\log_3 12$

$= \log_3 6 - \log_3 \sqrt{12}$

$= \log_3 6 - \log_3 2\sqrt{3}$

$= \log_3 \dfrac{6}{2\sqrt{3}}$

$= \log_3 \sqrt{3}$

$= \log_3 3^{\frac{1}{2}}$

$= \dfrac{1}{2}$

問24　$a>0$, $b>0$, $a \neq 1$, $b \neq 1$ のとき，次の等式が成り立つことを証明せよ。

p.165　　　$\log_a b = \dfrac{1}{\log_b a}$

- -

ガイド　底の変換公式を用いて，$\log_a b$ を，b を底とする対数で表す。

解答　$\log_a b = \dfrac{\log_b b}{\log_b a} = \dfrac{1}{\log_b a}$

よって，$\log_a b = \dfrac{1}{\log_b a}$ が成り立つ。

2　対数関数

教科書
p.167

□ **問25**　$y=\log_{\frac{1}{2}}x$ のグラフを，$y=\left(\dfrac{1}{2}\right)^x$ のグラフをもとにしてかけ。

ガイド　a が1でない正の定数のとき，正の値 x に対応して $\log_a x$ の値がた
だ1つ定まる。そこで，$y=\log_a x$ で表される関数を，a を**底**とする
対数関数という。

　一般に，対数関数 $y=\log_a x$ のグ
ラフと指数関数 $y=a^x$ のグラフは，
直線 $y=x$ に関して対称である。

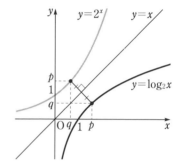

解答　$y=\left(\dfrac{1}{2}\right)^x$ のグラフと直線 $y=x$ をかく。次に，$y=\left(\dfrac{1}{2}\right)^x$ のグラフ
と直線 $y=x$ に関して対称なグラフをかく。

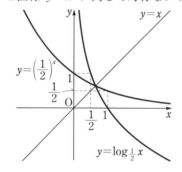

真数は正だから，定義域は
$x>0$ だね。

☑ 問26 次の対数関数のグラフを，同じ座標平面上にかけ。

教科書
p.167 (1) $y=\log_3 x$ (2) $y=\log_{\frac{1}{3}} x$

- -

ガイド 対数関数 $y=\log_a x$ のグラフは，次のような形になる。

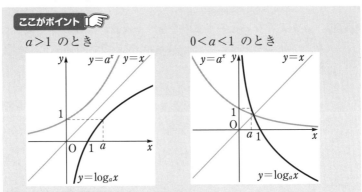

解答▶ グラフは，下の図のようになる。

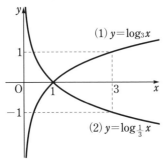

参考 $y=\log_{\frac{1}{3}} x$ の右辺を変形すると，

$$y=\log_{\frac{1}{3}} x = \frac{\log_3 x}{\log_3 \frac{1}{3}}$$

$$= \frac{\log_3 x}{\log_3 3^{-1}} = -\log_3 x$$

よって，$y=\log_3 x$ のグラフと $y=\log_{\frac{1}{3}} x$ のグラフは x 軸に関して対称である。

☑ **問27** 次の数の大小を比較せよ。

教科書 **p.168**

(1) $\dfrac{1}{2}\log_2\dfrac{1}{3}$, -1, $\log_2 3^{-1}$　　(2) $\log_{\frac{1}{3}}4$, $-\log_{\frac{1}{3}}\dfrac{1}{5}$, -2

ガイド

ここがポイント 👉 [対数関数 $y=\log_a x$ $(a>0,\ a\neq1)$ の性質]

1 **定義域は正の実数全体，値域は実数全体である。**

2 **グラフは定点 $(1,\ 0)$ を通り，y 軸が漸近線である。**

3 **$a>1$ のとき，増加関数である。**すなわち，次が成り立つ。

$$0<p<q \iff \log_a p<\log_a q$$

$0<a<1$ のとき，減少関数である。すなわち，次が成り立つ。

$$0<p<q \iff \log_a p>\log_a q$$

4 $p>0,\ q>0$ のとき，次が成り立つ。

$$p=q \iff \log_a p=\log_a q$$

この問題では，底をそろえて，真数を比較する。

解答 (1) $\dfrac{1}{2}\log_2\dfrac{1}{3}=\log_2\left(\dfrac{1}{3}\right)^{\frac{1}{2}}=\log_2\dfrac{1}{\sqrt{3}}$

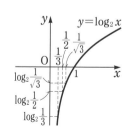

$\qquad -1=\log_2 2^{-1}=\log_2\dfrac{1}{2}$

$\qquad \log_2 3^{-1}=\log_2\dfrac{1}{3}$

真数を比較して，　$\dfrac{1}{3}<\dfrac{1}{2}<\dfrac{1}{\sqrt{3}}$

底は 2 で 1 より大きいから，

$$\log_2\dfrac{1}{3}<\log_2\dfrac{1}{2}<\log_2\dfrac{1}{\sqrt{3}}$$

よって，　$\log_2 3^{-1}<-1<\dfrac{1}{2}\log_2\dfrac{1}{3}$

すべて $\log_2 p$ という形で表すと対数関数の性質 3 が使えるね。

第4章 指数関数と対数関数

(2) $\log_{\frac{1}{3}} 4$

$$-\log_{\frac{1}{3}}\frac{1}{5} = \log_{\frac{1}{3}}\left(\frac{1}{5}\right)^{-1} = \log_{\frac{1}{3}} 5$$

$$-2 = \log_{\frac{1}{3}}\left(\frac{1}{3}\right)^{-2} = \log_{\frac{1}{3}} 9$$

真数を比較して，　$4 < 5 < 9$

底は $\frac{1}{3}$ で 1 より小さいから，

$$\log_{\frac{1}{3}} 9 < \log_{\frac{1}{3}} 5 < \log_{\frac{1}{3}} 4$$

よって，　$-2 < -\log_{\frac{1}{3}}\frac{1}{5} < \log_{\frac{1}{3}} 4$

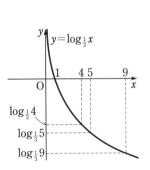

問28 次の方程式を解け。

教科書 **p.169**

(1) $\log_2(x-5) = 3$　　　　(2) $\log_{\frac{1}{2}}(x+2) = -2$

- -

ガイド 真数が正であることに注意する。

解答 (1) 真数は正であるから，$x-5 > 0$ より，　$x > 5$

対数の定義から，

$$x - 5 = 2^3$$

したがって，　$x = 13$

これは，$x > 5$ を満たすから，　**$x = 13$**

(2) 真数は正であるから，$x+2 > 0$ より，　$x > -2$

対数の定義から，

$$x + 2 = \left(\frac{1}{2}\right)^{-2}$$

したがって，　$x = 2$

これは，$x > -2$ を満たすから，　**$x = 2$**

対数関数を含む方程式・
不等式を解くときは必ず
真数が正であることから
x の値の範囲を求めておこう。

☐ **問29** 次の不等式を解け。

教科書
p.169

(1) $\log_3(x-2) \leqq 3$　　　　　　　　　(2) $\log_{\frac{1}{2}}(x-3) < -2$

- -

ガイド 真数が正であることと，底と1の大小関係に注意する。

解答 (1) 真数は正であるから，$x-2>0$ より，　$x>2$ ……①

$3=\log_3 3^3=\log_3 27$ であるから，与えられた不等式を変形すると，

$$\log_3(x-2) \leqq \log_3 27$$

底は3で1より大きいから，真数を比較して，

$x-2 \leqq 27$ より，　$x \leqq 29$ ……②

①，②を同時に満たす x の値の範囲は，

$$2 < x \leqq 29$$

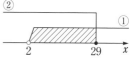

(2) 真数は正であるから，$x-3>0$ より，　$x>3$ ……①

$-2=\log_{\frac{1}{2}}\left(\dfrac{1}{2}\right)^{-2}=\log_{\frac{1}{2}}4$ であるから，与えられた不等式を変形すると，

$$\log_{\frac{1}{2}}(x-3) < \log_{\frac{1}{2}}4$$

底は $\dfrac{1}{2}$ で1より小さいから，真数を比較して，

$x-3>4$ より，　$x>7$ ……②

①，②を同時に満たす x の値の範囲は，

$$x > 7$$

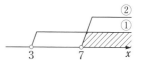

底が1より小さいときに不等号の向きが逆になるのは，指数関数と同じだね。

第4章

指数関数と対数関数

☑ **問30** 次の方程式を解け。

教科書 **p.170**

(1) $2\log_4 x = \log_4(5x+6)$　　　　(2) $\log_3 x + \log_3(x-2) = 1$

ガイド (1) 左辺を $\log_4 p$ の形にして真数を比較する。

(2) $\log_3 x + \log_3(x-2) = \log_3 x(x-2)$ を利用する。

解答▶ (1) 真数は正であるから，　$x>0$, $5x+6>0$

これらを同時に満たす x の値の範囲は，

　　$x>0$

与えられた方程式を変形すると，

　　$\log_4 x^2 = \log_4(5x+6)$

真数を比較して，

　　$x^2 = 5x+6$

$x^2 - 5x - 6 = 0$ より，　$(x+1)(x-6)=0$

$x>0$ であるから，　**$x=6$**

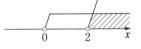

(2) 真数は正であるから，　$x>0$, $x-2>0$

これらを同時に満たす x の値の範囲は，

　　$x>2$

$1 = \log_3 3$ であるから，与えられた

方程式を変形すると，

　　$\log_3 x(x-2) = \log_3 3$

真数を比較して，

　　$x(x-2) = 3$

$x^2 - 2x - 3 = 0$ より，　$(x+1)(x-3)=0$

$x>2$ であるから，　**$x=3$**

真数が正であることから出てくる不等式の
共通範囲をしっかり求めよう。

☑ **問31** 次の不等式を解け。

教科書
p.170
(1) $\log_4(2x+3)>2\log_4(x+1)$　　　(2) $\log_{\frac{1}{2}}x+\log_{\frac{1}{2}}(x+1)\leqq-1$

- -

ガイド (1) 右辺を $\log_4 p$ の形に変形する。

(2) $\log_{\frac{1}{2}}x+\log_{\frac{1}{2}}(x+1)=\log_{\frac{1}{2}}x(x+1)$ を利用する。

解答 (1) 真数は正であるから，　$2x+3>0,\ x+1>0$

これらを同時に満たす x の値の範囲は，　$x>-1$ ……①

与えられた不等式を変形すると，　$\log_4(2x+3)>\log_4(x+1)^2$

底は 4 で 1 より大きいから，真数を比較して，

$2x+3>(x+1)^2$ より，

$x^2-2<0$

$(x+\sqrt{2})(x-\sqrt{2})<0$

したがって，　$-\sqrt{2}<x<\sqrt{2}$ ……②

①，②を同時に満たす x の値の範囲は，　$-1<x<\sqrt{2}$

(2) 真数は正であるから，　$x>0,\ x+1>0$

これらを同時に満たす x の値の範囲は，　$x>0$ ……①

$-1=\log_{\frac{1}{2}}\left(\dfrac{1}{2}\right)^{-1}=\log_{\frac{1}{2}}2$ であるから，与えられた不等式を変形すると，

$\log_{\frac{1}{2}}x(x+1)\leqq\log_{\frac{1}{2}}2$

底は $\dfrac{1}{2}$ で 1 より小さいから，真数を比較して，

$x(x+1)\geqq2$ より，

$x^2+x-2\geqq0$

$(x+2)(x-1)\geqq0$

したがって，　$x\leqq-2,\ 1\leqq x$ ……②

①，②を同時に満たす x の値の範囲は，　$x\geqq1$

図をかくと，共通範囲がわかりやすいね。

☑ **問32** $1 \leq x \leq 4$ のとき，次の関数の最大値と最小値を求めよ。また，そのと

教科書
p.171
きの x の値を求めよ。

$$y = \log_2 x - (\log_2 x)^2$$

- -

ガイド $\log_2 x = t$ とおくと，y は t の2次関数で表すことができる。t の
とり得る値の範囲に注意する。

解答 $\log_2 x = t$ とおく。

$1 \leq x \leq 4$ のとき，底は2で1より大
きいから，

$\qquad \log_2 1 \leq \log_2 x \leq \log_2 4$

よって， $0 \leq t \leq 2$ ……①

与えられた関数の式を変形すると，

$\qquad y = \log_2 x - (\log_2 x)^2$

$\qquad\quad = t - t^2$

$\qquad\quad = -\left(t - \dfrac{1}{2}\right)^2 + \dfrac{1}{4}$

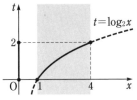

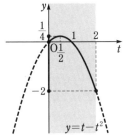

①の範囲において，y は $t = \dfrac{1}{2}$

すなわち $x = \sqrt{2}$ **のとき，最大値 $\dfrac{1}{4}$**

をとり，$t = 2$ すなわち $x = 4$ **のとき，最小値 -2 をとる。**

参考 $t = \log_2 x = \dfrac{1}{2}$ を解く。

$\qquad$ 真数は正であるから， $x > 0$

$\qquad$ これと条件 $1 \leq x \leq 4$ より， $1 \leq x \leq 4$

$\qquad$ 対数の定義から， $x = 2^{\frac{1}{2}}$

$\qquad$ したがって， $x = \sqrt{2}$

$\qquad$ これは，$1 \leq x \leq 4$ を満たすから， $x = \sqrt{2}$

$\qquad$ 同様に，$t = \log_2 x = 2$ を解く。

$\qquad$ 真数は正であるから， $x > 0$

$\qquad$ これと条件 $1 \leq x \leq 4$ より， $1 \leq x \leq 4$

$\qquad$ 対数の定義から， $x = 2^2$

$\qquad$ したがって， $x = 4$

$\qquad$ これは，$1 \leq x \leq 4$ を満たすから， $x = 4$

3 常用対数

問33 常用対数表の値を用いて，$\log_{10}6590$，$\log_{10}0.123$ の値を求めよ。

教科書
p.172

ガイド 10 を底とする対数 $\log_{10}M$ を**常用対数**という。

この問題では，教科書 p.254〜255 の常用対数表を利用する。

解答 常用対数表より，　$\log_{10}6.59=0.8189$

この値を用いると，
$$\log_{10}6590=\log_{10}(6.59\times10^3)=\log_{10}6.59+\log_{10}10^3$$
$$=0.8189+3=3.8189$$

常用対数表より，　$\log_{10}1.23=0.0899$

この値を用いると，
$$\log_{10}0.123=\log_{10}(1.23\times10^{-1})=\log_{10}1.23+\log_{10}10^{-1}$$
$$=0.0899-1=-0.9101$$

問34 $\log_{10}2=0.3010$，$\log_{10}3=0.4771$ として，次の値を求めよ。

教科書
p.172

(1) $\log_{10}6$　　　　(2) $\log_{10}5$　　　　(3) $\log_{10}\sqrt{30}$

ガイド 与えられた対数を，$\log_{10}2$ と $\log_{10}3$ を用いて表す。

解答 (1) $\log_{10}6=\log_{10}(2\times3)=\log_{10}2+\log_{10}3$
$$=0.3010+0.4771=\mathbf{0.7781}$$

(2) $\log_{10}5=\log_{10}\dfrac{10}{2}=\log_{10}10-\log_{10}2$
$$=1-0.3010=\mathbf{0.6990}$$

(3) $\log_{10}\sqrt{30}=\log_{10}30^{\frac{1}{2}}=\dfrac{1}{2}\log_{10}(3\times10)=\dfrac{1}{2}(\log_{10}3+\log_{10}10)$
$$=\dfrac{1}{2}(0.4771+1)=\mathbf{0.73855}$$

参考 (3)は，(1)，(2)の結果を利用して解くこともできる。

別解 (3) $\log_{10}\sqrt{30}=\log_{10}30^{\frac{1}{2}}=\dfrac{1}{2}\log_{10}(5\times6)=\dfrac{1}{2}(\log_{10}5+\log_{10}6)$
$$=\dfrac{1}{2}(0.6990+0.7781)=\mathbf{0.73855}$$

☑ **問35**　3^{20} は何桁の数か。ただし，$\log_{10}3=0.4771$ とする。

教科書
p.173

ガイド

ここがポイント 👉

M は整数部分が n 桁の1以上の数 $\iff 10^{n-1}\leqq M<10^n$

$\iff n-1\leqq\log_{10}M<n$

この問題では，まず $\log_{10}3^{20}$ の値を求める。

解答　$\log_{10}3^{20}=20\log_{10}3=20\times0.4771=9.542$ より，

　　　$9<\log_{10}3^{20}<10$

したがって，　$10^9<3^{20}<10^{10}$

よって，3^{20} は **10桁の数** である。

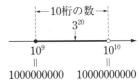

☑ **問36**　$\left(\dfrac{1}{2}\right)^{20}$ を小数で表すと，小数第何位に初めて0でない数字が現れるか。

教科書
p.174　ただし，$\log_{10}2=0.3010$ とする。

ガイド　M が $0<M<1$ の小数で，小数第 n 位に初めて0でない数字が現れるとき，次のことが成り立つ。

　　　M が小数第 n 位に初めて0でない数字が現れる

　　　　$\iff 10^{-n}\leqq M<10^{-n+1}$

　　　　$\iff -n\leqq\log_{10}M<-n+1$

解答　$\log_{10}\left(\dfrac{1}{2}\right)^{20}=-20\log_{10}2=-20\times0.3010=-6.020$ より，

　　　$-7<\log_{10}\left(\dfrac{1}{2}\right)^{20}<-6$

したがって，　$10^{-7}<\left(\dfrac{1}{2}\right)^{20}<10^{-6}$

よって，$\left(\dfrac{1}{2}\right)^{20}$ は **小数第7位** に初めて0でない数字が現れる。

☐ **問37**　1回のろ過につき，ある菌の 20% を除去する装置がある。この装置を
教科書
p.174　用いてその菌の 99.99% 以上を除去するには，最低何回ろ過を繰り返せ
ばよいか。ただし，$\log_{10}2=0.3010$ とする。

- -

ガイド　1回のろ過により，菌は 80% に減る。n 回目のろ過で菌がはじめ
の 0.01% 以下になるとして，不等式を作る。

解答　はじめの菌の数を a として，n 回目のろ過でこの菌が 99.99% 以上
除去される，すなわち，はじめの 0.01% 以下になるとすると，条件よ
り，

$$a \times (1-0.2)^n \leqq a \times (1-0.9999)$$

すなわち，　$\left(\dfrac{8}{10}\right)^n \leqq \left(\dfrac{1}{10}\right)^4$

両辺の常用対数をとると，

$$n \log_{10} \frac{8}{10} \leqq 4 \log_{10} \frac{1}{10}$$

$$n(\log_{10} 8 - \log_{10} 10) \leqq -4$$

$$n(3\log_{10} 2 - 1) \leqq -4$$

$$n(3 \times 0.3010 - 1) \leqq -4$$

$$-0.0970n \leqq -4$$

$$n \geqq \frac{4}{0.0970} = 41.2\cdots\cdots$$

よって，**最低 42 回**ろ過を繰り返せばよい。

節 末 問 題

第2節｜対数と対数関数

☐ **1**

教科書
p.175

次の計算をせよ。

(1) $\log_2 12 + 2\log_2 3 - \log_2 27$

(2) $\log_3 6 - \log_9 36$

(3) $(\log_2 3 + \log_8 9)(\log_3 4 + \log_9 16)$

(4) $\log_3 5 \times \log_5 7 \times \log_7 9$

ガイド (2) 底を3にそろえて計算する。

(3) 底を2にそろえて計算する。

(4) 底を3にそろえて計算する。

解答 (1) $\log_2 12 + 2\log_2 3 - \log_2 27 = \log_2 12 + \log_2 3^2 - \log_2 27$

$$= \log_2 \frac{12 \times 9}{27}$$

$$= \log_2 4$$

$$= \log_2 2^2$$

$$= 2$$

(2) $\log_3 6 - \log_9 36 = \log_3 6 - \dfrac{\log_3 36}{\log_3 9}$

$$= \log_3 6 - \frac{\log_3 6^2}{\log_3 3^2}$$

$$= \log_3 6 - \frac{2\log_3 6}{2}$$

$$= \log_3 6 - \log_3 6$$

$$= 0$$

(3) $(\log_2 3 + \log_8 9)(\log_3 4 + \log_9 16)$

$$= \left(\log_2 3 + \frac{\log_2 9}{\log_2 8}\right)\left(\frac{\log_2 4}{\log_2 3} + \frac{\log_2 16}{\log_2 9}\right)$$

$$= \left(\log_2 3 + \frac{\log_2 3^2}{\log_2 2^3}\right)\left(\frac{\log_2 2^2}{\log_2 3} + \frac{\log_2 2^4}{\log_2 3^2}\right)$$

$$= \left(\log_2 3 + \frac{2\log_2 3}{3}\right)\left(\frac{2}{\log_2 3} + \frac{4}{2\log_2 3}\right)$$

$$= \left(\log_2 3 + \frac{2}{3}\log_2 3\right)\left(\frac{2}{\log_2 3} + \frac{2}{\log_2 3}\right)$$

$$= \frac{5}{3}\log_2 3 \times \frac{4}{\log_2 3}$$

$$= \frac{20}{3}$$

(4)　$\log_3 5 \times \log_5 7 \times \log_7 9 = \log_3 5 \times \dfrac{\log_3 7}{\log_3 5} \times \dfrac{\log_3 9}{\log_3 7}$

$= \log_3 9 = \log_3 3^2 = \textbf{2}$

□ **2**
教科書
p.175

$\log_2 3 = a$，$\log_3 11 = b$ とするとき，$\log_{12} 11$ を a，b を用いて表せ。

ガイド　底の変換公式を何回か用いる。

解答　$\log_2 3 = a$，$\log_3 11 = b$ より，

$$\log_{12} 11 = \frac{\log_3 11}{\log_3 12} = \frac{\log_3 11}{\log_3 (2^2 \times 3)} = \frac{\log_3 11}{\log_3 2^2 + \log_3 3} = \frac{\log_3 11}{2\log_3 2 + 1}$$

$$= \frac{\log_3 11}{2 \cdot \dfrac{\log_2 2}{\log_2 3} + 1} = \frac{\log_3 11}{\dfrac{2}{\log_2 3} + 1} = \frac{b}{\dfrac{2}{a} + 1} = \frac{\boldsymbol{ab}}{\boldsymbol{a+2}}$$

□ **3**
教科書
p.175

次の関数のグラフは，関数 $y = \log_2 x$ のグラフを，それぞれどのように移動したものか答えよ。

(1)　$y = \log_{\frac{1}{2}} x$　　(2)　$y = \log_2 4x$　　(3)　$y = \log_2 (-x)$　　(4)　$y = \log_2 \dfrac{1}{x}$

ガイド　(1)　$y = -\log_2 x$ と変形できる。

(2)　$y - 2 = \log_2 x$ と変形できる。

(4)　$y = -\log_2 x$ と変形できる。

解答　(1)　$y = \log_{\frac{1}{2}} x = \dfrac{\log_2 x}{\log_2 \dfrac{1}{2}} = \dfrac{\log_2 x}{\log_2 2^{-1}} = \dfrac{\log_2 x}{-1} = -\log_2 x$

よって，$y = \log_{\frac{1}{2}} x$ のグラフは，$y = \log_2 x$ のグラフを **x 軸に関して対称移動したもの**である。

(2)　$y = \log_2 4x = \log_2 x + \log_2 4 = \log_2 x + \log_2 2^2 = \log_2 x + 2$

したがって，　$y - 2 = \log_2 x$

よって，$y = \log_2 4x$ のグラフは，$y = \log_2 x$ のグラフを **y 軸方向に2だけ平行移動したもの**である。

(3)　$y=\log_2(-x)$ は，$y=\log_2 x$ で x を $-x$ におき換えたもので

ある。

　　よって，$y=\log_2(-x)$ のグラフは，$y=\log_2 x$ のグラフを**y軸
に関して対称移動したもの**である。

(4)　　　　$y=\log_2\dfrac{1}{x}=\log_2 x^{-1}=-\log_2 x$

　　よって，$y=\log_2\dfrac{1}{x}$ のグラフは，$y=\log_2 x$ のグラフを**x軸に

関して対称移動したもの**である。

┃参考┃　関数 $y=\log_2 x$ のグラフと(1)～(4)の関数のグラフをかくと，下の図
のようになる。

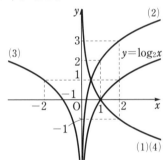

☐ 4　次の数の大小を比較せよ。

教科書
p.175　(1)　$3\log_{\frac{1}{2}}3,\ \ 2\log_{\frac{1}{2}}5,\ \ \dfrac{5}{2}\log_{\frac{1}{2}}4$　　(2)　$2\log_3 5,\ \ \log_9 16,\ \ 2$

ガイド　(2)　底を 3 にそろえて比較する。

解答▶　(1)　$3\log_{\frac{1}{2}}3=\log_{\frac{1}{2}}3^3=\log_{\frac{1}{2}}27$

　　　　$2\log_{\frac{1}{2}}5=\log_{\frac{1}{2}}5^2=\log_{\frac{1}{2}}25$

　　　　$\dfrac{5}{2}\log_{\frac{1}{2}}4=\log_{\frac{1}{2}}(2^2)^{\frac{5}{2}}=\log_{\frac{1}{2}}2^5$

　　　　　　　　$=\log_{\frac{1}{2}}32$

　　真数を比較して，
　　　　$25<27<32$

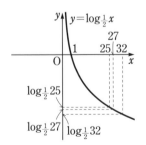

底は $\dfrac{1}{2}$ で 1 より小さいから，

$$\log_{\frac{1}{2}}32<\log_{\frac{1}{2}}27<\log_{\frac{1}{2}}25$$

よって，

$$\frac{5}{2}\log_{\frac{1}{2}}4<3\log_{\frac{1}{2}}3<2\log_{\frac{1}{2}}5$$

(2) $2\log_3 5=\log_3 5^2=\log_3 25$

$$\log_9 16=\frac{\log_3 16}{\log_3 9}=\frac{\log_3 16}{2}$$

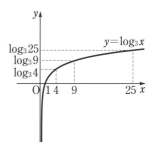

$$=\frac{1}{2}\log_3 16=\log_3 16^{\frac{1}{2}}$$

$$=\log_3 4$$

$2=\log_3 3^2=\log_3 9$

真数を比較して，

$$4<9<25$$

底は 3 で 1 より大きいから，

$$\log_3 4<\log_3 9<\log_3 25$$

よって，

$$\boldsymbol{\log_9 16<2<2\log_3 5}$$

□ **5**　次の方程式を解け。

教科書
p.175　(1) $\log_7(x+3)^2=2$　　　　　(2) $2\log_{\frac{1}{5}}x-\log_{\frac{1}{5}}(x+4)=1$

ガイド　(1) 真数は正であるから，$(x+3)^2>0$

(2) $2\log_{\frac{1}{5}}x=\log_{\frac{1}{5}}(x+4)+1$ と移項して考える。

解答　(1) 真数は正であるから，$(x+3)^2>0$ より，　$x\neq-3$

対数の定義から，

$$(x+3)^2=7^2$$

これより，　$x+3=\pm7$

したがって，　$x=-10,\ 4$

これらは，$x\neq-3$ を満たすから，　$\boldsymbol{x=-10,\ 4}$

(2)　真数は正であるから，　$x>0$, $x+4>0$

これらを同時に満たす x の値の範囲は，

$x>0$

与えられた方程式を変形すると，

$2\log_{\frac{1}{5}}x=\log_{\frac{1}{5}}(x+4)+1$

$\log_{\frac{1}{5}}x^2=\log_{\frac{1}{5}}(x+4)+\log_{\frac{1}{5}}\frac{1}{5}$

$\log_{\frac{1}{5}}x^2=\log_{\frac{1}{5}}\frac{1}{5}(x+4)$

真数を比較して，　$x^2=\frac{1}{5}(x+4)$

$5x^2-x-4=0$ より，　$(5x+4)(x-1)=0$

$x>0$ であるから，　$x=1$

⚠注意　a が実数のとき，$a^2\geqq0$ であり，等号が成り立つのは，$a=0$ のとき
である。

したがって，(1)は，$x+3\neq0$，すなわち，$x\neq-3$ のとき，$(x+3)^2>0$
となり，真数の条件を満たす。

☑ **6**　次の不等式を解け。

教科書 p.175　(1)　$2\log_{\frac{2}{3}}(x+1)>\log_{\frac{2}{3}}(x+3)$　　(2)　$5(\log_2 x)^2-16\log_2 x+3<0$

ガイド　(2)　$\log_2 x=t$ と考えて，左辺を因数分解する。

解答▶　(1)　真数は正であるから，　$x+1>0$, $x+3>0$

これらを同時に満たす x の値の範囲は，　$x>-1$　……①

与えられた不等式を変形すると，　$\log_{\frac{2}{3}}(x+1)^2>\log_{\frac{2}{3}}(x+3)$

底は $\frac{2}{3}$ で 1 より小さいから，真数を比較して，

$(x+1)^2<x+3$ より，

$x^2+x-2<0$

$(x+2)(x-1)<0$

したがって，　$-2<x<1$　……②

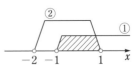

①，②を同時に満たす x の値の範囲は，　$-1<x<1$

(2)　真数は正であるから，　　$x>0$　……①

　　$\log_2 x = t$ とおくと，与えられた不等式は，

　　　　$5t^2 - 16t + 3 < 0$

　　　　$(5t-1)(t-3) < 0$

　　これより，　$\dfrac{1}{5} < t < 3$

　　したがって，$\dfrac{1}{5} < \log_2 x < 3$ より，

　　　　$\log_2 2^{\frac{1}{5}} < \log_2 x < \log_2 2^3$

　　底は 2 で 1 より大きいから，真数を
　　比較して，

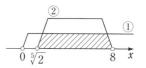

　　　　$2^{\frac{1}{5}} < x < 2^3$

　　　　$\sqrt[5]{2} < x < 8$　……②

　　①，②を同時に満たす x の値の範囲は，　　$\sqrt[5]{2} < x < 8$

☐ **7**
教科書
p.175

　5^{20} は何桁の数か。ただし，$\log_{10} 2 = 0.3010$ とする。

ガイド　$5 = \dfrac{10}{2}$ と考える。

　「M は整数部分が n 桁の 1 以上の数 $\Longleftrightarrow 10^{n-1} \leqq M < 10^n$」である
ことを利用する。

解答　$\log_{10} 5^{20} = 20 \log_{10} 5 = 20 \log_{10} \dfrac{10}{2}$

　　　　　　　　$= 20(\log_{10} 10 - \log_{10} 2)$

　　　　　　　　$= 20(1 - 0.3010)$

　　　　　　　　$= 20 \times 0.6990$

　　　　　　　　$= 13.980$

より，

　　　　$13 < \log_{10} 5^{20} < 14$

　　したがって，　$10^{13} < 5^{20} < 10^{14}$

　　よって，5^{20} は **14 桁の数**である。

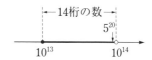

章 末 問 題

A

☐ **1.** 次の計算をせよ。ただし，$a > 0$ とする。

教科書
p.176

(1) $(a^p + a^{-p})^2 - (a^p - a^{-p})^2$

(2) $\dfrac{8\sqrt[3]{3}}{3} - \sqrt[3]{24} + \sqrt[3]{\dfrac{1}{9}}$

(3) $\log_3 \sqrt{5} - \log_9 15$

(4) $(\log_4 3 + \log_8 3)(\log_3 2 + \log_9 2)$

ガイド (2) $\sqrt[3]{\dfrac{1}{9}} = \sqrt[3]{\dfrac{3}{27}} = \dfrac{\sqrt[3]{3}}{3}$ と考える。

解答 (1) $(a^p + a^{-p})^2 - (a^p - a^{-p})^2 = (a^{2p} + 2 + a^{-2p}) - (a^{2p} - 2 + a^{-2p})$

$$= 4$$

(2) $\dfrac{8\sqrt[3]{3}}{3} - \sqrt[3]{24} + \sqrt[3]{\dfrac{1}{9}} = \dfrac{8\sqrt[3]{3}}{3} - \sqrt[3]{2^3 \cdot 3} + \sqrt[3]{\dfrac{3}{27}}$

$$= \dfrac{8\sqrt[3]{3}}{3} - 2\sqrt[3]{3} + \dfrac{\sqrt[3]{3}}{3} = \sqrt[3]{3}$$

(3) $\log_3 \sqrt{5} - \log_9 15 = \log_3 5^{\frac{1}{2}} - \dfrac{\log_3 15}{\log_3 9} = \dfrac{1}{2}\log_3 5 - \dfrac{\log_3(3 \times 5)}{\log_3 3^2}$

$$= \dfrac{1}{2}\log_3 5 - \dfrac{\log_3 3 + \log_3 5}{2}$$

$$= \dfrac{1}{2}\log_3 5 - \dfrac{1}{2}(1 + \log_3 5) = -\dfrac{1}{2}$$

(4) $(\log_4 3 + \log_8 3)(\log_3 2 + \log_9 2)$

$$= \left(\dfrac{\log_3 3}{\log_3 4} + \dfrac{\log_3 3}{\log_3 8}\right)\left(\log_3 2 + \dfrac{\log_3 2}{\log_3 9}\right)$$

$$= \left(\dfrac{1}{\log_3 2^2} + \dfrac{1}{\log_3 2^3}\right)\left(\log_3 2 + \dfrac{\log_3 2}{\log_3 3^2}\right)$$

$$= \left(\dfrac{1}{2\log_3 2} + \dfrac{1}{3\log_3 2}\right)\left(\log_3 2 + \dfrac{1}{2}\log_3 2\right)$$

$$= \dfrac{5}{6} \cdot \dfrac{1}{\log_3 2} \times \dfrac{3}{2}\log_3 2 = \dfrac{5}{4}$$

別解 (1) $(a^p + a^{-p})^2 - (a^p - a^{-p})^2$

$$= \{(a^p + a^{-p}) + (a^p - a^{-p})\}\{(a^p + a^{-p}) - (a^p - a^{-p})\}$$

$$= 2a^p \cdot 2a^{-p} = 4$$

参考 (4) 底を2にそろえて計算することもできる。

☐ **2.**
教科書 **p.176**

次の式の値を求めよ。

(1) $2^{\log_2 3}$　　　　　　　　　　　　　　(2) $8^{\log_2 5}$

ガイド 対数の定義から考える。わからないときは，与えられた式の値を x とおいて，2 を底とする両辺の対数を考えるとよい。

(2) $8^{\log_2 5} = 2^{3\log_2 5} = 2^{\log_2 5^3}$ と考える。

解答 (1) 対数の定義より，$2^x = 3$ を満たす x を $\log_2 3$ と表すから，
$$2^{\log_2 3} = \mathbf{3}$$

(2) $8^{\log_2 5} = 2^{3\log_2 5} = 2^{\log_2 5^3} = 2^{\log_2 125}$

対数の定義より，$2^x = 125$ を満たす x を $\log_2 125$ と表すから，
$$8^{\log_2 5} = \mathbf{125}$$

別解 (1) $2^{\log_2 3} = x$ とおき，2 を底とする両辺の対数をとると，
$$\log_2 x = \log_2 2^{\log_2 3} = \log_2 3 \times \log_2 2 = \log_2 3$$
よって，$x = 3$ より，　$2^{\log_2 3} = \mathbf{3}$

(2) $8^{\log_2 5} = x$ とおき，2 を底とする両辺の対数をとると，
$$\log_2 x = \log_2 8^{\log_2 5} = \log_2 2^{3\log_2 5} = \log_2 2^{\log_2 5^3}$$
$$= \log_2 5^3 \times \log_2 2 = \log_2 5^3 = \log_2 125$$
よって，$x = 125$ より，　$8^{\log_2 5} = \mathbf{125}$

☐ **3.**
教科書 **p.176**

次の方程式，不等式を解け。

(1) $4^x - 5 \cdot 2^x + 6 = 0$　　　　　　(2) $3^{2x+1} - 28 \cdot 3^x + 9 < 0$

ガイド (1) 2^x だけの式にして考える。

(2) 3^x だけの式にして考える。

解答 (1) $4^x = (2^2)^x = (2^x)^2$ より，与えられた方程式は，
$$(2^x)^2 - 5 \cdot 2^x + 6 = 0$$
$2^x = t$ とおくと，$t > 0$ であり，
$$t^2 - 5t + 6 = 0$$
$$(t-2)(t-3) = 0$$
$t > 0$ であるから，　$t = 2,\ 3$
$t = 2$ のとき，$2^x = 2$ より，　$x = 1$
$t = 3$ のとき，$2^x = 3$ より，　$x = \log_2 3$
よって，　$\boldsymbol{x = 1,\ \log_2 3}$

(2) $3^{2x+1}=3\cdot3^{2x}=3(3^x)^2$ より，与えられた不等式は，

$3(3^x)^2-28\cdot3^x+9<0$

$3^x=t$ とおくと，$t>0$ であり，

$3t^2-28t+9<0$

$(3t-1)(t-9)<0$

これより，$\dfrac{1}{3}<t<9$

$t>0$ であるから，$\dfrac{1}{3}<t<9$

したがって，$3^{-1}<3^x<3^2$

底は3で1より大きいから，$-1<x<2$

☑ **4.**

教科書 **p.176**

$-1<x<3$ のとき，次の関数のとり得る値の範囲を求めよ。

$$y=\log_3(x+2)+\log_3(4-x)$$

ガイド $y=\log_3(x+2)(4-x)$ より，真数の部分のとり得る値の範囲を考える。

解答 $-1<x<3$ のとき，真数は正である。

$y=\log_3(x+2)+\log_3(4-x)$

$=\log_3(x+2)(4-x)$

$=\log_3(-x^2+2x+8)$

$t=-x^2+2x+8$ とおくと，

$t=-(x-1)^2+9$

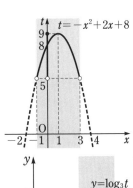

$-1<x<3$ のとき，t のとり得る値の範囲は，グラフより，

$5<t\leqq9$

底は3で1より大きいから，

$\log_3 5<\log_3 t\leqq\log_3 9$

よって，$\log_3 5<y\leqq2$

☐ **5.**
教科書
p.176
$\log_2 3$, $\log_3 2$, $\dfrac{4}{3}$ の 3 つの数を小さい方から順に並べよ。

ガイド　まず，$\log_2 3>1$，$\log_3 2<1$ であることに着目する。

解答　$\log_2 3$ の底は 1 より大きいから，$\log_2 3>\log_2 2=1$ より，

　　　　$\log_2 3>1$

また，$\log_3 2$ の底は 1 より大きいから，$\log_3 2<\log_3 3=1$ より，

　　　　$\log_3 2<1$

したがって，　$\log_3 2<\log_2 3$，$\log_3 2<\dfrac{4}{3}$

また，$\log_2 3$，$\dfrac{4}{3}=\log_2 2^{\frac{4}{3}}$ の真数を比較すると，$3^3=27$，

$(2^{\frac{4}{3}})^3=2^4=16$ より，

　　　　$2^{\frac{4}{3}}<3$

底は 2 で 1 より大きいから，

　　　　$\log_2 2^{\frac{4}{3}}<\log_2 3$

したがって，

　　　　$\dfrac{4}{3}<\log_2 3$

よって，3 つの数を小さい方から順に並べると，

　　　　$\log_3 2$，$\dfrac{4}{3}$，$\log_2 3$

3 と $2^{\frac{4}{3}}$ の大小の比較は
3 乗するといいよ。

第

4

章

指数関数と対数関数

□ **6.** 次の方程式を解け。

教科書 **p.176**

(1) $\log_3(x+1)(x-1)=-2$　　(2) $\log_2(7-3x)=4\log_4(x+1)+2$

ガイド 真数が正であることに注意する。

(2) 底を 2 にそろえる。

解答▶ (1) 真数は正であるから，　$(x+1)(x-1)>0$

すなわち，　$x<-1$, $1<x$

対数の定義から，

$$(x+1)(x-1)=3^{-2}$$

$$x^2-1=\frac{1}{9}$$

したがって，$x^2=\frac{10}{9}$ より，　$x=\pm\frac{\sqrt{10}}{3}$

これらは $x<-1$, $1<x$ を満たすから，　$\boldsymbol{x=\pm\dfrac{\sqrt{10}}{3}}$

(2) 真数は正であるから，　$7-3x>0$, $x+1>0$

これらを同時に満たす x の値の範囲は，

$$-1<x<\frac{7}{3}$$

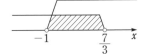

与えられた方程式を変形すると，

$$\log_2(7-3x)=4\cdot\frac{\log_2(x+1)}{\log_2 4}+2$$

$$\log_2(7-3x)=2\log_2(x+1)+\log_2 4$$

$$\log_2(7-3x)=\log_2 4(x+1)^2$$

真数を比較して，　$7-3x=4(x+1)^2$

$4x^2+11x-3=0$ より，　$(x+3)(4x-1)=0$

$-1<x<\dfrac{7}{3}$ であるから，　$\boldsymbol{x=\dfrac{1}{4}}$

□ **7.** 次の不等式を解け。

教科書 **p.176**

$$2+\log_3(1-x^2)\leqq\log_{\sqrt{3}}(3+x)$$

ガイド 底を 3 にそろえる。

解答　真数は正であるから，　　$1-x^2>0,\ 3+x>0$

これらを同時に満たすxの値の範囲は，　　$-1<x<1$　……①

与えられた不等式を変形すると，

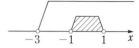

$$2+\log_3(1-x^2)\leqq\frac{\log_3(3+x)}{\log_3\sqrt{3}}$$

$$\log_3 9+\log_3(1-x^2)\leqq 2\log_3(3+x)$$

$$\log_3 9(1-x^2)\leqq\log_3(3+x)^2$$

底は3で1より大きいから，真数を比較して，

$9(1-x^2)\leqq(3+x)^2$ より，　　$5x^2+3x\geqq 0$

$$x(5x+3)\geqq 0$$

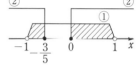

したがって，　　$x\leqq-\dfrac{3}{5},\ 0\leqq x$　……②

①，②を同時に満たすxの値の範囲は，

$$-1<x\leqq-\frac{3}{5},\ \ 0\leqq x<1$$

8.

教科書
p.176

3^n が10桁の数となるような整数nをすべて求めよ。ただし，$\log_{10}3=0.4771$ とする。

ガイド　$10^9\leqq 3^n<10^{10}$ を満たす整数nを求める。

解答　3^n が10桁の数となるとき，　　$10^9\leqq 3^n<10^{10}$

各辺の常用対数をとると，

$$\log_{10}10^9\leqq\log_{10}3^n<\log_{10}10^{10}$$

$$9\leqq n\log_{10}3<10$$

$$9\leqq 0.4771n<10$$

したがって，　　$\dfrac{9}{0.4771}\leqq n<\dfrac{10}{0.4771}$

ここで，

$$\frac{9}{0.4771}=18.8\cdots\cdots,\ \ \frac{10}{0.4771}=20.9\cdots\cdots$$

で，n は整数であるから，求めるnは，　　$\boldsymbol{n=19,\ 20}$

B

☐ **9.**
教科書 **p.177**

次の数の大小を比較せよ。

$$\sqrt[4]{3}, \quad \sqrt[6]{5}, \quad \sqrt[3]{2}$$

ガイド 与えられた3つの数を，それぞれ12乗して比較する。

解答 $\sqrt[4]{3}=3^{\frac{1}{4}}$, $\sqrt[6]{5}=5^{\frac{1}{6}}$, $\sqrt[3]{2}=2^{\frac{1}{3}}$ であるから，それぞれの数を12乗すると，

12は4，6，3の最小公倍数だよ。12乗すると，すべての指数が整数になって比べやすいよ。

$$(\sqrt[4]{3})^{12}=(3^{\frac{1}{4}})^{12}=3^3=27$$

$$(\sqrt[6]{5})^{12}=(5^{\frac{1}{6}})^{12}=5^2=25$$

$$(\sqrt[3]{2})^{12}=(2^{\frac{1}{3}})^{12}=2^4=16$$

$16<25<27$ であるから， $\sqrt[3]{2}<\sqrt[6]{5}<\sqrt[4]{3}$

☐ **10.**
教科書 **p.177**

$2^x-2^{-x}=3$ のとき，次の式の値を求めよ。

(1) 4^x+4^{-x}　　　　(2) 2^x+2^{-x}　　　　(3) 8^x+8^{-x}

ガイド (1) $2^x-2^{-x}=3$ の両辺を2乗する。

(2) $(2^x+2^{-x})^2$ の値をまず求める。

解答 (1) $2^x-2^{-x}=3$ の両辺を2乗すると，

$$2^{2x}-2+2^{-2x}=9$$

$$2^{2x}+2^{-2x}=11$$

$$4^x+4^{-x}=\mathbf{11}$$

(2) $(2^x+2^{-x})^2=2^{2x}+2+2^{-2x}=4^x+4^{-x}+2=11+2=13$

$2^x>0$, $2^{-x}>0$ より，$2^x+2^{-x}>0$ であるから，

$$2^x+2^{-x}=\sqrt{13}$$

(3) $8^x+8^{-x}=2^{3x}+2^{-3x}=(2^x+2^{-x})^3-3\cdot2^x\cdot2^{-x}\cdot(2^x+2^{-x})$

$$=(\sqrt{13})^3-3\sqrt{13}=10\sqrt{13}$$

別解 (3) $8^x+8^{-x}=2^{3x}+2^{-3x}=(2^x+2^{-x})(2^{2x}-1+2^{-2x})$

$$=(2^x+2^{-x})(4^x+4^{-x}-1)=\sqrt{13}(11-1)=10\sqrt{13}$$

☐ **11.**
教科書 **p.177**

$-1\leqq x\leqq3$ のとき，関数 $y=4^x-2^{x+2}+1$ の最大値と最小値を求めよ。また，そのときの x の値を求めよ。

ガイド 2^x についての関数と考えて，$2^x=t$ とおく。t のとり得る値の範囲に注意する。

解答 $2^x=t$ とおく。

$-1 \leqq x \leqq 3$ のとき，底は2で1より大きいから，

$$2^{-1} \leqq 2^x \leqq 2^3$$

よって，$\dfrac{1}{2} \leqq t \leqq 8$ ……①

与えられた関数の式を変形すると，

$$
\begin{aligned}
y &= 4^x - 2^{x+2} + 1 \\
&= (2^x)^2 - 4 \cdot 2^x + 1 \\
&= t^2 - 4t + 1 \\
&= (t-2)^2 - 3
\end{aligned}
$$

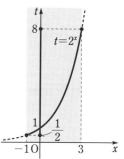

①の範囲において，y は $t=8$ すなわち $x=3$ のとき，最大値33をとり，$t=2$ すなわち $x=1$ のとき，最小値 -3 をとる。

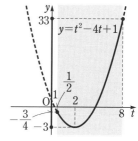

よって，**$x=3$ のとき，最大値** 33，

$x=1$ のとき，最小値 -3 をとる。

□12.

教科書
p.177

0 でない 3 つの数 a, b, c が $2^a = 5^b = 10^c$ を満たすとき，等式

$$\dfrac{1}{a} + \dfrac{1}{b} = \dfrac{1}{c}$$

が成り立つことを証明せよ。

ガイド $2^a = 5^b = 10^c$ の 10 を底とする対数をとり，この関係式を利用する。

解答 $2^a = 5^b = 10^c$ の 10 を底とする対数をとると，

$$\log_{10} 2^a = \log_{10} 5^b = \log_{10} 10^c$$

したがって，$a \log_{10} 2 = b \log_{10} 5 = c$ より，

$$a = \dfrac{c}{\log_{10} 2}, \quad b = \dfrac{c}{\log_{10} 5}$$

よって，

$$\dfrac{1}{a} + \dfrac{1}{b} = \dfrac{\log_{10} 2}{c} + \dfrac{\log_{10} 5}{c} = \dfrac{\log_{10} (2 \times 5)}{c} = \dfrac{\log_{10} 10}{c} = \dfrac{1}{c}$$

第4章 指数関数と対数関数

□13.
教科書
p.177

$2x+y=3$ のとき，$\log_2(x-1)+\log_2 y$ の最大値と，そのときの x, y の値を求めよ。

ガイド $2x+y=3$ より，$\log_2(x-1)+\log_2 y$ を x で表す。真数>0 を考えるときに，y についての条件を x についての条件によみ換える。

解答 真数は正であるから，　$x-1>0$, $y>0$

$2x+y=3$ より，$y=-2x+3$ であるから，　$-2x+3>0$

$x-1>0$, $-2x+3>0$ を同時に満たす x の値の範囲は，

$$1<x<\frac{3}{2} \quad \cdots\cdots①$$

$\log_2(x-1)+\log_2 y$ を x で表すと，

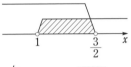

$$\log_2(x-1)+\log_2 y$$
$$=\log_2(x-1)+\log_2(-2x+3)$$
$$=\log_2(x-1)(-2x+3)$$
$$=\log_2(-2x^2+5x-3)$$
$$=\log_2\left\{-2\left(x-\frac{5}{4}\right)^2+\frac{1}{8}\right\} \quad \cdots\cdots②$$

②の真数を t とすると，②は，底が 2 で 1 より大きいから，t が最大となるとき最大値をとる。

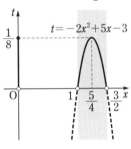

①の範囲において，t は，$x=\frac{5}{4}$ のとき，最大値 $\frac{1}{8}$ をとる。

このとき，②の最大値は $\log_2\frac{1}{8}=-3$ となる。

また，このとき，　$y=-2\times\frac{5}{4}+3=\frac{1}{2}$

よって，$x=\frac{5}{4}$, $y=\frac{1}{2}$ **のとき，最大値** -3 **をとる。**

☐14.

教科書
p.177

次の問いに答えよ。ただし，$\log_{10}2=0.3010$，$\log_{10}3=0.4771$ とする。

(1) 12^{20} は何桁の数か。

(2) $10^{0.582}$ の整数部分の数字を求めよ。

(3) 12^{20} の最高位の数字を求めよ。

ガイド (2) $10^{0.3010}=2$ より，$4=10^{0.6020}$ である。また，$10^{0.4771}=3$ である。
これらの値を利用する。

(3) (1)より，$12^{20}=10^{21.582}=10^{21}\times10^{0.582}$ である。

解答 (1) $\log_{10}12^{20}=20\log_{10}12=20\log_{10}(2^2\times3)=20(2\log_{10}2+\log_{10}3)$
$=20(2\times0.3010+0.4771)=20\times1.0791=21.582$

より，

$$21<\log_{10}12^{20}<22$$

したがって，　$10^{21}<12^{20}<10^{22}$

よって，12^{20} は **22 桁の数**である。

(2) $\log_{10}2=0.3010$ より，　$10^{0.3010}=2$

両辺を 2 乗して，　$10^{0.6020}=4$　……①

また，$\log_{10}3=0.4771$ より，　$10^{0.4771}=3$　……②

$0.4771<0.582<0.6020$ より，

$$10^{0.4771}<10^{0.582}<10^{0.6020}$$

①，②より，

$$3<10^{0.582}<4$$

よって，$10^{0.582}$ の整数部分の数字は **3** である。

(3) (1)より，

$$12^{20}=10^{21.582}=10^{21}\times10^{0.582}$$

(2)より，$10^{0.582}$ の整数部分の数字は 3 であるから，12^{20} の最高位の数字は **3** である。

参考 常用対数表を利用すると，$10^{0.582}≒3.82$ とわかる。

第
4
章

指数関数と対数関数

12^{20} って言われると途方もない数に思えるけど，
おおよその値がわかったね。すごい。

▢**15.**
教科書
p.177

　ある洞窟内に太陽の光を鏡で反射させて，奥まで光を届けたい。しかし，この鏡に光を1回反射させると，もとの明るさの1割が失われてしまう。鏡による反射回数が何回以下ならば，もとの明るさの $\frac{1}{3}$ 以上の光を届けられるか。ただし，$\log_{10}3 = 0.4771$ とする。

鏡

ガイド　もとの明るさを1とし，n 回目の反射でその $\frac{1}{3}$ 以上の光が届くとして，不等式を作る。

解答　もとの光の明るさを1として，n 回目の反射でその明るさの $\frac{1}{3}$ 以上の光が届くとすると，条件より，

$$\left(\frac{9}{10}\right)^n \geqq \frac{1}{3}$$

両辺の常用対数をとると，

$$n\log_{10}\frac{9}{10} \geqq \log_{10}\frac{1}{3}$$

$$n(\log_{10}9 - \log_{10}10) \geqq \log_{10}3^{-1}$$

$$n(2\log_{10}3 - 1) \geqq -\log_{10}3$$

$$n(2 \times 0.4771 - 1) \geqq -0.4771$$

$$-0.0458n \geqq -0.4771$$

$$n \leqq \frac{0.4771}{0.0458} = 10.4\cdots\cdots$$

よって，**10回以下**である。

思考力を養う　人間の感覚と対数　　課題学習

Q1 ある人にとって，100 g のおもりと重さがぎりぎり区別できる 100 g よりわずかに重いおもりの重さを $(100+x)$ g とし，200 g のおもりと重さがぎりぎり区別できる 200 g よりわずかに重いおもりの重さを $(200+y)$ g とする。人間にとって，100 g と $(100+x)$ g の差と，200 g と $(200+y)$ g の差が同じくらいの差に感じられるとし，ヴェーバー・フェヒナーの法則を適用したとき，この x と y の間にはどのような関係が成り立つか考えてみよう。

ガイド 人間の聴覚や視覚などの感覚は，刺激の強さの対数に比例して大きさを感じることが知られている。刺激の強さを x，人間の感じる感覚の大きさを y，C を正の定数として，

$$y = C\log_a x \qquad \text{ただし，} a>1$$

と表すことができる。この法則は，ヴェーバー・フェヒナーの法則と呼ばれている。

解答 人間にとって，100 g と $(100+x)$ g の差が，200 g と $(200+y)$ g の差と同じ程度に感じられることから，ヴェーバー・フェヒナーの法則を適用すると，C，a を $C>0$，$a>1$ の定数として，

$$C\log_a(100+x) - C\log_a 100 = C\log_a(200+y) - C\log_a 200$$

が成り立つことになる。

すなわち，

$$\log_a \frac{100+x}{100} = \log_a \frac{200+y}{200}$$

$$\frac{100+x}{100} = \frac{200+y}{200}$$

より，**$2x = y$** が成り立つ。

Q2 Q1で考えた関係について，実際に粘土などを使って実験を行って確かめてみよう。

ガイド 思い込みによって重さに差を感じることがあるから，実験のしかたを工夫しよう。例えば，重さの差を変えながら，どちらが重いかを繰り返し答えさせて正答率を求めるとよい。

第5章　微分と積分

| 第 1 節 | 微分係数と導関数

1 平均変化率と微分係数

☑ **問 1**　x の値が a から b まで変わるとき，次の関数の平均変化率を求めよ。

^{教科書}**p.180**　(1)　$f(x)=3x$　　　　　　　　(2)　$f(x)=x^2-7x+4$

ガイド　関数 $y=f(x)$ において，x の値が a から b まで変わるとき，y の
　　　　値は $f(b)-f(a)$ だけ変化する。

　　　　このとき，x の値の変化に対する y の値の変化の割合は，

　　　　$\dfrac{f(b)-f(a)}{b-a}$ である。これを，x の値が a から b まで変わるときの

　　　　$f(x)$ の**平均変化率**という。

解答　(1)　$\dfrac{f(b)-f(a)}{b-a}=\dfrac{3b-3a}{b-a}=\dfrac{3(b-a)}{b-a}=3$

　　　　(2)　$\dfrac{f(b)-f(a)}{b-a}=\dfrac{(b^2-7b+4)-(a^2-7a+4)}{b-a}$

　　　　　　　　　$=\dfrac{(b+a)(b-a)-7(b-a)}{b-a}=b+a-7$

☑ **問 2**　x の値が 2 から $2+h$ まで変わるとき，次の関数の平均変化率を求めよ。

^{教科書}**p.180**　(1)　$f(x)=\dfrac{1}{3}x^2$　　　　　　　　(2)　$f(x)=-5x$

ガイド　**問 1** と同様に計算する。

解答　(1)　$\dfrac{f(2+h)-f(2)}{(2+h)-2}=\dfrac{\dfrac{1}{3}(2+h)^2-\dfrac{1}{3}\cdot 2^2}{(2+h)-2}=\dfrac{1}{3}\cdot\dfrac{4h+h^2}{h}$

　　　　　　　　　$=\dfrac{1}{3}(4+h)$

　　　　(2)　$\dfrac{f(2+h)-f(2)}{(2+h)-2}=\dfrac{-5(2+h)-(-5\cdot 2)}{(2+h)-2}=\dfrac{-5h}{h}=-5$

☑ **問 3** 次の極限値を求めよ。

教科書
p.181　(1) $\lim_{h \to 0}(h^2+2h+3)$　　　　(2) $\lim_{x \to -2}(x^2-x)$

ガイド　一般に，関数 $f(x)$ において，x が a と異なる値をとりながら a に限りなく近づくとき，$f(x)$ の値が b に限りなく近づくことを，

$$\lim_{x \to a}f(x)=b \quad \text{または，} \quad x \to a \text{ のとき} \quad f(x) \to b$$

と書き，b を，x が a に近づくときの $f(x)$ の**極限値**という。

解答　(1) $\lim_{h \to 0}(h^2+2h+3)=0+2\cdot0+3=3$

　　　(2) $\lim_{x \to -2}(x^2-x)=(-2)^2-(-2)=6$

☑ **問 4** 関数 $f(x)=x^2-7x$ の $x=2$ における微分係数 $f'(2)$ を求めよ。

教科書
p.182

ガイド　x の値が a から $a+h$ まで変わるときの関数 $f(x)$ の平均変化率

$$\frac{f(a+h)-f(a)}{(a+h)-a}=\frac{f(a+h)-f(a)}{h}$$

において，h を 0 に限りなく近づけるとき，平均変化率がある決まった値に限りなく近づくならば，その極限値を，関数 $f(x)$ の $x=a$ における**微分係数**または**変化率**といい，$f'(a)$ で表す。

ここがポイント ☞ ［微分係数］
$$f'(a)=\lim_{h \to 0}\frac{f(a+h)-f(a)}{h}$$

解答　$f'(2)=\lim_{h \to 0}\frac{f(2+h)-f(2)}{h}$

　　　　$=\lim_{h \to 0}\frac{\{(2+h)^2-7(2+h)\}-(2^2-7\cdot2)}{h}$

　　　　$=\lim_{h \to 0}\frac{-3h+h^2}{h}$

　　　　$=\lim_{h \to 0}(-3+h)$

　　　　$=-3$

☑ **問5** 関数 $f(x)=x^2-7x$ のグラフ上の点 $(1,\ -6)$ における接線の傾きを

教科書
p.182 求めよ。

- -

ガイド 曲線 $y=f(x)$ 上の点 $A(a,\ f(a))$ を通り，傾きが $f'(a)$ の直線 ℓ を点Aにおける曲線 $y=f(x)$ の**接線**といい，点Aをこの接線の**接点** という。

また，直線 ℓ は点Aでこの曲線に**接する**という。

> **ここがポイント** 🖙
>
> 　関数 $y=f(x)$ の $x=a$ における微分係数 $f'(a)$ は，この関数のグラフ上の点 $(a,\ f(a))$ における接線の傾きを表す。

解答 求める傾きは $f'(1)$ に等しいから，

$$f'(1)=\lim_{h\to 0}\frac{f(1+h)-f(1)}{h}=\lim_{h\to 0}\frac{\{(1+h)^2-7(1+h)\}-(1^2-7\cdot 1)}{h}$$

$$=\lim_{h\to 0}\frac{-5h+h^2}{h}=\lim_{h\to 0}(-5+h)=\boldsymbol{-5}$$

② 導関数

☑ **問6** 関数 $f(x)=x^2$ を定義に従って微分せよ。

教科書
p.184

- -

ガイド 一般に，関数 $y=f(x)$ において，x の値 a に微分係数 $f'(a)$ を対応させる関数 $f'(x)$ を考え，これを $f(x)$ の**導関数**という。

> **ここがポイント** 🖙 **[導関数の定義]**
>
> $$f'(x)=\lim_{h\to 0}\frac{f(x+h)-f(x)}{h}$$

上の導関数 $f'(x)$ の式で，x の値の変化量 h を **x の増分**といい，y の値の変化量 $f(x+h)-f(x)$ を **y の増分**という。

x の関数 $f(x)$ からその導関数 $f'(x)$ を求めることを，$f(x)$ を **x について微分する**，あるいは単に**微分する**という。

解答 $f'(\boldsymbol{x})=\lim_{h\to 0}\dfrac{(x+h)^2-x^2}{h}=\lim_{h\to 0}\dfrac{2xh+h^2}{h}=\lim_{h\to 0}(2x+h)=\boldsymbol{2x}$

☑ **問 7**　次の関数を微分せよ。

教科書
p.184　(1) $f(x)=x^4$　　　　　(2) $f(x)=x^5$　　　　　(3) $f(x)=4$

ガイド　c を定数とするとき，関数 $f(x)=c$ を**定数関数**という。

一般に，次のことが成り立つ。

> **ここがポイント** ☞ **[x^n と定数関数の導関数]**
>
> ① n が自然数のとき，　　$(x^n)'=nx^{n-1}$
>
> ② c が定数のとき，　　　$(c)'=0$

解答　(1) $f'(x)=(x^4)'=4x^{4-1}=\boldsymbol{4x^3}$

(2) $f'(x)=(x^5)'=5x^{5-1}=\boldsymbol{5x^4}$

(3) $f'(x)=(4)'=\boldsymbol{0}$

☑ **問 8**　次の関数を微分せよ。

教科書
p.186　(1) $y=3x+6$　　　　　　　　(2) $y=2x^2-5x+1$

(3) $y=-2x^3-3x^2-x+8$　　　　(4) $y=x^4+2x^3-x+3$

(5) $y=(5x+3)(x-2)$　　　　　(6) $y=(3x+1)^2$

ガイド

> **ここがポイント** ☞ **[導関数の性質]**
>
> ① $y=kf(x)$ のとき，　　$y'=kf'(x)$　　　ただし，k は定数
>
> ② $y=f(x)+g(x)$ のとき，　$y'=f'(x)+g'(x)$
>
> ③ $y=f(x)-g(x)$ のとき，　$y'=f'(x)-g'(x)$

(5)，(6)　与えられた式の右辺を展開してから微分する。

解答　(1) $y'=(3x+6)'=3(x)'+(6)'=3\cdot1+0=\boldsymbol{3}$

(2) $y'=(2x^2-5x+1)'=2(x^2)'-5(x)'+(1)'$
　　　$=2\cdot2x-5\cdot1+0=\boldsymbol{4x-5}$

(3) $y'=(-2x^3-3x^2-x+8)'=-2(x^3)'-3(x^2)'-(x)'+(8)'$
　　　$=-2\cdot3x^2-3\cdot2x-1+0=\boldsymbol{-6x^2-6x-1}$

(4) $y'=(x^4+2x^3-x+3)'=(x^4)'+2(x^3)'-(x)'+(3)'$
　　　$=4x^3+2\cdot3x^2-1+0=\boldsymbol{4x^3+6x^2-1}$

第5章

微分と積分

(5)　右辺を展開すると，$y=5x^2-7x-6$ であるから，

$$y'=(5x^2-7x-6)'=5(x^2)'-7(x)'-(6)'$$
$$=5\cdot2x-7\cdot1-0=\boldsymbol{10x-7}$$

(6)　右辺を展開すると，$y=9x^2+6x+1$ であるから，

$$\boldsymbol{y'}=(9x^2+6x+1)'=9(x^2)'+6(x)'+(1)'$$
$$=9\cdot2x+6\cdot1+0=\boldsymbol{18x+6}$$

微分すると，
次数が1つ下がるね。

☑ **問 9**　関数 $f(x)=2x^3-x^2$ について，$f(x)$ の $x=-2$，1 における微分係

教科書
p.186　数 $f'(-2)$，$f'(1)$ を，それぞれ求めよ。

ガイド　導関数 $f'(x)$ を求め，$x=-2$，1 をそれぞれ代入する。

解答　関数 $f(x)=2x^3-x^2$ について，

$$f'(x)=6x^2-2x$$

したがって，$f(x)$ の $x=-2$，1 における微分係数は，それぞれ，

$$\boldsymbol{f'(-2)}=6\cdot(-2)^2-2\cdot(-2)=\boldsymbol{28}$$
$$\boldsymbol{f'(1)}=6\cdot1^2-2\cdot1=\boldsymbol{4}$$

☑ **問10**　関数 $f(x)=3x^3-x^2+ax$ について，$f'(1)=8$ となる定数 a の値を求

教科書
p.186　めよ。

ガイド　導関数 $f'(x)$ を求め，$x=1$ を代入する。

解答　関数 $f(x)=3x^3-x^2+ax$ について，

$$f'(x)=9x^2-2x+a$$

$f'(1)=8$ より，

$$9-2+a=8$$

よって，　$\boldsymbol{a=1}$

☑ **問11** 次の関数を [ ] の文字について微分せよ。

教科書 **p.187**

(1) $S=\pi r^2$ $[r]$　　　　　　(2) $V=\dfrac{4}{3}\pi r^3$ $[r]$

ガイド r を変数とみて微分する。

解答 (1) S を r について微分すると，　$\dfrac{dS}{dr}=2\pi r$

(2) V を r について微分すると，　$\dfrac{dV}{dr}=4\pi r^2$

参考 (1)で，πr^2 は半径 r の円の面積であり，$2\pi r$ は半径 r の円の円周である。すなわち，円の面積を半径 r について微分すると，円周になる。

また，(2)で，$\dfrac{4}{3}\pi r^3$ は半径 r の球の体積であり，$4\pi r^2$ は半径 r の球の表面積である。すなわち，球の体積を半径 r について微分すると，球の表面積になる。

③ 接線の方程式

☑ **問12** 曲線 $y=x^2+5x$ 上の点 $(-1,\ -4)$ における接線の方程式を求めよ。

教科書 **p.188**

ガイド

ここがポイント ☞ [接線の方程式]

曲線 $y=f(x)$ 上の点 $(a,\ f(a))$ における接線の方程式は，

$$y-f(a)=f'(a)(x-a)$$

解答 $f(x)=x^2+5x$ とおくと，

$f'(x)=2x+5$ より，　$f'(-1)=3$

よって，接線の方程式は，

$$y-(-4)=3\{x-(-1)\}$$

すなわち，　**$y=3x-1$**

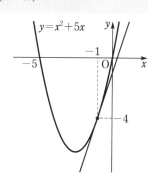

☑ **問13** 曲線 $y=x^2-3x$ において，傾きが -5 である接線の方程式を求めよ。

教科書
p. 188

ガイド 接点の x 座標を a とおき，微分係数と傾きから a を求める。

解答 接点の x 座標を a，$f(x)=x^2-3x$ とお
く。

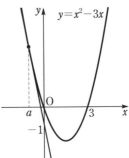

$f'(x)=2x-3$ より，　$f'(a)=2a-3$

したがって，$2a-3=-5$ より，　$a=-1$

よって，接点の座標は $(-1, 4)$ となるか
ら，求める接線の方程式は，

$$y-4=-5\{x-(-1)\}$$

すなわち，　$\boldsymbol{y=-5x-1}$

☑ **問14** 点 $(3, 4)$ から曲線 $y=-x^2+3x$ に引いた接線の方程式と，接点の座標を求めよ。

教科書
p. 189

ガイド 求める接点の座標を $(a, -a^2+3a)$ として，接線の方程式を求める。
この接線が点 $(3, 4)$ を通ることから a の値を定める。

解答 $y'=-2x+3$ であるから，求める接線の
接点の座標を $(a, -a^2+3a)$ とすると，接
線の方程式は，

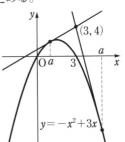

$$y-(-a^2+3a)=(-2a+3)(x-a)$$

すなわち，

$$y=(-2a+3)x+a^2$$

この直線が点 $(3, 4)$ を通るから，

$$4=(-2a+3)\cdot3+a^2$$
$$a^2-6a+5=0$$
$$(a-1)(a-5)=0$$

したがって，　$a=1, 5$

よって，

　　$a=1$ のとき，　　**接線の方程式は，$y=x+1$**

　　　　　　　　　　　接点の座標は，$(1, 2)$

　　$a=5$ のとき，　　**接線の方程式は，$y=-7x+25$**

　　　　　　　　　　　接点の座標は，$(5, -10)$

節末問題

第1節｜微分係数と導関数

☑ **1** 次の極限値を求めよ。

教科書
p.190

(1) $\lim_{x \to 2}(3x-4)$

(2) $\lim_{x \to 3}\dfrac{x^2-9}{x-3}$

ガイド (2) 分数式を約分してから極限値を求める。

解答▶ (1) $\lim_{x \to 2}(3x-4)=3\cdot2-4=\mathbf{2}$

(2) $\lim_{x \to 3}\dfrac{x^2-9}{x-3}=\lim_{x \to 3}\dfrac{(x+3)(x-3)}{x-3}=\lim_{x \to 3}(x+3)=3+3=\mathbf{6}$

☑ **2** 次の関数を微分せよ。

教科書
p.190

(1) $y=-\dfrac{1}{3}x^3+\dfrac{1}{2}x^2-x$

(2) $y=(x+2)^3$

ガイド (2) 与えられた式の右辺を展開してから微分する。

解答▶ (1) $y'=\left(-\dfrac{1}{3}x^3+\dfrac{1}{2}x^2-x\right)'$

$\qquad =-\dfrac{1}{3}(x^3)'+\dfrac{1}{2}(x^2)'-(x)'$

$\qquad =-\dfrac{1}{3}\cdot3x^2+\dfrac{1}{2}\cdot2x-1$

$\qquad =\boldsymbol{-x^2+x-1}$

(2) 右辺を展開すると，$y=x^3+6x^2+12x+8$ であるから，

$\qquad y'=(x^3)'+6(x^2)'+12(x)'+(8)'$

$\qquad =3x^2+6\cdot2x+12\cdot1+0$

$\qquad =\boldsymbol{3x^2+12x+12}$

計算に慣れたら，手順を省略してもいいよ。

3 関数 $f(x)=ax^3+bx^2+cx+d$ において，
$$f(0)=1, \quad f(1)=5, \quad f'(0)=3, \quad f'(1)=7$$
が成り立つとき，定数 a, b, c, d の値を求めよ。

教科書
p.190

ガイド 条件より4つの方程式を作り，その連立方程式を解く。

解答 $f(x)=ax^3+bx^2+cx+d$ より，　$f'(x)=3ax^2+2bx+c$

$\qquad f(0)=d=1 \qquad\qquad \cdots\cdots$①

$\qquad f(1)=a+b+c+d=5 \quad \cdots\cdots$②

$\qquad f'(0)=c=3 \qquad\qquad \cdots\cdots$③

$\qquad f'(1)=3a+2b+c=7 \quad \cdots\cdots$④

①，②，③より，　$a+b=1$　 $\cdots\cdots$⑤

③，④より，　$3a+2b=4$　 $\cdots\cdots$⑥

⑤，⑥より，　$a=2$, $b=-1$

よって，　$\boldsymbol{a=2, \ b=-1, \ c=3, \ d=1}$

4 底面の半径が r，高さが $2r$ の円錐(すい)の体積を V とする。V を r の関数
と考えて，$r=2$ における微分係数を求めよ。

教科書
p.190

ガイド $\dfrac{dV}{dr}$ を求め，$r=2$ を代入する。

解答 $V=\dfrac{1}{3}\cdot\pi r^2\cdot 2r=\dfrac{2}{3}\pi r^3$ であるから，V を r について微分すると，

$$\dfrac{dV}{dr}=2\pi r^2$$

である。

よって，V の $r=2$ における微分係数は，

$$2\pi\cdot 2^2=\boldsymbol{8\pi}$$

x 以外の文字で微分する
ことに慣れよう。

☑ **5**

教科書
p.190

曲線 $y=-x^2+kx+2k$ 上の x 座標が 1 である点における接線が原点を通るように，定数 k の値を定めよ。

ガイド　曲線上の $x=1$ における接線の方程式を求め，この接線が原点を通ることから k の値を定める。

解答　$f(x)=-x^2+kx+2k$ とおくと，$f(1)=3k-1$ であるから，接点の座標は，　$(1,\ 3k-1)$

$f'(x)=-2x+k$ より，　$f'(1)=k-2$

よって，曲線 $y=f(x)$ 上の $x=1$ における接線の方程式は，

$$y-(3k-1)=(k-2)(x-1)$$

すなわち，　$y=(k-2)x+2k+1$

この直線が原点を通るから，

$$0=(k-2)\cdot 0+2k+1$$

よって，　$k=-\dfrac{1}{2}$

☐ **6**

教科書
p.190

曲線 $y=2x^2$ の接線が，この曲線上の 2 点 $(\alpha,\ 2\alpha^2)$, $(\beta,\ 2\beta^2)$ を通る直線と平行であるとき，その接点の座標を求めよ。ただし，$\alpha,\ \beta$ は $\alpha<\beta$ を満たす定数とする。

ガイド　2 点 $(\alpha,\ 2\alpha^2)$, $(\beta,\ 2\beta^2)$ を通る直線の傾きと曲線 $y=2x^2$ の接線の傾き（微分係数）が一致するときの接点の x 座標を求める。

解答　$f(x)=2x^2$ とおく。求める接点の座標を $(\gamma,\ 2\gamma^2)$ とすると，曲線 $y=f(x)$ の $x=\gamma$ における接線の傾きは，$f'(x)=4x$ より，

$$f'(\gamma)=4\gamma$$

2 点 $(\alpha,\ 2\alpha^2)$, $(\beta,\ 2\beta^2)$ を通る直線の傾きは，

$$\frac{2\beta^2-2\alpha^2}{\beta-\alpha}=\frac{2(\beta+\alpha)(\beta-\alpha)}{\beta-\alpha}=2(\alpha+\beta)$$

したがって，$4\gamma=2(\alpha+\beta)$ より，

$$\gamma=\frac{\alpha+\beta}{2}$$

よって，求める接点の座標は，　$\left(\dfrac{\alpha+\beta}{2},\ \dfrac{(\alpha+\beta)^2}{2}\right)$

第
5
章

微分と積分

第2節 導関数の応用

1 関数の値の変化

☐ **問15** 関数 $f(x)=x^3+3x^2-9x-15$ の値の増減を調べよ。

教科書 **p.192**
- -

ガイド 一般に，$f'(x)$ の符号から関数 $f(x)$ の値の増減は次のようになる。

> **ここがポイント** 👉 ［$f'(x)$ の符号と関数の値の増加・減少］
> 関数 $y=f(x)$ の値の増減は，次のようになる。
> $f'(x)>0$ となる x の値の範囲で**増加**する。
> $f'(x)<0$ となる x の値の範囲で**減少**する。

$a \leqq x \leqq b$ でつねに $f'(x)=0$ のとき，この範囲では接線の傾きがつねに 0 であるから，グラフは x 軸に平行な直線となる。よって，この範囲では関数 $f(x)$ は一定の値をとる。

関数の値の増減を表すときは，教科書 p.192 例9 の中で示したような表が用いられる。この表を**増減表**という。

解答 $f'(x)=3x^2+6x-9=3(x+3)(x-1)$

$f'(x)=0$ とすると，　$x=-3,\ 1$

$f'(x)>0$ を解くと，　$x<-3,\ 1<x$

$f'(x)<0$ を解くと，　$-3<x<1$

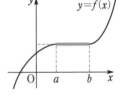

$f'(x)=3(x+3)(x-1)$

したがって，$f(x)$ の値の増減を表にすると右のようになる。

x	……	-3	……	1	……
$f'(x)$	$+$	0	$-$	0	$+$
$f(x)$	↗	12	↘	-20	↗

よって，$f(x)$ の値は，

$x \leqq -3,\ 1 \leqq x$ **で増加し**，$-3 \leqq x \leqq 1$ **で減少する。**

⚠**注意** $f(x)$ は $x<-3,\ 1<x$ で増加しているが，$x=-3,\ 1$ も含めて $x \leqq -3,\ 1 \leqq x$ で増加しているという。減少する範囲についても同様である。

□ **問16** 関数 $f(x)=2x^3-3x^2-2$ の極値を調べよ。

教科書 **p.194**

ガイド $x=a$ の前後で $f(x)$ の値が増加から減少に変わるとき，$f(x)$ は $x=a$ で**極大**になるといい，このときの $f(x)$ の値 $f(a)$ を**極大値**という。また，$x=a$ の前後で $f(x)$ の値が減少から増加に変わるとき，$f(x)$ は $x=a$ で**極小**になるといい，このときの $f(x)$ の値 $f(a)$ を**極小値**という。

極大値と極小値をまとめて**極値**という。

> **ここがポイント** ☞ [$f(x)$ の極大・極小]
>
> 関数 $f(x)$ において，$f'(a)=0$ となる $x=a$ の前後で
> $f'(x)$ の符号が**正から負に変わる**とき，
> $f(x)$ は $x=a$ で**極大**
> $f'(x)$ の符号が**負から正に変わる**とき，
> $f(x)$ は $x=a$ で**極小**
> となる。

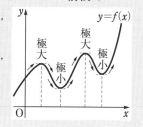

解答 $f'(x)=6x^2-6x=6x(x-1)$

$f'(x)=0$ とすると，

$\qquad x=0,\ 1$

$f(x)$ の増減表は次のようになる。

$f'(x)=6x(x-1)$

x	……	0	……	1	……
$f'(x)$	$+$	0	$-$	0	$+$
$f(x)$	↗	極大 -2	↘	極小 -3	↗

よって，$f(x)$ の極値は次のようになる。

$\quad$ **$x=0$ のとき，極大値 -2**

$\quad$ **$x=1$ のとき，極小値 -3**

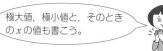

極大値，極小値と，そのときの x の値も書こう。

☑ **問17** 次の関数について，極値を調べ，そのグラフをかけ。

教科書
p.195 (1) $y = x^3 - 3x^2 - 9x + 2$　　(2) $y = -x^3 + 12x$

- -

ガイド 増減表をかいて極値を調べ，それらをもとにグラフをかく。

解答▶

(1) $y' = 3x^2 - 6x - 9$
$\quad = 3(x^2 - 2x - 3)$
$\quad = 3(x+1)(x-3)$

$y' = 0$ とすると，$x = -1, 3$

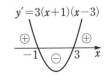

y の増減表は次のようになる。

x	……	-1	……	3	……
y'	$+$	0	$-$	0	$+$
y	↗	極大 7	↘	極小 -25	↗

よって，この関数の極値は次のようになる。

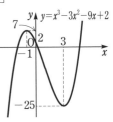

$x = -1$ のとき，極大値 7

$x = 3$ のとき，極小値 -25

また，グラフは y 軸と点 $(0, 2)$ で交わる。

以上より，グラフは右の図のようになる。

(2) $y' = -3x^2 + 12$
$\quad = -3(x^2 - 4)$
$\quad = -3(x+2)(x-2)$

$y' = 0$ とすると，$x = -2, 2$

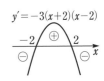

y の増減表は次のようになる。

x	……	-2	……	2	……
y'	$-$	0	$+$	0	$-$
y	↘	極小 -16	↗	極大 16	↘

よって，この関数の極値は次のように
なる。

$x=2$ のとき，**極大値 16**

$x=-2$ のとき，**極小値 -16**

また，$x=0$ のとき $y=0$ であるから，
グラフは原点を通る。

以上より，グラフは右の図のようになる。

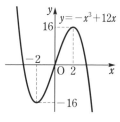

これからは増減表をかいて，
極値を調べてからグラフを
かくことが多くなるよ。

問18 次の関数の極値を調べよ。

教科書
p.195　(1) $f(x)=-x^3+6x^2-12x$　　　(2) $f(x)=x^3+3x-4$

- -

ガイド $f'(x)$ の符号が変わらないとき，$f(x)$ は極値をもたない。

解答 (1) 導関数は，$f'(x)=-3x^2+12x-12=-3(x-2)^2$ である。

$f'(x)=0$ とすると，　$x=2$

増減表は次のようになる。

x	……	2	……
$f'(x)$	$-$	0	$-$
$f(x)$	↘	-8	↘

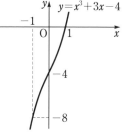

$y=-x^3+6x^2-12x$

よって，関数 $f(x)=-x^3+6x^2-12x$
はつねに減少するから，**極値をもたない**。

(2) 導関数は，$f'(x)=3x^2+3$ であり，すべてのxの値に対して
$f'(x)>0$ である。

$y=x^3+3x-4$

よって，関数 $f(x)=x^3+3x-4$ は
つねに増加するから，**極値をもたない**。

なお，増減表は次のようになる。

x	……
$f'(x)$	$+$
$f(x)$	↗

$x=a$ で極値をとるときは
その前後で $f'(x)$ の符号が変わるよ。

問19 次の関数について，極値を調べ，そのグラフをかけ。

教科書 **p.197**
(1) $y=x^4-\dfrac{8}{3}x^3-2x^2+8x+1$ (2) $y=x^4-2x^3+2x$

- -

ガイド n 次の多項式で表される関数を **n 次関数**という。

$\alpha<\beta<\gamma$ のとき，

3 次関数 $y=(x-\alpha)(x-\beta)(x-\gamma)$

のグラフは，x 軸と異なる 3 点で交わる。

また，x^3 の係数は正であるから，このグラフの
概形と x 軸の関係は，右の図のようになる。

3 次関数と同じように y' を求め，y' の符号の変化を調べる。

解答 (1) $y'=4x^3-8x^2-4x+8$

$\qquad =4(x+1)(x-1)(x-2)$

$\quad y'=0$ とすると，$\quad x=-1,\ 1,\ 2$

y の増減表は次のようになる。

$y'=4(x+1)(x-1)(x-2)$

x	……	-1	……	1	……	2	……
y'	$-$	0	$+$	0	$-$	0	$+$
y	↘	極小 $-\dfrac{16}{3}$	↗	極大 $\dfrac{16}{3}$	↘	極小 $\dfrac{11}{3}$	↗

よって，この関数の極値は次のようになる。

$x=-1$ のとき，極小値 $-\dfrac{16}{3}$

$x=1$ のとき，極大値 $\dfrac{16}{3}$

$x=2$ のとき，極小値 $\dfrac{11}{3}$

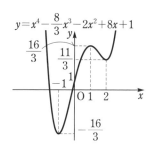

また，グラフは y 軸と点 $(0,\ 1)$ で交わる。

以上より，グラフは右の図のようになる。

(2)　$y'=4x^3-6x^2+2$

$\quad\ \ =2(x-1)^2(2x+1)$

$y'=0$ とすると，　$x=-\dfrac{1}{2},\ 1$

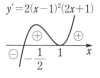

y の増減表は次のようになる。

x	……	$-\dfrac{1}{2}$	……	1	……
y'	$-$	0	$+$	0	$+$
y	↘	極小 $-\dfrac{11}{16}$	↗	1	↗

よって，この関数の極値は次のようになる。

$x=-\dfrac{1}{2}$ のとき，極小値 $-\dfrac{11}{16}$

極大値はない。

また，$x=0$ のとき $y=0$ であるから，グラフは原点を通る。

以上より，グラフは右の図のようになる。

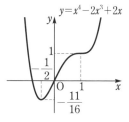

必ずしも $y'=0$ となる x の値で極値をとるとは限らないんだね。

☑ **問20** 関数 $f(x)=-x^3+ax^2+bx+2$ が $x=3$ で極大値 2 をとるように,

教科書
p.197　定数 a, b の値を定めよ。

ガイド 関数 $f(x)$ が $x=3$ で極大値 2 をとるから, $f'(3)=0$, $f(3)=2$ より a, b の値を定める。また, $f'(x)$ の符号が, $x=3$ の前後で正から負に変わることを確認しておく。

解答 $f'(x)=-3x^2+2ax+b$

$f(x)$ は $x=3$ で極大値 2 をとるから,

$$f'(3)=0, \quad f(3)=2$$

したがって, $-27+6a+b=0$, $9a+3b-25=2$

これを解いて, $a=6$, $b=-9$

このとき,

$$f(x)=-x^3+6x^2-9x+2$$
$$f'(x)=-3x^2+12x-9=-3(x-1)(x-3)$$

$f'(x)=0$ とすると, $x=1$, 3

$f(x)$ の増減表は次のようになる。

x	……	1	……	3	……
$f'(x)$	$-$	0	$+$	0	$-$
$f(x)$	↘	極小 -2	↗	極大 2	↘

上の表より, $f(x)$ は $x=3$ で確かに極大値 2 をとる。

よって, $a=6$, $b=-9$

☑ **問21** 次の関数の最大値と最小値を求めよ。

教科書
p.198
(1) $y=x^3+3x^2-2 \quad (-3\leqq x\leqq 1)$

(2) $y=-x^3-3x^2+9x+1 \quad (-4\leqq x\leqq 2)$

(3) $y=3x^4+4x^3-36x^2 \quad (0\leqq x\leqq 3)$

ガイド 関数の増減表をかき, 極値と定義域の両端での y の値を調べる。

解答 (1) $y'=3x^2+6x$

$=3x(x+2)$

$y'=0$ とすると, $x=-2$, 0

$-3 \leqq x \leqq 1$ における y の増減表は次のようになる。

x	-3	……	-2	……	0	……	1
y'		$+$	0	$-$	0	$+$	
y	-2	↗	極大 2	↘	極小 -2	↗	2

よって，この関数は，

　　$x=-2$，1 のとき，**最大値** 2，

　　$x=-3$，0 のとき，**最小値** -2

をとる。

(2)　$y'=-3x^2-6x+9$

　　　$=-3(x+3)(x-1)$

　　$y'=0$ とすると，　$x=-3$，1

　　$-4 \leqq x \leqq 2$ における y の増減表は次のようになる。

x	-4	……	-3	……	1	……	2
y'		$-$	0	$+$	0	$-$	
y	-19	↘	極小 -26	↗	極大 6	↘	-1

よって，この関数は，

　　$x=1$ のとき，**最大値** 6，

　　$x=-3$ のとき，**最小値** -26

をとる。

(3)　$y'=12x^3+12x^2-72x$

　　　$=12x(x+3)(x-2)$

　　$y'=0$ とすると，　$x=-3$，0，2

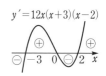

$y'=12x(x+3)(x-2)$

$0 \leqq x \leqq 3$ における y の増減表は次のようになる。

x	0	……	2	……	3
y'	0	$-$	0	$+$	
y	0	↘	極小 -64	↗	27

よって，この関数は，

　　$x=3$ のとき，**最大値** 27，

　　$x=2$ のとき，**最小値** -64

をとる。

第 5 章　微分と積分

□ **問22** 2辺が 16 cm と 10 cm の長方形の厚紙がある。4すみから合同な正

教科書
p.199 方形を切り取って折り曲げ，ふたのない箱を作る。箱の容積を最大にするには，切り取る正方形の1辺の長さを何 cm にすればよいか。

ガイド 求める長さを x cm，箱の容積を y cm³ として，x の関数である y の増減を調べる。そのとき，x のとる値の範囲に注意する。

解答 切り取る正方形の1辺の長さを x cm とすると，

$x>0$ かつ $16-2x>0$ かつ $10-2x>0$ より，

$$0<x<5$$

箱の容積を y cm³ とすると，

$$y=x(16-2x)(10-2x)$$
$$=4x^3-52x^2+160x$$
$$y'=12x^2-104x+160$$
$$=4(3x^2-26x+40)$$
$$=4(x-2)(3x-20)$$

$y'=0$ とすると， $x=2, \dfrac{20}{3}$

$0<x<5$ における y の増減表は次のようになる。

x	0	……	2	……	5
y'		+	0	−	
y		↗	極大	↘	

これより，$x=2$ のとき，y の値は最大になる。

よって，切り取る正方形の1辺の長さを **2 cm** にすればよい。

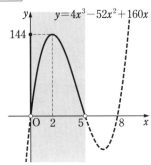

2 方程式・不等式への応用

問23 次の方程式の異なる実数解の個数を，グラフを利用して調べよ。

教科書 **p.200**
(1) $2x^3-9x^2+12x-4=0$　　　(2) $-3x^3+3x^2-x+2=0$

ガイド 方程式 $f(x)=0$ の異なる実数解の個数は，関数 $y=f(x)$ のグラフと直線 $y=0$，すなわち x 軸との共有点の個数である。

解答 (1) $f(x)=2x^3-9x^2+12x-4$ とおく。

$$f'(x)=6x^2-18x+12$$
$$=6(x-1)(x-2)$$

$f'(x)=0$ とすると，$x=1,\ 2$

$f(x)$ の増減表は右上のようになる。

x	……	1	……	2	……
$f'(x)$	+	0	−	0	+
$f(x)$	↗	極大 1	↘	極小 0	↗

したがって，$y=f(x)$ のグラフは右の図のようになり，x 軸と1点で交わり，1点で接する。

よって，方程式
$$2x^3-9x^2+12x-4=0$$
の異なる実数解は **2個** ある。

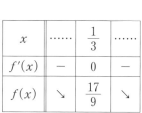

(2) $f(x)=-3x^3+3x^2-x+2$ とおく。

$$f'(x)=-9x^2+6x-1$$
$$=-(3x-1)^2$$

$f'(x)=0$ とすると，$x=\dfrac{1}{3}$

$f(x)$ の増減表は右のようになる。

x	……	$\dfrac{1}{3}$	……
$f'(x)$	−	0	−
$f(x)$	↘	$\dfrac{17}{9}$	↘

したがって，$y=f(x)$ のグラフは右の図のようになり，x 軸と1点で交わる。

よって，方程式
$$-3x^3+3x^2-x+2=0$$
の異なる実数解は **1個** ある。

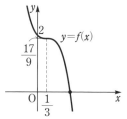

☑ **問24** a を定数とするとき，方程式

教科書
p.201

$$x^3 - 12x - a = 0$$

の異なる実数解はいくつあるか。a の値によって分類せよ。

- -

ガイド 与えられた方程式を $x^3 - 12x = a$ と変形する。

方程式 $f(x) = x^3 - 12x = a$ の異なる実数解の個数は，

関数 $y = f(x)$ のグラフと直線 $y = a$ との共有点の個数に一致する。

解答 与えられた方程式は，

$$x^3 - 12x = a$$

と変形できるから，異なる実数解の個数は，関数 $y = x^3 - 12x$ のグラフと直線 $y = a$ との共有点の個数に等しい。

ここで，$f(x) = x^3 - 12x$ とおくと，

$$f'(x) = 3x^2 - 12$$
$$= 3(x+2)(x-2)$$

$f'(x) = 0$ とすると，

$$x = -2, \ 2$$

x	……	-2	……	2	……
$f'(x)$	$+$	0	$-$	0	$+$
$f(x)$	↗	極大 16	↘	極小 -16	↗

$f(x)$ の増減表は右上のようになる。

したがって，$y = f(x)$ のグラフは，右の図のようになる。

よって，与えられた方程式

$$x^3 - 12x - a = 0$$

の異なる実数解の個数は，

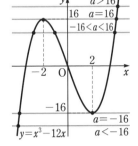

$-16 < a < 16$ **のとき，**　　3 個

$a = \pm 16$ **のとき，**　　　2 個

$a < -16, \ 16 < a$ **のとき，**　1 個

> 直線 $y = a$ を上下に動かすことで，
> $y = f(x)$ との共有点が変化していくね。

☑ **問25** $x \geqq 0$ のとき，次の不等式が成り立つことを証明せよ。また，等号が
成り立つときの x の値を求めよ。

教科書
p.202
$$x^3 + 2 \geqq 3x$$

- -

ガイド $x \geqq 0$ のとき，関数 $f(x) = (x^3 + 2) - 3x$ の最小値が 0 以上である
ことを示す。

解答 $f(x) = x^3 + 2 - 3x = x^3 - 3x + 2$

とおくと，

$$f'(x) = 3x^2 - 3$$
$$= 3(x+1)(x-1)$$

$f'(x) = 0$ とすると，　$x = -1,\ 1$

$x \geqq 0$ における $f(x)$ の増減表は右
のようになる。

x	0	……	1	……
$f'(x)$		$-$	0	$+$
$f(x)$	2	↘	極小 0	↗

　増減表から，$f(x)$ は $x = 1$ で最小
値 0 をとる。

　したがって，$x \geqq 0$ のとき，

$$f(x) \geqq 0$$

すなわち，

$$(x^3 + 2) - 3x \geqq 0$$

よって，$x \geqq 0$ のとき，

$$x^3 + 2 \geqq 3x$$

が成り立つ。

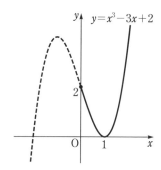

　また，**等号が成り立つのは $x = 1$ のとき**である。

参考 微分法を利用して 左辺 $\geqq$ 右辺 の不等式を証明する場合，まず
左辺 $-$ 右辺 を $f(x)$ とおく。そして，与えられた x の値の範囲におい
て，$f(x)$ の最小値を求め，0 との大小関係を調べる。

　x の値の範囲が与えられていないときは，x はすべての実数をとる
として考える。

微分法を使ったら簡単に
証明できるね。

節末問題

☐ **1** 次の関数について，極値を調べ，極値をもつ場合にはそのグラフをかけ。

教科書 **p.203**

(1) $y=x^3-2x^2+x$

(2) $y=-x^3+2x^2-2x+1$

(3) $y=(x+1)(x-1)(x^2-3)$

ガイド 増減表をかき，極値を調べる。

(2) y' を平方完成すると，$y'<0$ が示せる。

解答 (1) $y'=3x^2-4x+1$

$=(3x-1)(x-1)$

$y'=0$ とすると，$x=\dfrac{1}{3}$，1

y の増減表は右のようになる。

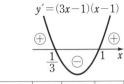

x	$\cdots\cdots$	$\dfrac{1}{3}$	$\cdots\cdots$	1	$\cdots\cdots$
y'	$+$	0	$-$	0	$+$
y	↗	極大 $\dfrac{4}{27}$	↘	極小 0	↗

よって，この関数の極値は次のようになる。

$x=\dfrac{1}{3}$ **のとき，極大値** $\dfrac{4}{27}$

$x=1$ **のとき，極小値** 0

また，$x=0$ のとき $y=0$ であるから，グラフは原点を通る。

以上より，グラフは右の図のようになる。

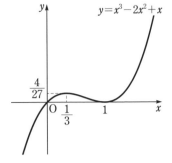

(2) $y'=-3x^2+4x-2$

$=-3\left(x-\dfrac{2}{3}\right)^2-\dfrac{2}{3}$

したがって，すべての x の値に対して $y'<0$ である。

よって，関数 $y=-x^3+2x^2-2x+1$ はつねに減少するから，**極値をもたない。**

なお，y の増減表は次のようになる。

x	……
y'	$-$
y	↘

(3)　$y=(x+1)(x-1)(x^2-3)=x^4-4x^2+3$
より，

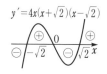

$$y'=4x^3-8x$$
$$=4x(x^2-2)$$
$$=4x(x+\sqrt{2})(x-\sqrt{2})$$

$y'=0$ とすると，　$x=-\sqrt{2},\ 0,\ \sqrt{2}$

y の増減表は次のようになる。

x	……	$-\sqrt{2}$	……	0	……	$\sqrt{2}$	……
y'	$-$	0	$+$	0	$-$	0	$+$
y	↘	極小 -1	↗	極大 3	↘	極小 -1	↗

よって，この関数の極値は次のようになる。

　　$x=0$ のとき，極大値 3

　　$x=\pm\sqrt{2}$ のとき，極小値 -1

また，グラフはy軸と点$(0,\ 3)$で交わる。

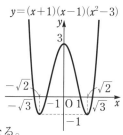

　以上より，グラフは右の図のようになる。

参考　(2)の関数のグラフをかくと次の図のようになる。

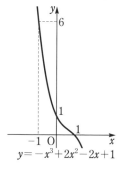

2 関数 $f(x)=ax^3+bx^2+cx+1$ について，次の(i)，(ii)がともに成り立つように，定数 a，b，c の値を定めよ。

教科書
p.203

(i) $f'(0)=2$　　　　　　(ii) $x=1$ のとき，極小値1をとる

ガイド a，b，c の値を求めた後，条件(ii)を満たすかどうか確認する。

解答 $f'(x)=3ax^2+2bx+c$

(i)より，　$f'(0)=c=2$

(ii)より，　$f'(1)=3a+2b+c=0$

　　　　　　$f(1)=a+b+c+1=1$

これらを解いて，　$a=2$，$b=-4$，$c=2$

このとき，

　　　$f(x)=2x^3-4x^2+2x+1$

　　$f'(x)=6x^2-8x+2$

　　　　　$=2(3x-1)(x-1)$

$f'(x)=0$ とすると，　$x=\dfrac{1}{3}$，1

$f(x)$ の増減表は次のようになる。

x	……	$\dfrac{1}{3}$	……	1	……
$f'(x)$	$+$	0	$-$	0	$+$
$f(x)$	↗	極大 $\dfrac{35}{27}$	↘	極小 1	↗

上の表より，$f(x)$ は $x=1$ で確かに極小値1をとる。

よって，　$a=2$，$b=-4$，$c=2$

$f'(1)=0$ であることは，$x=1$ で極値をとることの必要条件でしかないから，$x=1$ で極小値をとることの確認が必要だね。

3

教科書
p.203

右の図のように，放物線 $y=1-x^2$ $(-1\leqq x\leqq1)$ 上と x 軸上に頂点をもつ長方形 PQRS がある。点 R の座標を $(x,\ 0)$ として，この長方形の面積を表す式を作り，面積の最大値を求めよ。また，そのときの x の値を求めよ。

ガイド x のとる値の範囲に注意する。

解答 図より，　$0<x<1$

また，$S(x,\ 1-x^2)$，$P(-x,\ 1-x^2)$，$Q(-x,\ 0)$ であるから，
$\quad QR=2x$，$RS=1-x^2$

長方形 PQRS の面積を y とすると，

$\quad y=2x(1-x^2)$

$\qquad =-2x^3+2x\ \ (0<x<1)$

$\quad y'=-6x^2+2$

$\qquad =-6\left(x+\dfrac{\sqrt{3}}{3}\right)\left(x-\dfrac{\sqrt{3}}{3}\right)$

$y'=0$ とすると，　$x=-\dfrac{\sqrt{3}}{3},\ \dfrac{\sqrt{3}}{3}$

x	0	……	$\dfrac{\sqrt{3}}{3}$	……	1
y'		$+$	0	$-$	
y		↗	極大 $\dfrac{4\sqrt{3}}{9}$	↘	

$0<x<1$ における y の増減表は右上のようになる。

よって，面積は，

$\quad x=\dfrac{\sqrt{3}}{3}$ **のとき，最大値** $\dfrac{4\sqrt{3}}{9}$

をとる。

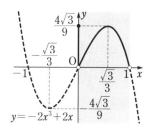

注意 図形の面積や立体の体積を x の式で表し，最大値や最小値を求めるという問題では，x のとる値の範囲を調べることが重要である。

　本問では，図より，点 R の x 座標が 0 より大きく 1 より小さいことから，$0<x<1$ となる。

第 5 章　微分と積分

□ **4**
教科書
p.203

方程式 $x^3-6x+a=0$ が，異なる正の解を2つ，負の解を1つもつよ
うな定数 a の値の範囲を求めよ。

ガイド　与えられた方程式を $-x^3+6x=a$ と変形する。関数 $y=-x^3+6x$
のグラフと直線 $y=a$ が，$x>0$ で2個，$x<0$ で1個の共有点をも
つときの a の値の範囲を求める。

解答　与えられた方程式は，
$$-x^3+6x=a$$
と変形できるから，この方程式が異なる正の解を2つ，負の解を1つ
もつのは，関数 $y=-x^3+6x$ のグラフと直線 $y=a$ が，$x>0$ で2
個，$x<0$ で1個の共有点をもつときである。

　ここで，$f(x)=-x^3+6x$ とおくと，
$$f'(x)=-3x^2+6$$
$$=-3(x+\sqrt{2})(x-\sqrt{2})$$
　$f'(x)=0$ とすると，　$x=-\sqrt{2}$, $\sqrt{2}$

$f(x)$ の増減表は右の
ようになる。

x	……	$-\sqrt{2}$	……	$\sqrt{2}$	……
$f'(x)$	$-$	0	$+$	0	$-$
$f(x)$	↘	極小 $-4\sqrt{2}$	↗	極大 $4\sqrt{2}$	↘

　したがって，$y=f(x)$ のグラフは，右の
図のようになる。

　よって，与えられた方程式
$$x^3-6x+a=0$$
が，異なる正の解を2つ，負の解を1つも
つような定数 a の値の範囲は，
$$0<a<4\sqrt{2}$$

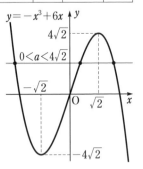

問題の条件をグラフの条件によみ換えることが
ポイントだよ。

☐ **5**　不等式 $x^4+27 \geqq 4x^3$ を証明せよ。また，等号が成り立つときの x の

教科書
p.203　値を求めよ。

ガイド　$f(x)=x^4-4x^3+27$ とおいて，$f(x) \geqq 0$ を示す。

解答　$f(x)=x^4+27-4x^3=x^4-4x^3+27$

とおくと，

$$f'(x)=4x^3-12x^2$$
$$=4x^2(x-3)$$

$f'(x)=0$ とすると，　$x=0$，3

$f(x)$ の増減表は次のようになる。

x	$\cdots\cdots$	0	$\cdots\cdots$	3	$\cdots\cdots$
$f'(x)$	$-$	0	$-$	0	$+$
$f(x)$	$\searrow$	27	$\searrow$	極小 0	$\nearrow$

増減表から，$f(x)$ は $x=3$ で最小値 0 をとる。

したがって，　$f(x) \geqq 0$

すなわち，

$$x^4+27-4x^3 \geqq 0$$

よって，$x^4+27 \geqq 4x^3$ が成り立つ。

また，**等号が成り立つのは $x=3$ のとき**である。

参考　$y=x^4-4x^3+27$ のグラフをかくと次の図のようになる。

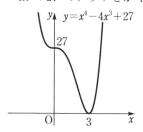

$y=x^4-4x^3+27$

第 5 章　微分と積分

微分を使うと不等式が簡単に
証明できる場合があるよ。

第3節 積 分

1 不定積分

☐ 問26 x^3 を積分せよ。

教科書
p.205
- -

ガイド x で微分すると関数 $f(x)$ となる関数 $F(x)$, すなわち,

$$F'(x)=f(x)$$

であるような関数 $F(x)$ を, $f(x)$ の**原始関数**という。

$f(x)$ の原始関数の1つを $F(x)$ とすると, $f(x)$ のすべての原始関数は, 次のように書ける。

$$F(x)+C \qquad ただし, C は定数$$

これらをまとめて $f(x)$ の**不定積分**といい, $\displaystyle\int f(x)\,dx$ で表す。また, 定数 C を**積分定数**という。

> **ここがポイント** ☞ ［不定積分］
>
> $F'(x)=f(x)$ のとき, $\displaystyle\int f(x)\,dx=F(x)+C$
>
> ただし, C は積分定数

関数 $f(x)$ の不定積分を求めることを, $f(x)$ を **x について積分する**, あるいは単に**積分する**という。今後, 特に断らなくても C は積分定数を表すものとする。

解答 $\left(\dfrac{1}{4}x^4\right)'=x^3$ であるから,

$$\int x^3\,dx=\frac{1}{4}x^4+C$$

⚠注意 実際に問題を解く際には, 答えの後ろに「(C は積分定数)」などと書かなければならない。忘れやすいから注意しよう。

積分は微分の逆の操作だよ。

☑ **問27** 次の不定積分を求めよ。

教科書
p.206 (1) $\displaystyle\int(6x^2+x-5)\,dx$　　(2) $\displaystyle\int 7\,dx$　　(3) $\displaystyle\int(x^3+4)\,dx$

ガイド

ここがポイント 👉

[x^n の不定積分]

n が 0 または自然数のとき，　$\displaystyle\int x^n\,dx=\frac{1}{n+1}x^{n+1}+C$

[定数倍，和・差の不定積分]

① $\displaystyle\int kf(x)\,dx=k\int f(x)\,dx$　　ただし，k は定数

② $\displaystyle\int\{f(x)+g(x)\}\,dx=\int f(x)\,dx+\int g(x)\,dx$

③ $\displaystyle\int\{f(x)-g(x)\}\,dx=\int f(x)\,dx-\int g(x)\,dx$

解答 (1) $\displaystyle\int(6x^2+x-5)\,dx=6\int x^2\,dx+\int x\,dx-5\int dx$

$$=6\cdot\frac{1}{3}x^3+\frac{1}{2}x^2-5\cdot x+C$$

$$=2x^3+\frac{1}{2}x^2-5x+C$$

(2) $\displaystyle\int 7\,dx=7\int dx$

$$=7\cdot x+C$$

$$=7x+C$$

(3) $\displaystyle\int(x^3+4)\,dx=\int x^3\,dx+4\int dx$

$$=\frac{1}{4}x^4+4\cdot x+C$$

$$=\frac{1}{4}x^4+4x+C$$

第5章 微分と積分

答えを求めたら，微分して
もとの式になるか確かめよう。

☑ **問28** 次の不定積分を求めよ。

(1) $\displaystyle\int (x+1)(x+3)\,dx$　　　　(2) $\displaystyle\int (3t+2)^2\,dt$

- -

ガイド 展開してから積分する。

(2) 変数が x 以外の関数についても，同様に不定積分を考える。

解答 (1) $\displaystyle\int (x+1)(x+3)\,dx = \int (x^2+4x+3)\,dx$

$$= \frac{1}{3}x^3 + 2x^2 + 3x + C$$

(2) $\displaystyle\int (3t+2)^2\,dt = \int (9t^2+12t+4)\,dt$

$$= 3t^3 + 6t^2 + 4t + C$$

☑ **問29** 次の条件を満たす関数 $F(x)$ を求めよ。

(1) $F'(x)=5x-2$, $F(0)=-2$

(2) $F'(x)=(x+1)(x-3)$, $F(-1)=0$

- -

ガイド $F'(x)$ を積分し，もう1つの条件から積分定数を定める。

解答 (1) $F'(x)=5x-2$ であるから，

$$F(x)=\int (5x-2)\,dx = \frac{5}{2}x^2 - 2x + C$$

また，$F(0)=-2$ であるから，

$$\frac{5}{2}\cdot 0^2 - 2\cdot 0 + C = -2 \quad より，\quad C=-2$$

よって，求める関数は，　$F(x)=\dfrac{5}{2}x^2-2x-2$

(2) $F'(x)=(x+1)(x-3)=x^2-2x-3$ であるから，

$$F(x)=\int (x^2-2x-3)\,dx = \frac{1}{3}x^3 - x^2 - 3x + C$$

また，$F(-1)=0$ であるから，

$$\frac{1}{3}\cdot (-1)^3 - (-1)^2 - 3\cdot (-1) + C = 0$$

より，　$C=-\dfrac{5}{3}$

よって，求める関数は，　$F(x)=\dfrac{1}{3}x^3-x^2-3x-\dfrac{5}{3}$

2 定積分

☑ **問30** 次の定積分を求めよ。

教科書
p.208　(1) $\displaystyle\int_1^3 2x\,dx$ 　　(2) $\displaystyle\int_{-1}^1 (y^2+2y+1)\,dy$ 　　(3) $\displaystyle\int_{-1}^3 (x+1)(x-3)\,dx$

- -

ガイド　一般に，関数 $f(x)$ の原始関数の1つを $F(x)$ とすると，$F(b)-F(a)$ の値は原始関数の選び方に関係なく，a, b の値によって決まる。

　　この $F(b)-F(a)$ を，$f(x)$ の a から b までの**定積分**といい，

$$\int_a^b f(x)\,dx$$

と表す。そして，a をこの定積分の**下端**（かたん），b を**上端**（じょうたん）という。

　　また，関数 $F(x)$ に対し，$F(b)-F(a)$ を $\left[F(x)\right]_a^b$ で表す。

> **ここがポイント** ☞ **[定積分の定義]**
>
> 　関数 $f(x)$ の原始関数の1つを $F(x)$ とすると，
>
> $$\int_a^b f(x)\,dx=\left[F(x)\right]_a^b=F(b)-F(a)$$

　　定積分は積分定数のとり方によらないから，定積分の計算では積分定数を0として計算すればよい。

⚠注意　定積分は，下端 a と上端 b の大小関係にかかわらず定義される。

　　また，定積分の値は，積分する変数を他の文字でおき換えても変わらない。

　　例えば，(2)は $\displaystyle\int_{-1}^1 (x^2+2x+1)\,dx$ に等しい。

解答　(1)　$\displaystyle\int_1^3 2x\,dx=\left[x^2\right]_1^3=3^2-1^2=8$

(2)　$\displaystyle\int_{-1}^1 (y^2+2y+1)\,dy=\left[\frac{1}{3}y^3+y^2+y\right]_{-1}^1$

$\displaystyle =\left(\frac{1}{3}\cdot 1^3+1^2+1\right)-\left\{\frac{1}{3}\cdot(-1)^3+(-1)^2-1\right\}=\frac{8}{3}$

(3)　$\displaystyle\int_{-1}^3 (x+1)(x-3)\,dx=\int_{-1}^3 (x^2-2x-3)\,dx=\left[\frac{1}{3}x^3-x^2-3x\right]_{-1}^3$

$\displaystyle =\left(\frac{1}{3}\cdot 3^3-3^2-3\cdot 3\right)-\left\{\frac{1}{3}\cdot(-1)^3-(-1)^2-3\cdot(-1)\right\}=-\frac{32}{3}$

☑ **問31** 下の性質 ②，③ が成り立つことを証明せよ。

教科書
p.208

- -

ガイド

ここがポイント ☞ ［定数倍，和・差の定積分］

① $\displaystyle\int_a^b kf(x)\,dx = k\int_a^b f(x)\,dx$　　ただし，k は定数

② $\displaystyle\int_a^b \{f(x)+g(x)\}\,dx = \int_a^b f(x)\,dx + \int_a^b g(x)\,dx$

③ $\displaystyle\int_a^b \{f(x)-g(x)\}\,dx = \int_a^b f(x)\,dx - \int_a^b g(x)\,dx$

解答 $f(x)$，$g(x)$ の原始関数の 1 つをそれぞれ $F(x)$，$G(x)$ とする。

② $F(x)+G(x)$ は $f(x)+g(x)$ の原始関数であるから，

$$\int_a^b \{f(x)+g(x)\}\,dx = \Big[F(x)+G(x)\Big]_a^b$$
$$= \{F(b)+G(b)\} - \{F(a)+G(a)\}$$
$$= F(b)+G(b)-F(a)-G(a)$$
$$= \{F(b)-F(a)\} + \{G(b)-G(a)\}$$
$$= \Big[F(x)\Big]_a^b + \Big[G(x)\Big]_a^b$$
$$= \int_a^b f(x)\,dx + \int_a^b g(x)\,dx$$

③ $F(x)-G(x)$ は $f(x)-g(x)$ の原始関数であるから，

$$\int_a^b \{f(x)-g(x)\}\,dx = \Big[F(x)-G(x)\Big]_a^b$$
$$= \{F(b)-G(b)\} - \{F(a)-G(a)\}$$
$$= F(b)-G(b)-F(a)+G(a)$$
$$= \{F(b)-F(a)\} - \{G(b)-G(a)\}$$
$$= \Big[F(x)\Big]_a^b - \Big[G(x)\Big]_a^b$$
$$= \int_a^b f(x)\,dx - \int_a^b g(x)\,dx$$

☐ **問32** 次の定積分を求めよ。

教科書 **p.209**
(1) $\displaystyle\int_{-2}^{3}(x^2-3x)\,dx$

(2) $\displaystyle\int_{-1}^{2}(4x^2+6x+2)\,dx-2\int_{-1}^{2}(2x^2+3x-1)\,dx$

- -

ガイド 定数倍，和・差の定積分の公式を利用する。

解答 (1) $\displaystyle\int_{-2}^{3}(x^2-3x)\,dx=\int_{-2}^{3}x^2dx-3\int_{-2}^{3}x\,dx$

$$=\left[\frac{1}{3}x^3\right]_{-2}^{3}-3\left[\frac{1}{2}x^2\right]_{-2}^{3}$$

$$=\frac{1}{3}\{3^3-(-2)^3\}-3\cdot\frac{1}{2}\{3^2-(-2)^2\}$$

$$=\frac{25}{6}$$

(2) $\displaystyle\int_{-1}^{2}(4x^2+6x+2)\,dx-2\int_{-1}^{2}(2x^2+3x-1)\,dx$

$$=\int_{-1}^{2}(4x^2+6x+2)\,dx-\int_{-1}^{2}2(2x^2+3x-1)\,dx$$

$$=\int_{-1}^{2}\{(4x^2+6x+2)-2(2x^2+3x-1)\}\,dx$$

$$=\int_{-1}^{2}4\,dx$$

$$=4\int_{-1}^{2}dx$$

$$=4\left[x\right]_{-1}^{2}$$

$$=4\{2-(-1)\}$$

$$=12$$

参考 和・差の定積分の公式は，積分される関数を分けるときにも，逆に2つの積分を合わせるときにも使われる。ただし，2つの積分を合わせる場合は，定積分の上端と下端が同じときしか使うことができないから，注意が必要である。

(1)では，**問30**の(2)～(3)のように一度に原始関数を求めてもいいよ。

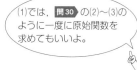

第5章 微分と積分

☑ **問33** 下の性質 ⑤, ⑥ が成り立つことを証明せよ。

教科書
p.209

ガイド

ここがポイント ☞ ［定積分の性質］

④ $\displaystyle\int_a^a f(x)\,dx = 0$

⑤ $\displaystyle\int_b^a f(x)\,dx = -\int_a^b f(x)\,dx$

⑥ $\displaystyle\int_a^b f(x)\,dx = \int_a^c f(x)\,dx + \int_c^b f(x)\,dx$

解答 $f(x)$ の原始関数の1つを $F(x)$ とする。

⑤ $\displaystyle\int_b^a f(x)\,dx = \Big[F(x)\Big]_b^a$

$= F(a) - F(b)$

$= -\{F(b) - F(a)\}$

$= -\Big[F(x)\Big]_a^b$

$= -\displaystyle\int_a^b f(x)\,dx$

⑥ $\displaystyle\int_a^c f(x)\,dx + \int_c^b f(x)\,dx = \Big[F(x)\Big]_a^c + \Big[F(x)\Big]_c^b$

$= \{F(c) - F(a)\} + \{F(b) - F(c)\}$

$= F(b) - F(a)$

$= \Big[F(x)\Big]_a^b$

$= \displaystyle\int_a^b f(x)\,dx$

⚠注意 ⑥は, a, b, c の大小関係にかかわらず成り立つ。

☑ **問34** 次の定積分を求めよ。

(1) $\displaystyle\int_0^1 (x^2+1)\,dx + \int_1^2 (x^2+1)\,dx$　　(2) $\displaystyle\int_{-1}^1 (2x^2-x)\,dx - \int_3^1 (2x^2-x)\,dx$

- -

ガイド 定積分の性質を利用する。

解答 (1) $\displaystyle\int_0^1 (x^2+1)\,dx + \int_1^2 (x^2+1)\,dx = \int_0^2 (x^2+1)\,dx$

$$= \left[\frac{1}{3}x^3+x\right]_0^2 = \frac{14}{3}$$

(2) $\displaystyle\int_{-1}^1 (2x^2-x)\,dx - \int_3^1 (2x^2-x)\,dx$

$$-\int_{-1}^1 (2x^2 \quad x)\,dx + \int_1^3 (2x^2-x)\,dx$$

$$= \int_{-1}^3 (2x^2-x)\,dx$$

$$= \left[\frac{2}{3}x^3-\frac{1}{2}x^2\right]_{-1}^3 = \frac{44}{3}$$

☑ **問35** 次の等式を満たす関数 $f(x)$ を求めよ。

$$f(x) = 3x + 2\int_0^1 f(t)\,dt$$

- -

ガイド $\displaystyle\int_0^1 f(t)\,dt$ は定数であるから，k を定数として $\displaystyle\int_0^1 f(t)\,dt = k$ とおくことができる。

解答 k を定数として $\displaystyle\int_0^1 f(t)\,dt = k$ とおくと，

$$f(x) = 3x + 2k$$

このとき，

$$k = \int_0^1 f(t)\,dt = \int_0^1 (3t+2k)\,dt$$

$$= \left[\frac{3}{2}t^2+2kt\right]_0^1 = \frac{3}{2}+2k$$

したがって，$k = \dfrac{3}{2}+2k$ より，　$k = -\dfrac{3}{2}$

よって，　$\boldsymbol{f(x) = 3x + 2\cdot\left(-\dfrac{3}{2}\right) = 3x-3}$

☑ **問36** 関数 $\displaystyle\int_0^x (t^2-5t+2)\,dt$ を x について微分せよ。

教科書
p.211

ガイド

ここがポイント 👉 ［微分と定積分の関係］

a が定数のとき，$\quad\dfrac{d}{dx}\displaystyle\int_a^x f(t)\,dt=f(x)$

解答 $\dfrac{d}{dx}\displaystyle\int_0^x (t^2-5t+2)\,dt=x^2-5x+2$

$\displaystyle\int_a^x f(t)\,dt$ は x の
関数になるね。

☑ **問37** 次の等式を満たす関数 $f(x)$ と定数 a の値を求めよ。

教科書
p.211　　　$\displaystyle\int_a^x f(t)\,dt=3x^2-7x-6$

ガイド この等式の両辺を x について微分すると，左辺は $f(x)$ となる。ま
た，a の値を求めるには，$\displaystyle\int_a^a f(t)\,dt=0$ であることを利用する。

解答 この等式の両辺を x について微分すると，　$f(x)=6x-7$
また，与えられた等式の両辺に $x=a$ を代入すると，

$\displaystyle\int_a^a f(t)\,dt=3a^2-7a-6$

$\displaystyle\int_a^a f(t)\,dt=0$ であるから，　$3a^2-7a-6=0$

すなわち，$(3a+2)(a-3)=0$ より，　$a=-\dfrac{2}{3},\ 3$

よって，　$f(x)=6x-7,\quad a=-\dfrac{2}{3},\ 3$

3 面積と定積分

問38 次の放物線や直線で囲まれた部分の面積 S を求めよ。

教科書
p.214

(1) 放物線 $y=x^2+1$, x 軸, 2直線 $x=-1$, $x=2$

(2) 放物線 $y=6x-2x^2$, x 軸, 2直線 $x=1$, $x=2$

ガイド 関数 $f(x)$ において, $a \leqq x \leqq b$ の範囲で, $f(x) \geqq 0$ とする。

$y=f(x)$ のグラフと x 軸の間の部分で, x 座標が a から x までの面積を $S(x)$ とすると, $S'(x)=f(x)$ が成り立つ。

よって, **面積 $S(x)$ は関数 $f(x)$ の原始関数の 1 つである。**

ここがポイント 👉 [面積と定積分]

$a \leqq x \leqq b$ の範囲で, $f(x) \geqq 0$ とする。

曲線 $y=f(x)$ と x 軸および 2 直線 $x=a$, $x=b$ で囲まれた部分の面積 S は,

$$S=\int_a^b f(x)\,dx$$

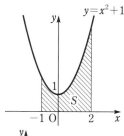

解答 (1) $-1 \leqq x \leqq 2$ で $y=x^2+1>0$ であるから,

$$S=\int_{-1}^2 (x^2+1)\,dx$$
$$=\left[\frac{1}{3}x^3+x\right]_{-1}^2$$
$$=6$$

(2) $1 \leqq x \leqq 2$ で $y=6x-2x^2>0$ であるから,

$$S=\int_1^2 (6x-2x^2)\,dx$$
$$=\left[3x^2-\frac{2}{3}x^3\right]_1^2$$
$$=\frac{13}{3}$$

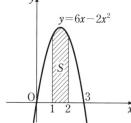

□ **問39** 次の放物線や直線で囲まれた部分の面積 S を求めよ。

教科書 **p.214**

(1) 放物線 $y=x^2-3x-4$,　x 軸

(2) 放物線 $y=-x^2-2$,　x 軸,　y 軸,　$x=1$

ガイド

ここがポイント 👉

$a \leqq x \leqq b$ の範囲で, $f(x) \leqq 0$ とする。

曲線 $y=f(x)$ と x 軸および2直線

$x=a$, $x=b$ で囲まれた部分の面積 S

は,

$$S=\int_a^b \{-f(x)\}\,dx=-\int_a^b f(x)\,dx$$

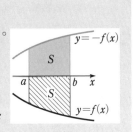

解答 ▶ (1)　放物線と x 軸の交点の x 座標は,

$x^2-3x-4=0$ を解いて,　$x=-1$, 4

$-1 \leqq x \leqq 4$ で $y \leqq 0$ であるから,

$$S=-\int_{-1}^4 (x^2-3x-4)\,dx$$

$$=-\left[\frac{1}{3}x^3-\frac{3}{2}x^2-4x\right]_{-1}^4$$

$$=\frac{125}{6}$$

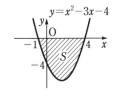

(2)　$0 \leqq x \leqq 1$ で $y<0$ であるから,

$$S=-\int_0^1 (-x^2-2)\,dx$$

$$=-\left[-\frac{1}{3}x^3-2x\right]_0^1$$

$$=\frac{7}{3}$$

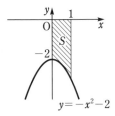

面積を求めるときは, 図をかいて, 曲線と x 軸の上下関係を調べるといいよ。

☑ **問40** 次の2つの放物線で囲まれた部分の面積 S を求めよ。

教科書 **p.216**

(1) $y=x^2-1$, $y=-x^2+x$ 　　　(2) $y=4x^2$, $y=x^2+3$

ガイド

ここがポイント 👉 [2曲線間の面積]

$a \leqq x \leqq b$ の範囲で，$f(x) \geqq g(x)$ とする。

2曲線 $y=f(x)$，$y=g(x)$ および2直線 $x=a$，$x=b$ で囲まれた部分の面積 S は，

$$S=\int_a^b \{f(x)-g(x)\}\,dx$$

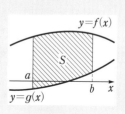

解答

(1) 2つの放物線の交点の x 座標は，

$$x^2-1=-x^2+x$$

を解いて，　$x=-\dfrac{1}{2}$, 1

$-\dfrac{1}{2} \leqq x \leqq 1$ のとき，右の図より

$-x^2+x \geqq x^2-1$ であるから，

$$S=\int_{-\frac{1}{2}}^{1} \{(-x^2+x)-(x^2-1)\}\,dx$$

$$=\int_{-\frac{1}{2}}^{1} (-2x^2+x+1)\,dx$$

$$=\left[-\dfrac{2}{3}x^3+\dfrac{1}{2}x^2+x\right]_{-\frac{1}{2}}^{1}=\dfrac{9}{8}$$

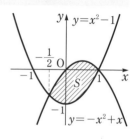

(2) 2つの放物線の交点の x 座標は，

$$4x^2=x^2+3$$

を解いて，　$x=-1$, 1

$-1 \leqq x \leqq 1$ のとき，右の図より
$x^2+3 \geqq 4x^2$ であるから，

$$S=\int_{-1}^{1} \{(x^2+3)-4x^2\}\,dx$$

$$=\int_{-1}^{1} (-3x^2+3)\,dx=\left[-x^3+3x\right]_{-1}^{1}=4$$

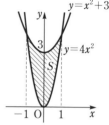

第5章 微分と積分

☐ **問41** 関数 $y=x^3-3x^2+2x$ のグラフと x 軸で囲まれた2つの部分の面積の

教科書
p.216 和 S を求めよ。

- -

ガイド 関数 $y=x^3-3x^2+2x$ のグラフと x 軸の交点の x 座標を求める。
積分する範囲によって，3次関数のグラフと x 軸のどちらが上にある
かが変わるから注意する。

解答 関数 $y=x^3-3x^2+2x$ のグラフと x 軸の交点の x 座標は，

$x^3-3x^2+2x=0$ の解，すなわち，

$$x(x-1)(x-2)=0$$

の解であるから，

$$x=0,\ 1,\ 2$$

したがって，関数 $y=x^3-3x^2+2x$ の
グラフは右の図のようになり，

$0\leqq x\leqq1$ のとき，$y\geqq0$

$1\leqq x\leqq2$ のとき，$y\leqq0$

よって，

$$S=\int_0^1(x^3-3x^2+2x)\,dx-\int_1^2(x^3-3x^2+2x)\,dx$$

$$=\left[\frac{1}{4}x^4-x^3+x^2\right]_0^1-\left[\frac{1}{4}x^4-x^3+x^2\right]_1^2$$

$$=\frac{1}{2}$$

> $0\leqq x\leqq1$ と $1\leqq x\leqq2$ に分けて
> 積分しないといけないね。

☐ **問42** 次の定積分を求めよ。

教科書 **p.217** (1) $\displaystyle\int_{-1}^{2}|x-1|\,dx$　　　　　　　　　　　(2) $\displaystyle\int_{-1}^{2}|x(x-3)|\,dx$

ガイド (1) $|x-1|$ は，　　$x\geqq1$ のとき，　　$x-1$

　　　　　　　　　　　　　$x\leqq1$ のとき，　　$-(x-1)$

であるから，積分する範囲を分けて計算する。

解答 (1) $\displaystyle\int_{-1}^{2}|x-1|\,dx$

$\displaystyle=\int_{-1}^{1}|x-1|\,dx+\int_{1}^{2}|x-1|\,dx$

$\displaystyle=\int_{-1}^{1}(-x+1)\,dx+\int_{1}^{2}(x-1)\,dx$

$\displaystyle=\left[-\frac{1}{2}x^2+x\right]_{-1}^{1}+\left[\frac{1}{2}x^2-x\right]_{1}^{2}$

$\displaystyle=\frac{5}{2}$

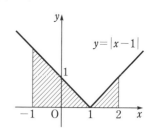

(2) $\displaystyle\int_{-1}^{2}|x(x-3)|\,dx$

$\displaystyle=\int_{-1}^{0}|x(x-3)|\,dx+\int_{0}^{2}|x(x-3)|\,dx$

$\displaystyle=\int_{-1}^{0}(x^2-3x)\,dx+\int_{0}^{2}(-x^2+3x)\,dx$

$\displaystyle=\left[\frac{1}{3}x^3-\frac{3}{2}x^2\right]_{-1}^{0}+\left[-\frac{1}{3}x^3+\frac{3}{2}x^2\right]_{0}^{2}$

$\displaystyle=\frac{31}{6}$

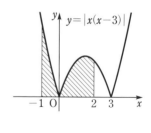

参考 本問の関数のような，関数の式全体に絶対値記号がついている関数のグラフは，絶対値記号の中の関数のグラフの x 軸より下側の部分を x 軸に関して折り返すことでかくことができる。

第 5 章 微分と積分

絶対値は0以上だから，これらの定積分は面積を求めているのと同じだね。

研 究 ▶ 曲線と接線で囲まれた部分の面積

問題
教科書 **p.218**
曲線 $y=2x^3-5x$ と，その上の点 $(1，-3)$ における接線 ℓ で囲まれた部分の面積 S を求めよ。

ガイド 曲線 $y=f(x)$ 上の点 $(a，f(a))$ における接線 ℓ の方程式は，
$y-f(a)=f'(a)(x-a)$ である。これを用いて，曲線 $y=2x^3-5x$
と接線の上下関係を調べる。

解答 $f(x)=2x^3-5x$ とおくと，$f'(x)=6x^2-5$ より，接線 ℓ の傾き $f'(1)$ は，

$$f'(1)=1$$

したがって，接線 ℓ の方程式は，

$$y-(-3)=x-1$$

すなわち，$\quad y=x-4$

曲線 $y=2x^3-5x$ と接線 ℓ の共有点の x 座標は，

$$2x^3-5x=x-4$$

すなわち，方程式 $x^3-3x+2=0$ の解である。

この方程式を解くと，$\quad (x-1)^2(x+2)=0$

よって，$\quad x=-2，1$

$-2 \leqq x \leqq 1$ のとき，右の図より
$2x^3-5x \geqq x-4$ であるから，

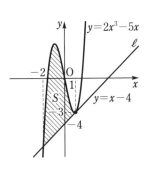

$$S=\int_{-2}^{1}\{(2x^3-5x)-(x-4)\}\,dx$$

$$=\int_{-2}^{1}(2x^3-6x+4)\,dx$$

$$=\left[\frac{1}{2}x^4-3x^2+4x\right]_{-2}^{1}$$

$$=\frac{27}{2}$$

参考 本問の曲線と直線は $x=1$ で接しているから，方程式
$2x^3-5x=x-4$ すなわち，$x^3-3x+2=0$ は $x=1$ を重解にもつ。

図をかいて，曲線と接線の上下
関係を確認してから計算しよう。

節 末 問 題

☐ **1** 次の不定積分，定積分を求めよ。

(1) $9\displaystyle\int(1-t^2)\,dt+\int(3t+2)^2\,dt$

(2) $4\displaystyle\int_{-2}^{1}(-x^2+x)\,dx+\int_{1}^{-2}(2x^2+2x-1)\,dx$

ガイド (2) $\displaystyle\int_{1}^{-2}(2x^2+2x-1)\,dx=-\int_{-2}^{1}(2x^2+2x-1)\,dx$ と変形する。

解答 (1) $9\displaystyle\int(1-t^2)\,dt+\int(3t+2)^2\,dt$

$=\displaystyle\int 9(1-t^2)\,dt+\int(3t+2)^2\,dt$

$=\displaystyle\int\{9(1-t^2)+(3t+2)^2\}\,dt$

$=\displaystyle\int(12t+13)\,dt$

$=\boldsymbol{6t^2+13t+C}$

(2) $4\displaystyle\int_{-2}^{1}(-x^2+x)\,dx+\int_{1}^{-2}(2x^2+2x-1)\,dx$

$=\displaystyle\int_{-2}^{1}4(-x^2+x)\,dx-\int_{-2}^{1}(2x^2+2x-1)\,dx$

$=\displaystyle\int_{-2}^{1}\{4(-x^2+x)-(2x^2+2x-1)\}\,dx$

$=\displaystyle\int_{-2}^{1}(-6x^2+2x+1)\,dx$

$=\Big[-2x^3+x^2+x\Big]_{-2}^{1}$

$=\boldsymbol{-18}$

☑ **2** 次の条件をすべて満たす2次関数 $f(x)$ を求めよ。
教科書 **p.219**
$$f(0)=1, \quad f'(1)=2, \quad \int_{-1}^{1} f(x)\,dx = \frac{14}{3}$$

ガイド $f(x)=ax^2+bx+c \ (a \neq 0)$ とおく。

解答 $f(x)=ax^2+bx+c \ (a \neq 0)$ とおくと, $\quad f'(x)=2ax+b$
与えられた条件より,
$$f(0)=c=1$$
$$f'(1)=2a+b=2$$
$$\int_{-1}^{1}(ax^2+bx+c)\,dx = \left[\frac{1}{3}ax^3+\frac{1}{2}bx^2+cx\right]_{-1}^{1}$$
$$=\frac{2}{3}a+2c = \frac{14}{3}$$

これらを解いて, $\quad a=4, \ b=-6, \ c=1$
これは, $a \neq 0$ を満たす。
よって, 求める2次関数 $f(x)$ は, $\quad \boldsymbol{f(x)=4x^2-6x+1}$

☑ **3** 次の等式を満たす関数 $f(x)$ を求めよ。
教科書 **p.219**
(1) $f(x)=6x+\displaystyle\int_{-1}^{1} tf(t)\,dt$

(2) $f(x)=x^2+\displaystyle\int_{0}^{1} xf(t)\,dt$

ガイド $\displaystyle\int_{-1}^{1} tf(t)\,dt, \ \int_{0}^{1} f(t)\,dt$ は定数である。

解答 (1) k を定数として $\displaystyle\int_{-1}^{1} tf(t)\,dt=k$ とおくと,
$$f(x)=6x+k$$
このとき,
$$k=\int_{-1}^{1} tf(t)\,dt = \int_{-1}^{1}(6t^2+kt)\,dt$$
$$=\left[2t^3+\frac{1}{2}kt^2\right]_{-1}^{1}=4$$
よって, $\quad \boldsymbol{f(x)=6x+4}$

(2)　k を定数として $\int_0^1 f(t)dt = k$ とおくと，　　$f(x) = x^2 + kx$

このとき，

$$k = \int_0^1 f(t)dt = \int_0^1 (t^2 + kt)dt$$

$$= \left[\frac{1}{3}t^3 + \frac{1}{2}kt^2 \right]_0^1$$

$$= \frac{1}{3} + \frac{1}{2}k$$

したがって，$k = \frac{1}{3} + \frac{1}{2}k$ より，　　$k = \frac{2}{3}$

よって，　　$\boldsymbol{f(x) = x^2 + \dfrac{2}{3}x}$

□ **4**

教科書
p.219

次の等式を満たす関数 $f(x)$ と定数 a の値を求めよ。

$$\int_x^a f(t)dt = 3x^2 - 2x + 2 - 3a$$

ガイド　$\dfrac{d}{dx}\displaystyle\int_x^a f(t)dt = \dfrac{d}{dx}\left\{ -\displaystyle\int_a^x f(t)dt \right\} = -f(x)$ を利用する。

解答　$\displaystyle\int_x^a f(t)dt = -\displaystyle\int_a^x f(t)dt$ より，与えられた等式を変形すると，

$$-\int_a^x f(t)dt = 3x^2 - 2x + 2 - 3a$$

この等式の両辺を x について微分すると，

$$-f(x) = 6x - 2$$

すなわち，　　$f(x) = -6x + 2$

また，与えられた等式の両辺に $x = a$ を代入すると，

$$\int_a^a f(t)dt = 3a^2 - 5a + 2$$

$\displaystyle\int_a^a f(t)dt = 0$ であるから，　　$3a^2 - 5a + 2 = 0$

すなわち，$(3a - 2)(a - 1) = 0$ より，　　$a = \dfrac{2}{3}$, 1

よって，　　$\boldsymbol{f(x) = -6x + 2}$,　　$\boldsymbol{a = \dfrac{2}{3}}$, **1**

参考 $f(x)$ の原始関数の1つを $F(x)$ とすると,

$$\frac{dF(x)}{dx} = f(x)$$

であるから,

$$\frac{d}{dx}\int_x^a f(t)\,dt = \frac{d}{dx}\Big[F(t)\Big]_x^a$$

$$= \frac{d}{dx}\{F(a) - F(x)\}$$

$$= -\frac{dF(x)}{dx}$$

$$= -f(x)$$

5
教科書
p.219
関数 $f(x) = \int_0^x (t+1)(t-3)\,dt$ の極値を調べよ。

ガイド $f(x)$ を x について微分して,増減表をかく。

解答 $f(x) = \int_0^x (t+1)(t-3)\,dt = \int_0^x (t^2 - 2t - 3)\,dt = \Big[\frac{1}{3}t^3 - t^2 - 3t\Big]_0^x$

$$= \frac{1}{3}x^3 - x^2 - 3x$$

$$f'(x) = (x+1)(x-3)$$

$f'(x) = 0$ とすると, $x = -1,\ 3$

$f(x)$ の増減表は次のようになる。

x	……	-1	……	3	……
$f'(x)$	$+$	0	$-$	0	$+$
$f(x)$	↗	極大 $\dfrac{5}{3}$	↘	極小 -9	↗

よって,この関数の極値は次のようになる。

$x = -1$ のとき,**極大値** $\dfrac{5}{3}$

$x = 3$ のとき,**極小値** -9

☑ **6**
教科書
p.219

右の図のように，放物線 $y=x^2+2x$ と x 軸および直線 $x=1$ で囲まれた 2 つの部分の面積の和 S を求めよ。

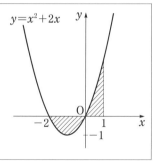

ガイド $x^2+2x\geqq0$ の範囲と $x^2+2x\leqq0$ の範囲に分けて計算する。

解答 放物線と x 軸の交点の x 座標は，$x^2+2x=0$ を解いて，

$$x=-2,\ 0$$

$-2\leqq x\leqq0$ で，$x^2+2x\leqq0$，$0\leqq x\leqq1$ で，$x^2+2x\geqq0$ であるから，

$$S=-\int_{-2}^{0}(x^2+2x)\,dx+\int_{0}^{1}(x^2+2x)\,dx$$

$$=-\left[\frac{1}{3}x^3+x^2\right]_{-2}^{0}+\left[\frac{1}{3}x^3+x^2\right]_{0}^{1}=\frac{8}{3}$$

☑ **7**
教科書
p.219

次の曲線や直線で囲まれた部分の面積 S を求めよ。

(1) $y=x^2-2x-2$，$y=x-2$

(2) $y=|x^2-1|$，$y=3$

ガイド (2) 面積を求める図形は y 軸に関して対称である。

解答 (1) 曲線と直線の交点の x 座標は，

$$x^2-2x-2=x-2$$

を解いて，$x=0,\ 3$

$0\leqq x\leqq3$ のとき，右の図より，

$$x-2\geqq x^2-2x-2$$

であるから，

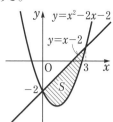

$$S=\int_{0}^{3}\{(x-2)-(x^2-2x-2)\}\,dx$$

$$=\int_{0}^{3}(-x^2+3x)\,dx$$

$$=\left[-\frac{1}{3}x^3+\frac{3}{2}x^2\right]_{0}^{3}=\frac{9}{2}$$

第5章 微分と積分

(2)　曲線と直線の交点の x 座標は,

$$x^2-1=3$$

を解いて,　$x=-2,\ 2$

$-2\leqq x\leqq-1,\ 1\leqq x\leqq2$ のとき,

右の図より,

$$3\geqq x^2-1$$

$-1\leqq x\leqq1$ のとき,　右の図より,

$$3>-x^2+1$$

である。

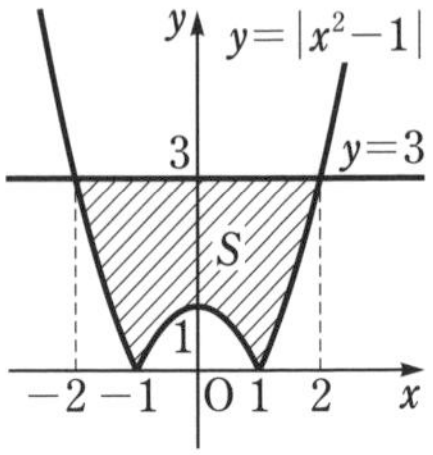

また,　面積を求める図形は y 軸に関して対称であるから,

$$S=2\left[\int_0^1\{3-(-x^2+1)\}\,dx+\int_1^2\{3-(x^2-1)\}\,dx\right]$$

$$=2\left\{\int_0^1(x^2+2)\,dx+\int_1^2(-x^2+4)\,dx\right\}$$

$$=2\left(\left[\frac{1}{3}x^3+2x\right]_0^1+\left[-\frac{1}{3}x^3+4x\right]_1^2\right)$$

$$=8$$

参考　$y=|x^2-1|$ は,

$x\leqq-1,\ 1\leqq x$ のとき,　$y=x^2-1$

$-1\leqq x\leqq1$ のとき,　$y=-x^2+1$

研究　関数 $(ax+b)^n$ の微分と積分

問題1　次の関数を微分せよ。

教科書
p.220
(1)　$y=(x-5)^4$　　　　(2)　$y=(3x+4)^8$　　　　(3)　$y=(-2x+5)^6$

ガイド　n を自然数, $a,\ b$ を定数とするとき, 一般に, 次の公式が成り立つ。

$$y=(ax+b)^n\ \text{のとき,}\qquad y'=na(ax+b)^{n-1}$$

(1)　$y'=4\cdot1(x-5)^3=4(x-5)^3$

(2)　$y'=8\cdot3(3x+4)^7=24(3x+4)^7$

(3)　$y'=6\cdot(-2)(-2x+5)^5=-12(-2x+5)^5$

問題2 次の不定積分を求めよ。

教科書
p.220　(1) $\displaystyle\int (x+3)^2\,dx$ 　　　(2) $\displaystyle\int (3x+2)^3\,dx$ 　　　(3) $\displaystyle\int (3-2x)^4\,dx$

- -

ガイド　n が 0 または自然数のとき，次の公式が成り立つ。

$$\int (ax+b)^n\,dx = \frac{1}{(n+1)a}(ax+b)^{n+1}+C$$

解答　(1) $\displaystyle\int (x+3)^2\,dx = \frac{1}{(2+1)\cdot 1}(x+3)^3+C$

$$= \frac{1}{3}(x+3)^3+C$$

(2) $\displaystyle\int (3x+2)^3\,dx = \frac{1}{(3+1)\cdot 3}(3x+2)^4+C$

$$= \frac{1}{12}(3x+2)^4+C$$

(3) $\displaystyle\int (3-2x)^4\,dx = \frac{1}{(4+1)\cdot(-2)}(3-2x)^5+C$

$$= -\frac{1}{10}(3-2x)^5+C$$

問題3 次の定積分を求めよ。

教科書
p.220　(1) $\displaystyle\int_1^4 (x-1)^3\,dx$ 　　　(2) $\displaystyle\int_1^3 (2x-3)^4\,dx$ 　　　(3) $\displaystyle\int_0^1 (-3x+1)^5\,dx$

- -

ガイド　**問題2** の **ガイド** の公式を利用する。

解答　(1) $\displaystyle\int_1^4 (x-1)^3\,dx = \left[\frac{1}{(3+1)\cdot 1}(x-1)^4\right]_1^4 = \frac{1}{4}(4-1)^4-0 = \frac{81}{4}$

(2) $\displaystyle\int_1^3 (2x-3)^4\,dx = \left[\frac{1}{(4+1)\cdot 2}(2x-3)^5\right]_1^3 = \frac{1}{10}\{(6-3)^5-(2-3)^5\}$

$$= \frac{122}{5}$$

(3) $\displaystyle\int_0^1 (-3x+1)^5\,dx = \left[\frac{1}{(5+1)\cdot(-3)}(-3x+1)^6\right]_0^1$

$$= -\frac{1}{18}\{(-3+1)^6-1^6\} = -\frac{7}{2}$$

研究 〉 定積分の計算と面積

問題　放物線 $y=-x^2+3x$ と直線 $y=2x-6$ で囲まれた部分の面積 S を求

教科書
p.221　めよ。

ガイド　次の等式が成り立つことを利用する。

$$\int_\alpha^\beta (x-\alpha)(x-\beta)\,dx = -\frac{1}{6}(\beta-\alpha)^3$$

解答　放物線と直線の交点の x 座標は，

$$-x^2+3x=2x-6$$

を解いて，　$x=-2,\ 3$

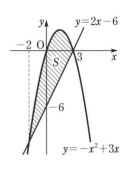

$-2 \leqq x \leqq 3$ のとき，右の図より
$-x^2+3x \geqq 2x-6$ であるから，

$$S=\int_{-2}^{3}\{(-x^2+3x)-(2x-6)\}\,dx$$

$$=-\int_{-2}^{3}(x^2-x-6)\,dx$$

$$=-\int_{-2}^{3}(x+2)(x-3)\,dx$$

$$=-\left(-\frac{1}{6}\right)\{3-(-2)\}^3$$

$$=\frac{125}{6}$$

参考　**ガイド** の等式の証明は次の通りである。

$$\int_\alpha^\beta (x-\alpha)(x-\beta)\,dx = \int_\alpha^\beta \{x^2-(\alpha+\beta)x+\alpha\beta\}\,dx$$

$$=\left[\frac{1}{3}x^3-\frac{\alpha+\beta}{2}x^2+\alpha\beta x\right]_\alpha^\beta$$

$$=\frac{1}{3}(\beta^3-\alpha^3)-\frac{\alpha+\beta}{2}(\beta^2-\alpha^2)+\alpha\beta(\beta-\alpha)$$

$$=\frac{1}{6}(\beta-\alpha)\{2(\beta^2+\alpha\beta+\alpha^2)$$

$$\qquad\qquad -3(\beta+\alpha)^2+6\alpha\beta\}$$

$$=\frac{1}{6}(\beta-\alpha)(-\alpha^2+2\alpha\beta-\beta^2)$$

$$=-\frac{1}{6}(\beta-\alpha)^3$$

章 末 問 題

A

□ **1.** 関数 $f(x)=x^3-x^2$ について，次の問いに答えよ。

教科書
p.222

(1) $f(x)$ の値の増減を調べ，$y=f(x)$ のグラフをかけ。

(2) 直線 $y=5x+b$ がこの関数のグラフの接線となるとき，定数 b の値を求めよ。ただし，$b>0$ とする。

ガイド (2) $b>0$ であることに注意する。

解答 (1) $f'(x)=3x^2-2x=x(3x-2)$

$f'(x)=0$ とすると，$x=0,\ \dfrac{2}{3}$

したがって，$f(x)$ の増減表は次のようになる。

x	……	0	……	$\dfrac{2}{3}$	……
$f'(x)$	$+$	0	$-$	0	$+$
$f(x)$	↗	極大 0	↘	極小 $-\dfrac{4}{27}$	↗

よって，$f(x)$ の値は，

$x\leqq 0,\ \dfrac{2}{3}\leqq x$ **で増加し，$0\leqq x\leqq\dfrac{2}{3}$ で**

減少する。

また，この関数の極値は次のようになる。

$x=0$ のとき，極大値 0

$x=\dfrac{2}{3}$ のとき，極小値 $-\dfrac{4}{27}$

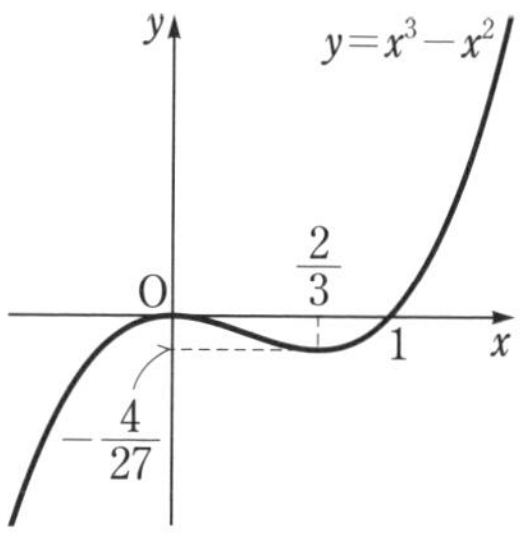

以上より，$y=f(x)$ のグラフは右上の図のようになる。

(2) 接点の x 座標を a とおくと，

$f'(x)=3x^2-2x$ より，　$f'(a)=3a^2-2a$

$f'(a)=5$ より，

$3a^2-2a=5$

$3a^2-2a-5=0$

$$(a+1)(3a-5)=0$$

$$a=-1, \ \frac{5}{3}$$

$a=-1$ のとき, $f(-1)=-2$ より, 接点の座標は $(-1, \ -2)$ となり, この点における接線の方程式は,

$$y-(-2)=5\{x-(-1)\} \quad \text{すなわち}, \quad y=5x+3$$

$a=\dfrac{5}{3}$ のとき, $f\left(\dfrac{5}{3}\right)=\dfrac{50}{27}$ より, 接点の座標は $\left(\dfrac{5}{3}, \ \dfrac{50}{27}\right)$ となり, この点における接線の方程式は,

$$y-\frac{50}{27}=5\left(x-\frac{5}{3}\right) \quad \text{すなわち}, \quad y=5x-\frac{175}{27}$$

$b>0$ より, $\quad b=3$

☑ **2.**
教科書
p.222

a を定数とするとき, 関数 $f(x)=x^3-ax$ について, 次の問いに答えよ。

(1) $a>0$ のとき, $f(x)$ の極値を求めよ。

(2) $a\leqq0$ のとき, $f(x)$ はつねに増加することを示せ。

ガイド (2) $a\leqq0$ のとき, $f'(x)\geqq0$ であることを示す。

解答 (1) $a>0$ より, $\quad f'(x)=3x^2-a=3\left(x+\sqrt{\dfrac{a}{3}}\right)\left(x-\sqrt{\dfrac{a}{3}}\right)$

$f'(x)=0$ とすると, $x=-\sqrt{\dfrac{a}{3}}, \ \sqrt{\dfrac{a}{3}}$

$f(x)$ の増減表は右のようになる。

x	……	$-\sqrt{\dfrac{a}{3}}$	……	$\sqrt{\dfrac{a}{3}}$	……
$f'(x)$	$+$	0	$-$	0	$+$
$f(x)$	↗	極大 $\dfrac{2a\sqrt{3a}}{9}$	↘	極小 $-\dfrac{2a\sqrt{3a}}{9}$	↗

よって, $f(x)$ の極値は次のようになる。

$x=-\sqrt{\dfrac{a}{3}}$ のとき, 極大値 $\dfrac{2a\sqrt{3a}}{9}$

$x=\sqrt{\dfrac{a}{3}}$ のとき, 極小値 $-\dfrac{2a\sqrt{3a}}{9}$

(2) $a\leqq0$ のとき, $\quad f'(x)=3x^2-a\geqq0$

よって, 関数 $f(x)=x^3-ax$ はつねに増加する。

3.

教科書 p.222

右の図のように，底面の半径が 10 cm，高さが 20 cm の円錐に，円柱を内接させる。円柱の底面の半径を x cm として，この円柱の体積を表す式を作れ。また，体積が最大になるときの x の値を求めよ。

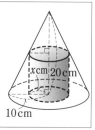

ガイド 円柱の高さを h cm とすると，$10:20=x:(20-h)$ となる。

解答 円柱の高さを h cm とすると，

$$10:20=x:(20-h)$$

したがって，

$$h=2(10-x) \quad (0<x<10)$$

円柱の体積を y cm³ とすると，

$$y=\pi x^2 \times 2(10-x)$$
$$=2\pi x^2(10-x) \quad (0<x<10)$$

右辺を展開すると，

$$y=-2\pi x^3+20\pi x^2$$
$$y'=-6\pi x^2+40\pi x$$
$$=-2\pi x(3x-20)$$

$y'=0$ とすると，　$x=0,\ \dfrac{20}{3}$

$0<x<10$ における y の増減表は右上のようになる。

x	0	……	$\dfrac{20}{3}$	……	10
y'		+	0	−	
y		↗	極大	↘	

よって，**体積が最大になるのは，**

$x=\dfrac{20}{3}$ **のとき**である。

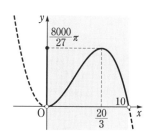

4.

教科書 p.222

$x \geqq 0$ のとき，次の不等式がつねに成り立つような定数 k の値の範囲を求めよ。

$$x^3-x^2-x+k>0$$

ガイド $f(x)=x^3-x^2-x+k$ とおいて，$x \geqq 0$ での $f(x)$ の最小値が 0 より大きくなることから，k の値の範囲を求める。

解答▶　$f(x)=x^3-x^2-x+k$ とおくと,

　　　$f'(x)=3x^2-2x-1=(3x+1)(x-1)$

　　$f'(x)=0$ とすると,　　$x=-\dfrac{1}{3}$, 1

　$x\geqq0$ における $f(x)$ の増減表は次のようになる.

x	0	……	1	……
$f'(x)$		$-$	0	$+$
$f(x)$	k	↘	極小 $-1+k$	↗

　これより, $f(x)$ は, $x=1$ のとき, 最小値 $-1+k$ をとる.

　したがって, $x\geqq0$ で $f(x)>0$ が成り立つのは, $-1+k>0$ のときである.

　　よって,　　**$k>1$**

別解▶　与えられた不等式は, $-x^3+x^2+x<k$ と変形できる.

　　$f(x)=-x^3+x^2+x$ とおくと,

　　　$f'(x)=-3x^2+2x+1=-(3x+1)(x-1)$

　　$f'(x)=0$ とすると,　　$x=-\dfrac{1}{3}$, 1

　$x\geqq0$ における $f(x)$ の増減表は次のようになる.

x	0	……	1	……
$f'(x)$		$+$	0	$-$
$f(x)$	0	↗	極大 1	↘

　これより, $f(x)$ は, $x=1$ のとき, 最大値1をとる.

　したがって, $x\geqq0$ で $-x^3+x^2+x<k$ が成り立つのは, $k>1$ のときである.

　　よって,　　**$k>1$**

☐ 5.
教科書
p.222

　$f(x)$ が1次関数のとき, 次の不等式を証明せよ.

　$\left\{\displaystyle\int_0^1 f(x)\,dx\right\}^2<\displaystyle\int_0^1\{f(x)\}^2\,dx$

ガイド▶　$f(x)=ax+b\,(a\neq0)$ とおいて, 右辺－左辺>0 を示す.

解答 $f(x)=ax+b\,(a\neq0)$ とおくと，

右辺－左辺

$$=\int_0^1(ax+b)^2\,dx-\left\{\int_0^1(ax+b)\,dx\right\}^2$$

$$=\int_0^1(a^2x^2+2abx+b^2)\,dx-\left(\left[\frac{1}{2}ax^2+bx\right]_0^1\right)^2$$

$$=\left[\frac{1}{3}a^2x^3+abx^2+b^2x\right]_0^1-\left(\frac{1}{2}a+b\right)^2$$

$$=\left(\frac{1}{3}a^2+ab+b^2\right)-\left(\frac{1}{4}a^2+ab+b^2\right)=\frac{a^2}{12}>0$$

よって，$\left\{\int_0^1f(x)dx\right\}^2<\int_0^1\{f(x)\}^2dx$ が成り立つ。

□ **6.**
教科書
p.222　点 $(2,\ -5)$ から放物線 $y=x^2$ に引いた 2 本の接線の方程式を求めよ。
また，この放物線とこれらの接線で囲まれた部分の面積 S を求めよ。

ガイド 放物線 $y=x^2$ 上の点 $(a,\ a^2)$ における接線が点 $(2,\ -5)$ を通ると
考える。

解答 $y'=2x$ であるから，求める接線の
接点の座標を $(a,\ a^2)$ とすると，接線
の方程式は，

$$y-a^2=2a(x-a)$$

すなわち，

$$y=2ax-a^2$$

この直線が点 $(2,\ -5)$ を通るから，

$$-5=2a\cdot2-a^2$$

$$a^2-4a-5=0$$

$$(a-5)(a+1)=0$$

したがって，　$a=-1,\ 5$

よって，接線の方程式は，

$a=-1$ のとき，　$y=-2x-1$

$a=5$ のとき，　　$y=10x-25$

グラフは右上の図のようになり，

$-1\leqq x\leqq2$ のとき，　$x^2\geqq-2x-1$

$2\leqq x\leqq5$ のとき，　$x^2\geqq10x-25$

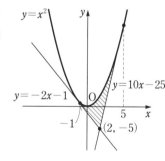

第
5
章

微分と積分

であるから,

$$S=\int_{-1}^{2}\{x^2-(-2x-1)\}\,dx+\int_{2}^{5}\{x^2-(10x-25)\}\,dx$$

$$=\int_{-1}^{2}(x^2+2x+1)\,dx+\int_{2}^{5}(x^2-10x+25)\,dx$$

$$=\left[\frac{1}{3}x^3+x^2+x\right]_{-1}^{2}+\left[\frac{1}{3}x^3-5x^2+25x\right]_{2}^{5}$$

$$=18$$

よって，**接線の方程式 $y=-2x-1$, $y=10x-25$**

$$S=18$$

参考 $S=\int_{-1}^{2}(x+1)^2\,dx+\int_{2}^{5}(x-5)^2\,dx$

$$=\left[\frac{1}{(2+1)\cdot1}(x+1)^3\right]_{-1}^{2}+\left[\frac{1}{(2+1)\cdot1}(x-5)^3\right]_{2}^{5}$$

$$=18$$

と求めることもできる。

参考 のように，本書 p.315 **問題2** の
公式を使って，工夫して計算することも
できるね。

□ 7.
教科書
p.223
　定積分 $\displaystyle\int_{0}^{3}|(x+2)(x-2)(x-3)|\,dx$ を求めよ。

ガイド　関数 $y=|f(x)|$ のグラフは，
$y=f(x)$ のグラフの x 軸より下
の部分を，x 軸に関して対称に
折り返したグラフになる。

　よって，求める定積分は，右
の図の斜線部分の面積になり，
積分する範囲を分けて計算する。

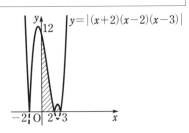

解答　$f(x)=(x+2)(x-2)(x-3)=x^3-3x^2-4x+12$ とおく。

$f(x)$ は，

　　$0\leqq x\leqq 2$ のとき，　$f(x)\geqq 0$

　　$2\leqq x\leqq 3$ のとき，　$f(x)\leqq 0$

であるから，

$$\int_0^3 |f(x)|\,dx$$

$$=\int_0^2 (x^3-3x^2-4x+12)\,dx+\int_2^3 (-x^3+3x^2+4x-12)\,dx$$

$$=\left[\frac{1}{4}x^4-x^3-2x^2+12x\right]_0^2+\left[-\frac{1}{4}x^4+x^3+2x^2-12x\right]_2^3$$

$$=\frac{51}{4}$$

⚠**注意**　絶対値記号をはずすときに，式にどちらの符号をつけるのか注意しよう。x の値の範囲の適当な値を代入して正負を判定することもできる。例えば，本問では，$0\leqq x\leqq2$ においては $x=1$ を代入すると，$(1+2)(1-2)(1-3)=6\ (>0)$ より，絶対値記号はそのままはずせばよい。

絶対値記号のついた関数の積分に慣れないうちは，場合分けをしっかり書いたり，グラフをかいたりして計算しよう。

第5章 微分と積分

B

8.　定数 a の値が次の範囲にあるとき，関数 $f(x)=x^2(a-x)\ (0\leqq x\leqq1)$ の最大値を a を用いて表せ。

教科書 p.223

(1)　$0<a<\dfrac{3}{2}$　　　　　　(2)　$a\geqq\dfrac{3}{2}$

ガイド　$f'(x)=-3x\left(x-\dfrac{2}{3}a\right)$ となるから，$\dfrac{2}{3}a$ が1より大きいか小さいかに着目する。

解答▶ $f(x)=ax^2-x^3$

$f'(x)=2ax-3x^2$

$=-3x\left(x-\dfrac{2}{3}a\right)$

$f'(x)=0$ とすると，　$x=0,\ \dfrac{2}{3}a$

(1)　$0<a<\dfrac{3}{2}$ より，　$0<\dfrac{2}{3}a<1$

$0\leqq x\leqq 1$ における $f(x)$ の増減表は右のようになる。

よって，この関数は，

$x=\dfrac{2}{3}a$ のとき，

最大値 $\dfrac{4}{27}a^3$

x	0	$\cdots\cdots$	$\dfrac{2}{3}a$	$\cdots\cdots$	1
$f'(x)$		$+$	0	$-$	
$f(x)$	0	$\nearrow$	極大 $\dfrac{4}{27}a^3$	$\searrow$	$a-1$

をとる。

(2)　$a\geqq\dfrac{3}{2}$ より，　$\dfrac{2}{3}a\geqq 1$

$0\leqq x\leqq 1$ における $f(x)$ の増減表は右のようになる。

よって，この関数は，

$x=1$ のとき，最大値 $a-1$

x	0	$\cdots\cdots$	1
$f'(x)$		$+$	
$f(x)$	0	$\nearrow$	$a-1$

をとる。

☐ 9.
教科書
p.223

a を定数とするとき，方程式

$x^3-3ax^2+4=0$

の異なる実数解はいくつあるか。

ガイド $f(x)=x^3-3ax^2+4$ とおき，$y=f(x)$ のグラフと x 軸との共有点の個数を調べる。$f'(x)=3x(x-2a)$ であるから，まず，$a<0,\ a=0,$ $a>0$ に分けて考える。

解答　$f(x)=x^3-3ax^2+4$ とおくと,

$$f'(x)=3x^2-6ax=3x(x-2a)$$

$f'(x)=0$ とすると,　$x=0,\ 2a$

（ⅰ）　$a<0$ のとき, 増減表は次のようになる。
　　　　極小値 $4>0$ より, 実数解は 1 個

x	……	$2a$	……	0	……
$f'(x)$	$+$	0	$-$	0	$+$
$f(x)$	↗	極大 $4-4a^3$	↘	極小 4	↗

（ⅱ）　$a=0$ のとき,
増減表は, 右の
ようになる。

x	……	0	……
$f'(x)$	$+$	0	$+$
$f(x)$	↗	4	↗

　　　　したがって,
実数解は 1 個

（ⅲ）　$a>0$ のとき, 増減
表は右のようになる。
　　$f(0)=4>0$ で, 極
小値は,

x	……	0	……	$2a$	……
$f'(x)$	$+$	0	$-$	0	$+$
$f(x)$	↗	極大 4	↘	極小 $4-4a^3$	↗

$$f(2a)=4-4a^3$$
$$=-4(a^3-1)$$
$$=-4(a-1)(a^2+a+1)$$

　（a）　$f(2a)>0$, すなわち, $0<a<1$ のとき, 実数解は 1 個
　（b）　$f(2a)=0$, すなわち, $a=1$　　　のとき, 実数解は 2 個
　（c）　$f(2a)<0$, すなわち, $a>1$　　　のとき, 実数解は 3 個

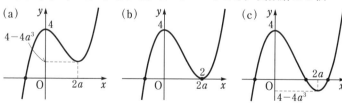

よって, 異なる実数解の個数は,

　　　$a<1$ のとき,　1 個
　　　$a=1$ のとき,　2 個
　　　$a>1$ のとき,　3 個

第5章　微分と積分

☑ **10.**
教科書
p.223
> 次の等式を満たす関数 $f(x)$ を求めよ。
> $$f(x)=x^2+\int_0^1 xf(t)\,dt+\int_0^2 f(t)\,dt$$

ガイド $\int_0^1 f(t)\,dt,\ \int_0^2 f(t)\,dt$ は定数であるから，a, b を定数として

$\int_0^1 f(t)\,dt=a,\ \int_0^2 f(t)\,dt=b$ とおくことができる。

解答 a, b を定数として $\int_0^1 f(t)\,dt=a,\ \int_0^2 f(t)\,dt=b$ とおくと，

$$f(x)=x^2+ax+b$$

このとき，

$$a=\int_0^1 f(t)\,dt=\int_0^1 (t^2+at+b)\,dt=\left[\frac{1}{3}t^3+\frac{1}{2}at^2+bt\right]_0^1$$

$$=\frac{1}{3}+\frac{1}{2}a+b$$

したがって，$a=\frac{1}{3}+\frac{1}{2}a+b$ より，　$3a-6b=2$ ……①

$$b=\int_0^2 f(t)\,dt=\int_0^2 (t^2+at+b)\,dt=\left[\frac{1}{3}t^3+\frac{1}{2}at^2+bt\right]_0^2$$

$$=\frac{8}{3}+2a+2b$$

したがって，$b=\frac{8}{3}+2a+2b$ より，　$6a+3b=-8$ ……②

①，②より，　$a=-\frac{14}{15}$, $b=-\frac{4}{5}$

よって，　$\boldsymbol{f(x)=x^2-\dfrac{14}{15}x-\dfrac{4}{5}}$

☑ **11.**
教科書
p.223
> $f(a)=\int_0^1 |x-a|\,dx$ とする。定数 a の値の範囲を次の3つの場合に分けて $f(a)$ を求め，$y=f(a)$ のグラフをかけ。
> 　　(i) $a\leqq 0$　　　(ii) $0<a<1$　　　(iii) $1\leqq a$

ガイド $y=|x-a|$ は，$x\leqq a$ のとき，$y=-(x-a)$

　　　　　　　　　　$x\geqq a$ のとき，$y=x-a$

解答

(i) $a \leqq 0$ のとき,

$$f(a) = \int_0^1 (x-a)\,dx$$

$$= \left[\frac{1}{2}x^2 - ax \right]_0^1$$

$$= -a + \frac{1}{2}$$

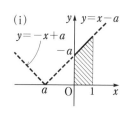

(ii) $0 < a < 1$ のとき,

$$f(a) = \int_0^a (-x+a)\,dx + \int_a^1 (x-a)\,dx$$

$$= \left[-\frac{1}{2}x^2 + ax \right]_0^a + \left[\frac{1}{2}x^2 - ax \right]_a^1$$

$$= a^2 - a + \frac{1}{2}$$

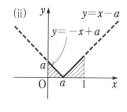

(iii) $1 \leqq a$ のとき,

$$f(a) = \int_0^1 (-x+a)\,dx$$

$$= \left[-\frac{1}{2}x^2 + ax \right]_0^1$$

$$= a - \frac{1}{2}$$

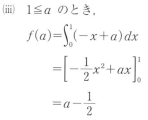

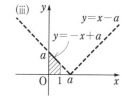

よって,

$$f(a) = \begin{cases} -a + \dfrac{1}{2} & (a \leqq 0) \\[2mm] a^2 - a + \dfrac{1}{2} & (0 < a < 1) \\[2mm] a - \dfrac{1}{2} & (1 \leqq a) \end{cases}$$

以上より, グラフは右の図のようになる。

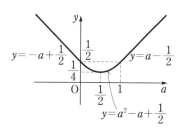

☐**12.**
教科書
p.223

a は定数で，$0<a<2$ とする。放物線 $y=x(x-a)$ と x 軸で囲まれた部分の面積を S_1，放物線 $y=x(x-a)$ の $x\geqq a$ の部分と x 軸および直線 $x=2$ で囲まれた部分の面積を S_2 とする。

$S=S_1+S_2$ とするとき，S の最小値を求めよ。また，最小となるときの a の値を求めよ。

ガイド まず，S_1 と S_2 をそれぞれ求める。

解答 S_1 は右の図の斜線部分の面積であるから，

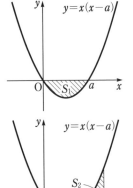

$$S_1=-\int_0^a x(x-a)\,dx$$

$$=-\int_0^a (x^2-ax)\,dx$$

$$=-\left[\frac{1}{3}x^3-\frac{1}{2}ax^2\right]_0^a=\frac{1}{6}a^3$$

S_2 は右の図の斜線部分の面積であるから，

$$S_2=\int_a^2 x(x-a)\,dx$$

$$=\int_a^2 (x^2-ax)\,dx$$

$$=\left[\frac{1}{3}x^3-\frac{1}{2}ax^2\right]_a^2$$

$$=\frac{1}{6}a^3-2a+\frac{8}{3}$$

したがって，　$S=S_1+S_2=\dfrac{1}{3}a^3-2a+\dfrac{8}{3}$

$$\frac{dS}{da}=a^2-2=(a+\sqrt{2})(a-\sqrt{2})$$

$\dfrac{dS}{da}=0$ とすると，　$a=-\sqrt{2}$，$\sqrt{2}$

$0<a<2$ における S の増減表は右のようになる。

よって，S は $\boldsymbol{a=\sqrt{2}}$

のとき，最小値 $\dfrac{8-4\sqrt{2}}{3}$

をとる。

a	0	……	$\sqrt{2}$	……	2
$\dfrac{dS}{da}$		$-$	0	$+$	
S		$\searrow$	極小 $\dfrac{8-4\sqrt{2}}{3}$	$\nearrow$	

☐**13.**
教科書
p.223
放物線 $y=2x-x^2$ と x 軸で囲まれた部分の面積が直線 $y=ax$ で 2 等分されるように，定数 a の値を定めよ。

ガイド 放物線と x 軸で囲まれた部分の面積 S_1 と放物線と直線 $y=ax$ で囲まれた部分の面積 S_2 をそれぞれ求め，$S_1=2S_2$ を解く。a のとる値の範囲に注意する。

解答 放物線と x 軸の交点の x 座標は，$2x-x^2=0$ を解いて，　$x=0,\ 2$
放物線と x 軸で囲まれた部分の面積を S_1 とすると，

$$S_1=\int_0^2(2x-x^2)\,dx=\left[x^2-\frac{1}{3}x^3\right]_0^2=\frac{4}{3}$$

放物線と直線 $y=ax$ の交点の x 座標は，$2x-x^2=ax$ を解いて，
$x=0,\ 2-a$

したがって，放物線と x 軸で囲まれた部分の面積が，直線 $y=ax$ で 2 等分されるためには，$0<2-a<2$ より，$0<a<2$ であることが必要となる。

放物線と直線 $y=ax$ で囲まれた部分の面積を S_2 とすると，
$0<a<2$ のとき，

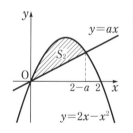

$$S_2=\int_0^{2-a}\{(2x-x^2)-ax\}\,dx$$
$$=\int_0^{2-a}\{(2-a)x-x^2\}\,dx$$
$$=\left[\frac{1}{2}(2-a)x^2-\frac{1}{3}x^3\right]_0^{2-a}$$
$$=\frac{1}{2}(2-a)^3-\frac{1}{3}(2-a)^3=\frac{1}{6}(2-a)^3$$

したがって，$S_1=2S_2$ のとき，

$$\frac{4}{3}=2\times\frac{1}{6}(2-a)^3$$
$$(2-a)^3=4$$

a は実数より，　$2-a=\sqrt[3]{4}$
したがって，　$a=2-\sqrt[3]{4}$
$(\sqrt[3]{4})^3=4,\ 2^3=8$ より，$\sqrt[3]{4}<2$ であるから，これは $0<a<2$ を満たす。

よって，　$\boldsymbol{a=2-\sqrt[3]{4}}$

思考力を養う 新幹線の速さは？ 課題学習

Q1
教科書
p.224
静止した物体が落下を始めて x 秒間に落ちる距離を y m とすると，$y=f(x)=4.9x^2$ となることが知られている。$x=a$ における瞬間の速さを求めてみよう。

- -

ガイド 関数 $f(x)$ が運動する物体の時刻 x での位置を表す場合において，$x=a$ での微分係数 $f'(a)$ を $x=a$ における**瞬間の速さ**と呼ぶ。本問では，与えられた式を x について微分し，微分係数を求める。

解答 $y=f(x)=4.9x^2$ について，
$$f'(x)=9.8x$$
よって，$f(x)$ の $x=a$ における瞬間の速さ $f'(a)$ は，
$$f'(a)=9.8a \ (\text{m/s})$$

新幹線の，東京を出発してから x 時間後までの移動距離を y km とすると，y は x の関数 $f(x)$ で表される。それを用いて，平均の速さ $\dfrac{f(b)-f(a)}{b-a}$ (km/h) を求めることができる。

Q2
教科書
p.224
東海道新幹線の東京から新大阪までの停車駅，2駅間の走行距離，通過時刻が次のとき，隣り合う2駅間の平均の速さを求めてみよう。

東京-7 km-品川-22 km-新横浜-337 km-名古屋-148 km-京都-39 km-新大阪

9：00	9：07	9：19	10：43	11：19	11：33

- -

ガイド 平均の速さ $\dfrac{f(b)-f(a)}{b-a}$ の式を用いて，隣り合う2駅間の平均の速さをそれぞれ求める。

解答 隣り合う2駅間の平均の速さは，それぞれ次のようになる。
東京―品川
$$7 \div \frac{7}{60}=60 \ (\text{km/h})$$

品川―新横浜

$$22 \div \frac{12}{60} = 110 \ (\mathrm{km/h})$$

新横浜―名古屋

$$337 \div \frac{84}{60} = 240.7 \cdots\cdots \fallingdotseq 241 \ (\mathrm{km/h})$$

名古屋―京都

$$148 \div \frac{36}{60} = 246.6 \cdots\cdots \fallingdotseq 247 \ (\mathrm{km/h})$$

京都―新大阪

$$39 \div \frac{14}{60} = 167.1 \cdots\cdots \fallingdotseq 167 \ (\mathrm{km/h})$$

☐ Q 3　東海道新幹線の最高速度は時速 285 km である。Q 2 で求めた平均の
速さと比べてみよう。

教科書
p.224

- -

ガイド　**Q** 2 で求めた平均の速さと比べる。

解答▶　（例）　**Q** 2 で求めた平均の速さは，いずれも最高速度の時速
285 km よりも遅い。

参考　アクセル，ブレーキによる加速，減速はもちろん，実際の線路には
カーブもあるため，つねに最高速度で走り続けることはできない。
　　新横浜から名古屋，名古屋から京都における 2 駅間の平均の速さは
最高速度に近い。隣り合う 2 駅間の距離が長い方が最高速度で走る距
離が長くなるため，平均の速さが速くなると考えられる。

平均の速さ $\dfrac{f(b)-f(a)}{b-a}$ において, $b-a$
をとても小さくとり，それを $x=a$ におけ
る瞬間の速さの代用と考えることもあるよ。

第
5
章

微分と積分

巻末広場

思考力をみがく 東京タワーと東京スカイツリー 課題学習

現在，日本で1番高い電波塔は東京スカイツリー（高さ634 m）で，2番目に高い電波塔は東京タワー（高さ333 m）である。

2つの塔の高さは2倍近く差があるにもかかわらず，ある場所からは同じ高さに見えるという。

☐ **Q 1** 高さの違う2つの物体A，Bが同じ高さに見えるという状況について

教科書
p.226 考えてみよう。

(1) 自分と物体A，Bの立つ位置が一直線上にあるとき，物体A，Bが同じ高さに見えるという状況を，身近なものを用いて再現してみよう。

(2) 一直線上にない場合でも，同じ高さに見えるという状況を，身近なものを用いて再現し，(1)と共通する事柄は何か考えてみよう。

ガイド 自分の視線上に物体Aと物体Bの先端があればAとBは同じ高さに見える。すなわち，自分の目と物体A，Bの先端が同一直線上にあるとき，物体A，Bが同じ高さに見える。

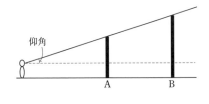
仰角
A　B

解答 (1) **ガイド** のような状況を再現してみよう。

(2) (1)の状況は，物体Aの先端の仰角と物体Bの先端の仰角が等しい状況ともいえ，実際，自分と物体A，Bの立つ位置が一直線上にない場合でも，それぞれの先端の仰角が等しければ，物体A，Bは同じ高さに見える。このような状況を再現してみよう。

(1)と共通する事柄は，物体A，Bの先端の仰角が等しいことである。

☑**Q 2**

教科書
p.226

　自分の目の位置を P，東京タワーと東京スカイツリーがそれぞれ建っ
ている地点を T_0，S_0，先端の位置を T_1，S_1 とし，それぞれ地面に対して
垂直に立っているものとする。Q 1 の考察をもとに，同じ高さに見える
という状況を図に表し，その図について成り立つ事柄を，T_0，T_1，S_0，
S_1，P を用いて表してみよう。ただし，目の高さは考えないものとする。
また，PT_0 と PS_0 の間に成り立つ関係式を求めてみよう。

ガイド　**Q** 1 の考察をもとに，3 点 T_1，P，T_0 を頂点とする $\triangle T_1PT_0$ と，
3 点 S_1，P，S_0 を頂点とする $\triangle S_1PS_0$ をそれぞれつくって考える。

解答　同じ高さに見えるという状況を
図に表すと，右の図のようになる。
すなわち，3 点 T_1，P，T_0 を頂点
とする $\triangle T_1PT_0$ と，3 点 S_1，P，
S_0 を頂点とする $\triangle S_1PS_0$ をそれ
ぞれつくる。

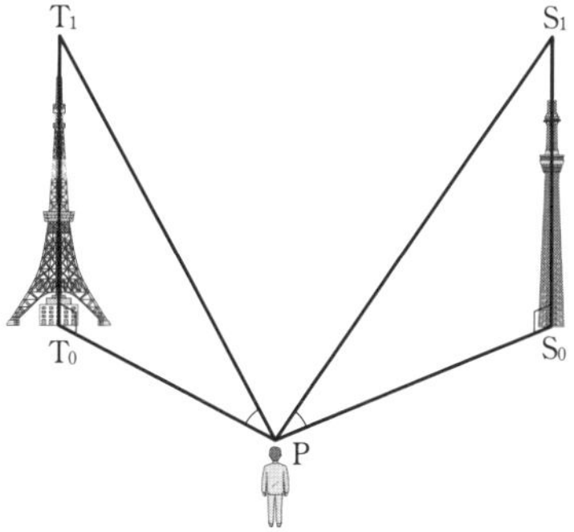

　Q 1 の考察より，東京タワー
と東京スカイツリーが同じ高さに
見えるとき，

$$\angle T_1PT_0 = \angle S_1PS_0 \quad \cdots\cdots ①$$

　また，東京タワーと東京スカイツリーは地面に対し垂直に立ってい
ることから，

$$\angle T_1T_0P = \angle S_1S_0P = 90° \quad \cdots\cdots ②$$

　①，②より，$\triangle T_1PT_0$ と $\triangle S_1PS_0$ において，2 つの角がそれぞれ等
しいから，

$$\triangle T_1PT_0 \backsim \triangle S_1PS_0$$

　よって，PT_0 と PS_0 の間に成り立つ関係式は，

$$PT_0 : PS_0 = T_1T_0 : S_1S_0$$

巻末広場

課題学習

□**Q 3** Q 2の考察をもとに，東京タワーと東京スカイツリーが同じ高さに見

教科書
p.227　えるすべての場所の位置を次の地図上に表してみよう。ただし，東京タ

ワーと東京スカイツリーの高さの比は 1：2 とする。

- -

ガイド　Q 2で求めた PT_0 と PS_0 の間に成り立つ関係式を用いて考える。

解答　Q 2の考察より，

　　　$PT_0 : PS_0 = T_1T_0 : S_1S_0 = 1 : 2$

　よって，東京タワーと東京スカイツリーが同じ高さに見える位置は，

T_0 と S_0 からの距離の比が 1：2 になる地点であり，それは線分 T_0S_0

を 1：2 に内分する点と外分する点を直径の両端とする円周上である。

　地図上に表すと，次の図のようになる。

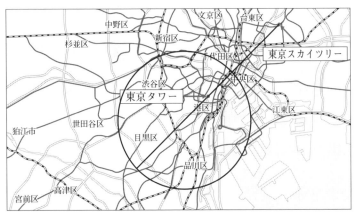

参考　2 定点 T_0 と S_0 からの距離の比が 1：2 となる点の軌跡であるから，

教科書 p.94 で学習したアポロニウスの円となる。

□ **Q** 4　下の図のように，東京タワーと東京スカイツリーの高さがほぼ 2：1

教科書
p.227　になるように見える地点を，これまでに考察したことをもとに調べることはできないか考えてみよう。

ガイド　同じ高さに見えるところに着目する。

解答　東京タワーと東京スカイツリーの高さが

ほぼ 2：1 になるように見えるということは，

東京タワーの $\dfrac{1}{2}$ の高さと東京スカイツリー

の高さがほぼ同じ高さに見えるということで

あるから，

$$\mathrm{PT_0 : PS_0} = 1 \times \frac{1}{2} : 2 = 1 : 4$$

これより，$\mathrm{T_0}$ と $\mathrm{S_0}$ からの距離の比が約 1：4 になる地点が求める

地点であると推測できる。それは**線分 $\mathrm{T_0S_0}$ を 1：4 に内分する点と

外分する点を直径の両端とする円周上**である。

参考　**Q** 4 のように東京タワーと東京スカイツリーが同じ高さに見えな

い場合でも，同じ高さに見えるところに着目すれば，同じ高さに見え

る **Q** 3 の場合と同じように考えることができる。

Q 4 の場合の他に，例えば東京タワーと東京スカイツリーの高さ

がほぼ 3：2 になるように見える場合には，東京タワーの $\dfrac{1}{3}$ の高さ

と東京スカイツリーの $\dfrac{1}{2}$ の高さがほぼ同じに見えるということであ

るから，

$$\mathrm{PT_0 : PS_0} = 1 \times \frac{1}{3} : 2 \times \frac{1}{2} = 1 : 3$$

よって，東京タワーと東京スカイツリーの高さがほぼ 3：2 になる

ように見える地点は，$\mathrm{T_0}$ と $\mathrm{S_0}$ からの距離の比が約 1：3 となる地点

であり，それは線分 $\mathrm{T_0S_0}$ を 1：3 に内分する点と外分する点を直径

の両端とする円周上である。

巻末広場　課題学習

思考力をみがく｜二重式観覧車   発展（数学C）課題学習

教科書 p.228 の写真のような二重式観覧車のキャビンの動き方を，次のように条件を設定し，平面上の点の動きとして調べてみよう。

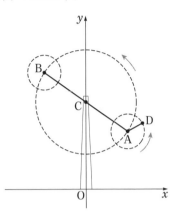

・観覧車の支柱の根元を原点Oとし，地面を x 軸，支柱を y 軸とする。
・アームの両端をA，Bとし，アームは線分ABの中点で支柱の先端Cに取り付けられているものとする。
・2つの小さな観覧車が，それぞれ点A，Bを中心に取り付けられており，Aの方の観覧車の1つのキャビンをDとする。
・OC＝50 (m)，AC＝30 (m)，AD＝10 (m) とする。
・点A，B，Dは，動き出す前には，下からD，A，Bの順で，すべて y 軸上にあるものとする。また，AはCを中心とする半径CAの円周上を，DはAを中心とする半径ADの円周上を，それぞれ反時計回りに一定の速さで移動する。ここでは，Aはちょうど12分で1周するものとし，DはAの真下の位置から次にAの真下の位置にくるまでにちょうど6分かかるものとする。

☐ Q1 点Aが動き出してから t 分後 $(0≦t≦12)$ のAの x 座標，y 座標は t を用いて，
教科書
p.229

$$x=\boxed{①}\sin\boxed{②}t, \quad y=\boxed{③}-\boxed{④}\cos\boxed{⑤}t$$

と表すことができる。①から⑤に当てはまる数を求めてみよう。

- -

ガイド 教科書 p.148(本書 p.214～215)の **Q2** と同様に考える。

解答　A が 12 分で 1 周することから,

$$\angle \text{ACO} = \frac{\pi}{6}t$$

OC＝50, AC＝30 より,

$$x = 30\sin\frac{\pi}{6}t$$

$$y = 50 - 30\cos\frac{\pi}{6}t$$

よって,

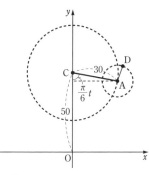

① 30　② $\dfrac{\pi}{6}$　③ 50　④ 30　⑤ $\dfrac{\pi}{6}$

参考　一般に, 平面上の曲線 C 上の点 $\text{P}(x,\ y)$ が, 1 つの変数, 例えば t によって,

$$x = f(t),\ y = g(t)$$

の形に表されるとき, これを曲線 C の媒介変数表示またはパラメータ表示という。また, 変数 t を媒介変数またはパラメータという。

▢Q2　点 C を中心とする半径 CA の円の方程式は, $x^2 + (y-50)^2 = 30^2$ である。Q 1 で求めた点 A の x 座標, y 座標の値が, この方程式を満たすことを確かめてみよう。

教科書
p.229

ガイド　与えられた円の方程式に, **Q** 1 で求めた点 A の x 座標, y 座標の値を代入する。

解答　円の方程式 $x^2 + (y-50)^2 = 30^2$ に, **Q** 1 で求めた点 A の x 座標, y 座標の値を代入すると,

$$左辺 = \left(30\sin\frac{\pi}{6}t\right)^2 + \left(50 - 30\cos\frac{\pi}{6}t - 50\right)^2$$

$$= 30^2\left(\sin^2\frac{\pi}{6}t + \cos^2\frac{\pi}{6}t\right) = 30^2 = 右辺$$

よって, **Q** 1 で求めた点 A の x 座標, y 座標の値は, 与えられた円の方程式を満たす。

☐ **Q 3**　点Dが動き出してから t 分後 $(0 \leqq t \leqq 12)$ の点Dの x 座標，y 座標を t
教科書
p.229　を用いて表してみよう。

ガイド　点Aを原点とみて，t 分後 $(0 \leqq t \leqq 12)$ の点Dの x 座標を x_A，y 座標
　　　を y_A とすると，点Dの x 座標，y 座標はそれぞれ，

$$x = (t \text{ 分後の点Aの } x \text{ 座標}) + x_A$$
$$y = (t \text{ 分後の点Aの } y \text{ 座標}) + y_A$$

　　　と表される。

解答　点Aを原点とみて，t 分後
$(0 \leqq t \leqq 12)$ の点Dの x 座標を x_A，y 座
標を y_A として，x_A，y_A を t を用いて
表す。

　右の図のように点Aから y 軸と平行
に負の方向へのばした半直線を始線と
すると，Dが6分で1周することから，
t 分後のDの，Aを中心とする回転角
は，$\dfrac{\pi}{3}t$ である。

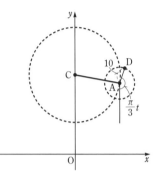

　　AD＝10 より，

$$x_A = 10\sin\frac{\pi}{3}t, \quad y_A = -10\cos\frac{\pi}{3}t$$

　よって，t 分後の点Dの x 座標，y 座標はそれぞれ，

$$x = (t \text{ 分後の点Aの } x \text{ 座標}) + x_A$$
$$y = (t \text{ 分後の点Aの } y \text{ 座標}) + y_A$$

と表されるから，**Q 1** の結果を用いて，

$$x = 30\sin\frac{\pi}{6}t + 10\sin\frac{\pi}{3}t$$

$$y = 50 - 30\cos\frac{\pi}{6}t - 10\cos\frac{\pi}{3}t$$

☐ **Q 4**　パラメータ表示された曲線を表示することのできる電卓やコンピュー
教科書　タなどを用いて，点Dの軌跡を表示してみよう。
p.229

ガイド　実際にグラフ電卓やコンピュータを用いて点Dの軌跡を表示する。

解答▶ 点Dの軌跡を表示すると，右の図の
実線になる。

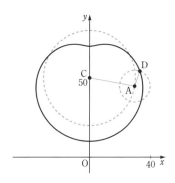

☐ Q 5 点Dの最高到達点は地上から何mだろうか。点Dの最高到達点の

教科書
p.229 地面からの距離を求めてみよう。

ガイド **Q** 3 で求めた点Dの y 座標の最大値を考える。

解答▶ **Q** 3 より，点Dが動き出してから t 分後（$0 \leqq t \leqq 12$）の点Dの y 座

標は，$\theta = \dfrac{\pi}{6}t$ （$0 \leqq \theta \leqq 2\pi$）とおくと，

$$y = 50 - 30\cos\theta - 10\cos 2\theta$$
$$= 50 - 30\cos\theta - 10(2\cos^2\theta - 1)$$
$$= -20\cos^2\theta - 30\cos\theta + 60$$
$$= -20\left(\cos^2\theta + \frac{3}{2}\cos\theta\right) + 60$$
$$= -20\left(\cos\theta + \frac{3}{4}\right)^2 + \frac{285}{4}$$

$-1 \leqq \cos\theta \leqq 1$ より，$\cos\theta = -\dfrac{3}{4}$ のとき，y は最大値 $\dfrac{285}{4}$，すなわ

ち 71.25 をとる。

よって，点Dの最高到達点は，地上から **71.25 m** である。

☐ Q 6 点Aや点Dの1周する時間を変えたときにキャビンがどのような

教科書
p.229 動き方をするか，コンピュータなどを用いて調べてみよう。

ガイド グラフ作成ソフトを用いて，実際に調べてみよう。QR コンテンツ
で，条件を変えたときのキャビンの動きを確認するだけでもよい。

思考力をみがく　対数を用いることのよさ　課題学習

次は，教科書 p.230～231 の生徒と先生の会話の抜粋である。

先生：それは鋭い意見だね。しかし，対数の役割は単に計算を簡単にするだけでなく，数量どうしの見えにくい関係を見やすくするという働きもあるんだ。例えば，太陽系の各惑星の公転周期 T と，太陽からの平均距離 r をまとめたものが右の表だ。このままだと両者にどのような関係があるかはわかりにくい。しかし，$\log_{10} T$ を横軸に，$\log_{10} r$ を縦軸にとって，各惑星をグラフに記入すればどうなるか，やってごらん。

惑星	公転周期 T(日)	太陽からの平均距離 r(km)
水星	8.80×10^1	5.79×10^7
金星	2.25×10^2	1.08×10^8
地球	3.65×10^2	1.50×10^8
火星	6.87×10^2	2.28×10^8
木星	4.33×10^3	7.78×10^8
土星	1.08×10^4	1.43×10^9
天王星	3.07×10^4	2.88×10^9
海王星	6.02×10^4	4.50×10^9

生徒：できました。きれいに直線上に並びました。

直線の傾きは約 $\dfrac{2}{3}$ になるようです。傾きが $\dfrac{2}{3}$ ということは，$\log_{10} T$ と $\log_{10} r$ の関係が，定数 k を y 切片として ① と書けるわけだから，対数をはずすと ② となっていることがわかります。

先生：よくできたね。それが「太陽系の惑星について，公転周期 T の 2 乗と，太陽からの平均距離 r の 3 乗は比例する」というケプラーの第 3 法則というものだよ。

Q 1　常用対数表を用いて，各惑星について $\log_{10} T$ と $\log_{10} r$ を求め，次の座標上に点を記入してみよう。

教科書 **p.231**

ガイド　まず，教科書 p.254～255 の常用対数表を用いて，各惑星について公転周期 T の常用対数 $\log_{10} T$ と太陽からの平均距離 r の常用対数 $\log_{10} r$ を求める。$\log_{10} T$ を横軸に，$\log_{10} r$ を縦軸にとって，$\log_{10} T$ と $\log_{10} r$ の関係をグラフに表す。

解答▶　各惑星について $\log_{10}T$ と $\log_{10}r$ を求めてまとめると，右の表のようになる。

右の表にまとめた $\log_{10}T$ を横軸に，$\log_{10}r$ を縦軸にとると，下の図のようになる。

惑星	$\log_{10}T$	$\log_{10}r$
水星	1.9445	7.7627
金星	2.3522	8.0334
地球	2.5623	8.1761
火星	2.8370	8.3579
木星	3.6365	8.8910
土星	4.0334	9.1553
天王星	4.4871	9.4594
海王星	4.7796	9.6532

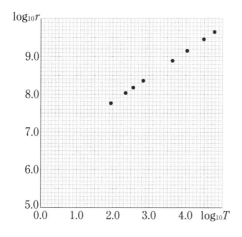

☐ Q 2　①，②に入る式を，それぞれ求めてみよう。

教科書
p.231

ガイド▶　②　①で求めた式を変形し，$\log_{10}A=\log_{10}B$ の形にする。

解答▶　①　傾きが $\dfrac{2}{3}$，y 切片が定数 k の直線の方程式は，

$$\log_{10}r=\frac{2}{3}\log_{10}T+k$$

②　①で求めた式を変形すると，

$$3\log_{10}r=2\log_{10}T+3k$$
$$\log_{10}r^3=\log_{10}T^2+\log_{10}10^{3k}$$
$$\log_{10}r^3=\log_{10}(T^2\cdot10^{3k})$$

よって，　$r^3=10^{3k}T^2\,(r=10^kT^{\frac{2}{3}})$

◆ 重要事項・公式

式と証明・方程式

▶**3次の乗法公式と因数分解の公式**
$(a+b)^3 = a^3 + 3a^2b + 3ab^2 + b^3$
$(a-b)^3 = a^3 - 3a^2b + 3ab^2 - b^3$
$a^3 + b^3 = (a+b)(a^2 - ab + b^2)$
$a^3 - b^3 = (a-b)(a^2 + ab + b^2)$

▶**二項定理**
$(a+b)^n = {}_nC_0 a^n + {}_nC_1 a^{n-1}b + \cdots$
$\qquad + {}_nC_r a^{n-r}b^r + \cdots + {}_nC_{n-1}ab^{n-1} + {}_nC_n b^n$

▶**多項式の割り算**
多項式 A と 0 でない多項式 B において，次の関係を満たす多項式 Q, R は，ただ1通りに定まる。
$\quad A = BQ + R \quad (Q：商，R：余り)$
$\quad (R の次数) < (B の次数)$ または，$R = 0$

▶**相加平均と相乗平均の関係**
$a > 0$, $b > 0$ のとき，$\dfrac{a+b}{2} \geqq \sqrt{ab}$
等号が成り立つのは，$a = b$ のとき

▶**負の数の平方根**
$a > 0$ のとき，$-a$ の平方根は，
$\quad \pm\sqrt{-a}$ すなわち，$\pm\sqrt{a}\,i$

▶**2次方程式の解の種類の判別**
2次方程式 $ax^2 + bx + c = 0$ の判別式
$D = b^2 - 4ac$ について，次が成り立つ。
$\quad D > 0 \iff$ 異なる2つの実数解をもつ
$\quad D = 0 \iff$ 重解をもつ
$\quad D < 0 \iff$ 異なる2つの虚数解をもつ

▶**2次方程式の解と係数の関係**
2次方程式 $ax^2 + bx + c = 0$ の2つの解を α, β とすると，$\alpha + \beta = -\dfrac{b}{a}$, $\alpha\beta = \dfrac{c}{a}$

▶**剰余の定理**
多項式 $P(x)$ を1次式 $x - \alpha$ で割ったときの余りは，$P(\alpha)$

▶**因数定理**
多項式 $P(x)$ が1次式 $x - \alpha$ を因数にもつ
$\qquad\qquad \iff P(\alpha) = 0$

図形と方程式

▶**平面上の点の座標**
2点 $A(x_1, y_1)$, $B(x_2, y_2)$ について，
■ 2点 A, B 間の距離 AB は，
$\quad AB = \sqrt{(x_2 - x_1)^2 + (y_2 - y_1)^2}$
■ 線分 AB を $m : n$ に内分する点の座標は，$\left(\dfrac{nx_1 + mx_2}{m+n},\ \dfrac{ny_1 + my_2}{m+n}\right)$
■ 線分 AB を $m : n$ に外分する点の座標は，$\left(\dfrac{-nx_1 + mx_2}{m-n},\ \dfrac{-ny_1 + my_2}{m-n}\right)$

▶**三角形の重心**
3点 $A(x_1, y_1)$, $B(x_2, y_2)$, $C(x_3, y_3)$ を頂点とする $\triangle ABC$ の重心 G の座標は，$\left(\dfrac{x_1 + x_2 + x_3}{3},\ \dfrac{y_1 + y_2 + y_3}{3}\right)$

▶**直線の方程式**
■ 点 (x_1, y_1) を通り，傾き m の直線の方程式は，$y - y_1 = m(x - x_1)$
■ 異なる2点 (x_1, y_1), (x_2, y_2) を通る直線の方程式は，
$\quad x_1 \neq x_2$ のとき，$y - y_1 = \dfrac{y_2 - y_1}{x_2 - x_1}(x - x_1)$
$\quad x_1 = x_2$ のとき，$x = x_1$

▶**2直線の平行と垂直**
2直線 $y = mx + n$, $y = m'x + n'$ について，
$\quad$ 2直線が平行 $\iff m = m'$
$\quad$ 2直線が垂直 $\iff mm' = -1$

▶**点と直線の距離**
点 (x_1, y_1) と直線 $ax + by + c = 0$ の距離 d は，$d = \dfrac{|ax_1 + by_1 + c|}{\sqrt{a^2 + b^2}}$

▶**円の方程式，円の接線の方程式**
■ 中心が点 (a, b)，半径が r の円の方程式は，$(x-a)^2 + (y-b)^2 = r^2$
■ 円 $x^2 + y^2 = r^2$ 上の点 (x_1, y_1) における接線の方程式は，$x_1 x + y_1 y = r^2$

▶ $y>mx+n$, $y<mx+n$ の表す領域
- 不等式 $y>mx+n$ の表す領域は，
  直線 $y=mx+n$ の上側
- 不等式 $y<mx+n$ の表す領域は，
  直線 $y=mx+n$ の下側

▶ $(x-a)^2+(y-b)^2<r^2$,
$(x-a)^2+(y-b)^2>r^2$ の表す領域
円 $(x-a)^2+(y-b)^2=r^2$ を C とする。
- 不等式 $(x-a)^2+(y-b)^2<r^2$ の表す
  領域は，円 C の内部
- 不等式 $(x-a)^2+(y-b)^2>r^2$ の表す
  領域は，円 C の外部

三角関数

▶ 弧度法
$$180°=\pi \text{ ラジアン}, \quad 1°=\frac{\pi}{180} \text{ ラジアン},$$
$$1 \text{ ラジアン}=\left(\frac{180}{\pi}\right)° \fallingdotseq 57.3°$$

▶ 三角関数の相互関係
$$\tan\theta=\frac{\sin\theta}{\cos\theta}$$
$$\sin^2\theta+\cos^2\theta=1$$
$$1+\tan^2\theta=\frac{1}{\cos^2\theta}$$

▶ 三角関数の加法定理
$$\sin(\alpha+\beta)=\sin\alpha\cos\beta+\cos\alpha\sin\beta$$
$$\sin(\alpha-\beta)=\sin\alpha\cos\beta-\cos\alpha\sin\beta$$
$$\cos(\alpha+\beta)=\cos\alpha\cos\beta-\sin\alpha\sin\beta$$
$$\cos(\alpha-\beta)=\cos\alpha\cos\beta+\sin\alpha\sin\beta$$
$$\tan(\alpha+\beta)=\frac{\tan\alpha+\tan\beta}{1-\tan\alpha\tan\beta}$$
$$\tan(\alpha-\beta)=\frac{\tan\alpha-\tan\beta}{1+\tan\alpha\tan\beta}$$

▶ 2倍角の公式
$$\sin2\alpha=2\sin\alpha\cos\alpha$$
$$\cos2\alpha=\cos^2\alpha-\sin^2\alpha$$
$$=2\cos^2\alpha-1$$
$$=1-2\sin^2\alpha$$
$$\tan2\alpha=\frac{2\tan\alpha}{1-\tan^2\alpha}$$

▶ 半角の公式
$$\sin^2\frac{\alpha}{2}=\frac{1-\cos\alpha}{2}, \quad \cos^2\frac{\alpha}{2}=\frac{1+\cos\alpha}{2}$$
$$\tan^2\frac{\alpha}{2}=\frac{1-\cos\alpha}{1+\cos\alpha}$$

▶ 三角関数の合成
$$a\sin\theta+b\cos\theta=\sqrt{a^2+b^2}\sin(\theta+\alpha)$$
ただし，
$$\cos\alpha=\frac{a}{\sqrt{a^2+b^2}}, \quad \sin\alpha=\frac{b}{\sqrt{a^2+b^2}}$$

指数関数と対数関数

▶ a^0 と a^{-n} の定義
$a\neq0$ で，n が正の整数のとき，
$$a^0=1, \quad a^{-n}=\frac{1}{a^n} \quad \text{特に，} \quad a^{-1}=\frac{1}{a}$$

▶ 有理数の指数
$a>0$ で，m, n が正の整数，r が正の有
理数のとき，
$$a^{\frac{m}{n}}=\sqrt[n]{a^m}=(\sqrt[n]{a})^m \qquad a^{-r}=\frac{1}{a^r}$$

▶ 指数法則
$a>0$, $b>0$ で，p, q が有理数のとき，
$$a^p a^q=a^{p+q} \qquad (a^p)^q=a^{pq}$$
$$(ab)^p=a^p b^p$$
$$a^p \div a^q=a^{p-q} \qquad \left(\frac{a}{b}\right)^p=\frac{a^p}{b^p}$$

▶ 指数関数 $y=a^x$ $(a>0$, $a\neq1)$ の性質
- 定義域は実数全体
  値域は正の実数全体
- グラフは定点 $(0, 1)$ を通り，
  x 軸が漸近線
- $a>1$ のとき，増加関数
  $p<q \iff a^p<a^q$
  $0<a<1$ のとき，減少関数
  $p<q \iff a^p>a^q$

▶**対数**

$a>0$, $a\neq1$ のとき, どんな正の数 M に対しても, $a^p=M$ となる p の値がただ 1 つ決まる。この p を $\log_a M$ と書き, a を底とする M の対数という。また, M を $\log_a M$ の真数という。

▶**指数と対数の関係**

$a>0$, $a\neq1$, $M>0$ のとき,
$$a^p=M \iff p=\log_a M$$

▶**対数の性質**

■ $\log_a 1=0$, $\log_a a=1$ $(a>0$, $a\neq1)$
■ $a>0$, $a\neq1$, $M>0$, $N>0$ で, r が実数のとき,
$$\log_a MN=\log_a M+\log_a N$$
$$\log_a \frac{M}{N}=\log_a M-\log_a N$$
$$\log_a M^r=r\log_a M$$

▶**底の変換公式**

a, b, c が正の数で, $a\neq1$, $c\neq1$ のとき,
$$\log_a b=\frac{\log_c b}{\log_c a}$$

▶**対数関数 $y=\log_a x\,(a>0, a\neq1)$ の性質**

■ 定義域は正の実数全体
　値域は実数全体
■ グラフは定点 $(1,\ 0)$ を通り,
　y 軸が漸近線
■ $a>1$ のとき, 増加関数
　$0<p<q \iff \log_a p<\log_a q$
　$0<a<1$ のとき, 減少関数
　$0<p<q \iff \log_a p>\log_a q$

微分と積分

▶**微分係数**
$$f'(a)=\lim_{h\to0}\frac{f(a+h)-f(a)}{h}$$

▶**導関数の定義**
$$f'(x)=\lim_{h\to0}\frac{f(x+h)-f(x)}{h}$$

▶**x^n と定数関数の導関数**

n が自然数のとき, $(x^n)'=nx^{n-1}$
c が定数のとき, $(c)'=0$

▶**接線の方程式**

曲線 $y=f(x)$ 上の点 $(a,\ f(a))$ における接線の方程式は,
$$y-f(a)=f'(a)(x-a)$$

▶**$f'(x)$ の符号と関数 $y=f(x)$ の値の増減**

■ $f'(x)>0$ となる x の値の範囲で増加
■ $f'(x)<0$ となる x の値の範囲で減少

▶**$f(x)$ の極大・極小**

関数 $f(x)$ において, $f'(a)=0$ となる $x=a$ の前後で $f'(x)$ の符号が,
正から負に変わるとき,
　$f(x)$ は $x=a$ で極大
負から正に変わるとき,
　$f(x)$ は $x=a$ で極小
となる。

▶**x^n の不定積分**

n が 0 または自然数のとき,
$$\int x^n dx=\frac{1}{n+1}x^{n+1}+C$$
$$(C は積分定数)$$

▶**定積分の定義**

$f(x)$ の原始関数の 1 つを $F(x)$ とすると,
$$\int_a^b f(x)dx=\left[F(x)\right]_a^b=F(b)-F(a)$$

▶**定積分の性質**
$$\int_a^a f(x)dx=0,\ \int_b^a f(x)dx=-\int_a^b f(x)dx$$
$$\int_a^b f(x)dx=\int_a^c f(x)dx+\int_c^b f(x)dx$$

▶**微分と定積分の関係**

a が定数のとき, $\dfrac{d}{dx}\displaystyle\int_a^x f(t)dt=f(x)$

▶**面積と定積分**

$a\leqq x\leqq b$ の範囲で, $f(x)\geqq0$ とする。
曲線 $y=f(x)$ と x 軸および 2 直線 $x=a$, $x=b$ で囲まれた部分の面積 S は,
$$S=\int_a^b f(x)dx$$

▶**2 曲線間の面積**

$a\leqq x\leqq b$ の範囲で, $f(x)\geqq g(x)$ とする。
2 曲線 $y=f(x)$, $y=g(x)$ および 2 直線 $x=a$, $x=b$ で囲まれた部分の面積 S は, $S=\displaystyle\int_a^b \{f(x)-g(x)\}dx$